非均质吹填场地地基处理排水固结理论与工程实践

武汉二航路桥特种工程有限责任公司　著

中国建筑工业出版社

图书在版编目（CIP）数据

非均质吹填场地地基处理排水固结理论与工程实践 /
武汉二航路桥特种工程有限责任公司著 . —北京：中国
建筑工业出版社，2021.3
ISBN 978-7-112-26016-4

Ⅰ. ①非… Ⅱ. ①武… Ⅲ. ①软土地基—地基处理—
研究 Ⅳ. ①TU471

中国版本图书馆 CIP 数据核字（2021）第 055068 号

本书针对非均质吹填场地地基处理沿用自然沉积土均质场地地基处理技术的现状，以及处理效果不佳、工期长和造价高等难题，研究了非均质吹填场地物料分布和岩性特征、主固结特性、次固结特性、周期荷载作用下的动力特性、一维流变模型、精确分区设计方法和扰动沉降等，并详细介绍了一些典型的工程实践案例。

全书共 8 章，主要内容包括：非均质吹填场地地基处理技术现状与进展；非均质吹填场地的水文地质与工程特性；非均质吹填场地地基的排水固结原理；非均质吹填场地的沉降特征与沉降计算；非均质吹填场地地基处理设计；广东汕头某吹填场地地基处理试验段工程；山东威海某吹填场地地基处理工程；山东日照港某吹填场地地基处理工程。

本书可供从事岩土工程中非均质吹填场地地基处理工程的设计、施工及科研人员和高等院校有关专业师生参考。

责任编辑：杨 允
责任校对：芦欣甜

非均质吹填场地地基处理排水固结理论与工程实践
武汉二航路桥特种工程有限责任公司 著

*

中国建筑工业出版社出版、发行（北京海淀三里河路 9 号）
各地新华书店、建筑书店经销
唐山龙达图文制作有限公司制版
北京建筑工业印刷厂印刷

*

开本：787 毫米×1092 毫米 1/16 印张：14 字数：349 千字
2021 年 4 月第一版 2021 年 4 月第一次印刷
定价：**60.00** 元
ISBN 978-7-112-26016-4
（36719）

《非均质吹填场地地基处理排水固结理论与工程实践》
编写单位

主编单位： 武汉二航路桥特种工程有限责任公司

参编单位： 上海同赫力岩土工程技术事务所

河北大学

南京农业大学

《非均质吹填场地地基处理排水固结理论与工程实践》
编 委 会

主　编：乐绍林　余升友
副主编：吴名江　全小娟　周跃龙　丁继辉　王立鹏
编　委：（按姓氏笔画排序）

马　娜	王　东	元亦鸣	方　明	甘　雨
艾　寒	冯忠民	冯俊辉	朱军红	闫　猛
李　刚	李　鹏	李　静	李凡生	李旺准
杨　曦	吴碧海	张　弘	张天宇	张家振
张攀星	陈杰德	林　锋	林佳栋	周　欢
周顺万	赵　齐	赵亚峰	段庆松	姜传刚
陶文科	黄　杰	龚伟伟	游凯凯	蒋小鹏
熊　伟				

前　言

自 20 世纪 80 年代末以来，随着我国经济的高速发展和沿海、海岛的大力开发，以及近年来"一带一路"倡议的提出与执行，我国及东南亚、南亚沿海的吹填造地工程方兴未艾，形成了规模大小不一的用于大型工厂、物流、机场、港口乃至民居的土地资源，为我国的经济发展和国防建设做出了重大贡献。

为了使吹填形成的土地能够快速投入使用，吹填场地的地基处理是十分重要的过程与程序。对于吹填后的场地地基处理，设计部门多采用统一的处理技术，往往导致效果不佳、工期长和造价高。通过对大量实际造地工程的观测研究发现，用水力吹填方式形成的同一场地，其岩性、粒度均是非均质的，且地下水状态分布不均，采用统一的地基处理方法显然不适用于吹填场地。

吹填场地除个别完全以砂类土或黏性土为填土物料外，绝大多数的吹填物料为砂混黏土、黏土混砂或淤泥混生物碎屑，这些物料在特定的吹填管水力条件作用下，往往形成极其不均质的场地。目前，针对以砂类土或黏性土为填土物料的吹填场地，国内一些科研、设计单位进行室内模拟和现场试验，研究吹填后的沉降计算，取得了很多可贵的资料。但针对吹填后非均质的淤泥混砂、砂混淤泥、多次吹填和多管口吹填场地的沉降与处理方法缺少研究。

本书作者以大量实际吹填造地工程为前提，完成了不同含水率、不同含砂量条件下砂混淤泥的室内模型试验，并与高含水的非均质吹填松软场地的快速地基处理设计、施工相结合，取得了一批可喜的成果。为了与广大岩土工程及从事吹填造地工程的设计、施工人员共享成果，进一步促进吹填场地地基处理事业的发展，特著成本专著。

全书由 8 章组成。第 1 章非均质吹填场地地基处理技术现状与进展；第 2 章非均质吹填场地的水文地质与工程特性；第 3 章非均质吹填场地地基的排水固结原理；第 4 章非均质吹填场地的沉降特征与沉降计算；第 5 章非均质吹填场地地基处理设计；第 6 章广东汕头某吹填场地地基处理试验段工程；第 7 章山东威海某吹填场地地基处理工程；第 8 章山东日照港某吹填场地地基处理工程。

全书由武汉二航路桥特种工程有限责任公司乐绍林高工、余升友高工、吴名江教高、全小娟工程师、周跃龙工程师、河北大学丁继辉教授和南京农业大学王立鹏讲师合著而成。全书由全小娟统稿，丁继辉审核。

　　本书是武汉二航路桥特种工程有限责任公司、上海同赫力岩土工程技术事务所、河北大学、南京农业大学的集体经验与总结，衷心感谢广东汕头、山东威海和山东日照等工程设计和施工人员，河北大学建筑工程学院和中国科学院武汉岩土力学研究所等进行室内模拟试验的人员为本专著完成所付出的辛勤劳动。

目　　录

第1章 非均质吹填场地地基
处理技术现状与进展

吹填土又名冲填土，是典型的通过水力吹填形成的一种新近欠固结沉积软土，一般具有高含水率、大孔隙比、高压缩性、低承载力等特点。吹填场地因受吹填物料组成、吹填口位置、吹填次数、吹填时间和吹填顺序等因素影响，表现出明显的非均质性。

非均质吹填场地的非均质性决定了其地基处理不仅难度大且处理技术复杂。要想减小处理后地基沉降、控制不均匀沉降，提高地基承载力和稳定性，保证上部结构的安全和正常使用，同时减少工程投资总额、缩短工期，处理方法的选择至关重要。

近年来，吹填场地地基处理技术由单一的静力排水固结技术和动力排水固结技术向多种组合排水固结技术发展。单一的静力排水固结技术和动力排水固结技术加固机理相对较为成熟，且工程应用数量众多，但多种组合排水固结技术（尤其是静动组合排水固结技术）的加固机理和设计方法尚处于研究阶段，理论滞后于工程实践，因此，开展非均质吹填场地地基处理排水固结理论与工程实践研究十分必要。

1.1 非均质吹填场地地基处理技术现状

非均质吹填场地地基处理多采用排水固结法。排水固结法是在吹填地基中设置砂井（袋装砂井或塑料排水带）等竖向排水系统和水平真空管等水平向排水系统，然后根据建（构）筑物本身重量进行加载或在建（构）筑物建造前在场地上进行加载预压，使土体中的孔隙水排出，地基发生沉降，逐渐固结，强度逐步提高的方法。排水固结法由排水系统、止水系统和加压系统组成。其中，排水系统分为竖向排水系统、水平排水系统和立体式组合排水系统；加压系统分为静力加压、动力加压和静动力组合加压。

1.1.1 静力排水固结技术现状

静力排水固结法按照预压加载方式的不同和规模应用程度分为堆载预压法、真空预压法、降水预压法、电渗排水法及其组合方法等。

1. 堆载预压法

堆载预压法最初起源于砂井法，即利用上覆荷载对地基土进行预压，使其固结压密的地基处理方法。堆载预压法根据预压荷载的大小与永久使用荷载的相对关系，可以分为欠载预压法、等载预压法和超载预压法。

利用排水井作深层排水以加速软土固结的方法早在1832年就开始在法国拜杨涅地基工程中应用。1925年，美国工程师 Moran 将普通砂井用于费城—奥克兰海湾大桥公路软土地基的加固，1926年获得专利，由此，砂井法问世。1934年，美国加利福尼亚公路局在 Moran 建议下，采用砂井法加固了旧金山—奥克兰海湾大桥公路软土地基。砂井法问世后，因缺乏理论根据而按经验设计。1940年～1942年，巴龙（Barron）根据太沙基的固结理论，提出砂井法的设计计算方法，并于1948年对细粒土的固结作用进行了研究。1953年，我国第一次在某造船厂应用砂井预压法。此后，砂井排水法在铁路路堤、土坝、大型储油罐、堆场、机场、高速公路等工程中得到了广泛的应用。

普通砂井的施工通常采用管端封闭的套管法、射水法及螺旋钻法等。采用管端封闭的套管法施工时容易产生挤土效应，扰动周围土的结构，降低土的渗透性和强度，并增加沉降量。射水法是以一定压力的水冲切土体排土成孔，然后灌砂形成砂井。射水法有使用敞口套管和不使用套管两种，这种方法在欧洲各国用得较多。螺旋钻法是采用敞口套管，用螺旋钻将管内土取出，然后灌砂拔管，采用这种方法施工对周围土的扰动极小，但孔壁的涂抹问题依然存在，施工过程中要排出废土。处理废土繁杂，如不采用套管则容易造成缩孔或坍孔。

1969年，印度的Dastidar发明了袋装砂井，因其排水性能好且加固效果显著，促进了砂井法的广泛应用。1977年，中交第二航务工程局有限公司首次引进袋装砂井技术，并结合"711工程"进行了现场试验研究。

与普通砂井相比，袋装砂井具有用料省、施工简便、进度快、能适应地基变形等优点，但存在砂井制作不方便、施工质量无法保证及施工周期较长等缺点。

1937年，瑞典Kjellman等人发明了纸带排水法，以取代砂井作为竖向排水体，该方法施工方便，排水效率高，具有极大的优越性。但由于其存在侧向土压力作用使纸带变形严重、渗透性降低显著、耐久性差等缺点，使得该方法的推广得到限制。随后，工程人员不断尝试改进，直到1971年，瑞典的Wager研究成功用聚氯乙烯槽型芯板替代纸质芯板，用无纺土工织物代替纸质滤膜，逐渐克服了原有纸带的缺点，塑料排水带法得以慢慢被工程人员接受。1981年，河海大学等单位与南京塑料研制厂合作生产出第一代塑料排水带，并于1982年～1984年在天津进行了堆载预压试验研究。

与普通砂井和袋装砂井相比，塑料排水带因由工厂制作，质量指标较为稳定，重量轻，运输方便，连续性好，施工效率高，在软土地基处理工程中被广泛应用。

经过多年的发展与工程实践，堆载预压法已成为设计方法明确、工艺成熟、应用广泛的地基处理方法，具有使用材料、器具简单且施工操作方便的优点，但工期较长，适合工期要求不紧的项目；且需要有堆载料，要求就近有丰富的土料资源。

2. 真空预压法

真空预压法是通过对覆盖于竖向排水体地表的封闭薄膜内抽真空排水，使地基土固结压密的地基处理方法。

1952年，瑞典皇家地质学院Kjellman提出真空预压法，并在论文中提出了真空预压的理论，解释并报道了所做的五组现场试验结果。

1958年，美国费城机场用真空井点降水与排水砂井相结合，完成了飞机跑道的扩建工程。该工程的最大特点就是充分利用地层特性，将负压源（加固区周围的真空深井）设在地下，充分利用细砂层和粗砂与砂砾层作为传递真空度的水平排水通道，将真空度传递到排水砂井周围的土层中，继而向砂井周围的土体扩散，使土体固结，解决了负压源设在地表且地表大面积密封困难的问题，但抽真空设备的效率和深井井口的密封效果不佳。

日本横滨市武丰火力发电厂运用真空预压法加固地基时，真空度最大达到405mmHg

（约 54kPa），一旦停泵 10min，真空度便降至 80mmHg～100mmHg（10kPa～13kPa），地表密封达不到工程要求。

20 世纪 70 年代，日本东北地区新干线在第七号谷地的泥炭土和混有有机物的淤泥土地区，采用真空预压法加固时，在加固区内打设纸板，周围打设钢板桩并用膨润土密封，解决了场地四周漏气的问题，但受纸板材料的影响，真空度沿纸板的传递衰减很大，离地面 2m 深度处的真空度就减小为膜下的 1/5。

1982 年，日本大阪南港在第二阶段的加固工程中，通过密封管道将真空源置于加固土层中，运用潜水泵将水排出，在吹填土表层回填 5m～8m 厚砂质土作为密封层（该层本身就是地面高程所需要回填的），抽气管口用黏土密封，因地制宜地解决了大面积场地的密封问题。经过对真空泵的改进，在二期工程中，真空度始终保持在 630mmHg（约 84kPa）。

我国于 1957 年开始研究真空预压技术。我军某部和哈尔滨军事工程学院在室内外做过真空预压试验，王仁权对真空预压法加固淤泥地基进行了探讨。

1959 年，天津大学开展了室内真空预压试验研究，探讨了真空预压的规律性和效果。

1960 年，同济大学和南京水利科学研究所在上海第一钢铁厂进行了小型现场试验。试验中，真空度达到了 90kPa，但未发生显著的沉降，试验失败。

20 世纪 80 年代，以交通部第一航务工程局牵头，天津大学、南京水利科学研究院土工所参加的联合攻关小组，展开了对真空预压技术的重新探索和研究。经过几年的努力，提出了用射流泵代替真空泵，解决了水、气分离的问题，使膜下真空度达到了 600mmHg（约 80kPa），使该项技术有了突破性进展。

1972 年，黄文熙采用试水预压法加固软弱吹填土地基，对真空预压法进行了改良。与此同时，国内其他地方也对该项技术进行了探索研究。如福州市采用此法加固某软土地基，真空度达到了 640mmHg（约 87kPa）。

早期对真空预压技术的研究，主要采用室内试验和现场试验方法，研究其在黏土场地的密封性和适用性。但是由于当时技术手段和材料方面的限制，早期试验均不理想，很难大面积应用。经过几十年的发展和工程实践，真空预压法已经进入大规模应用、实施阶段，成为目前处理软土地基的行之有效的常用方法。20 世纪 90 年代，我国采用该法加固软土地基，为国民经济建设做出了积极的贡献，并使该项技术水平走在了世界的前列。

进入 21 世纪，真空预压法加固软土技术被广泛应用于其他行业的软土地基加固中，尤其是高速公路软土地基处理，不仅解决了路堤的稳定性问题，还有效控制了路堤的工后沉降。近年来，将真空预压法应用于沿海新近吹填的疏浚土加固中，取得了突破性进展。

多年来，真空预压法随着砂井和塑料排水板的问世、真空密封问题的解决和抽气设备的改良，与堆载预压法一样，已经成为设计方法明确、工艺成熟、广泛应用于吹填软土场地的地基处理方法，具有不需要堆载材料，不存在稳定问题，无噪声，对环境友好，易于施工，工期相对较短的优点，但必须具备密封性能优异的密封系统，有效预压时间不应多于 150d，否则真空吸力会加速排水板的堵塞，且因场地边缘向内收缩变形，应注意对外侧建（构）筑物的防护。

3. 降水预压法

降水预压法是通过降低地下水位，使降低的地下水位范围内的土体浮重度变为湿重度，因而产生附加荷载，使土层固结、沉降、土的性质得到改善。

国外的降水技术应用比我国起步早。1896年，德国首次将深井降水应用于柏林地下铁道建造工程。1927年，美国将污水泵井点降水应用于马萨诸塞州波士顿郊区林城。1939年，德国将电渗井点稳定变坡方法应用于萨尔兹告脱铁路项目。1950年，苏联建造某运河以及在卡霍夫水电站大型工程建设中采用轻型井点、喷射井点和深井井点降水方法，获得成功。

1950年，我国在建设东北某工业基地时，使用了轻型井点降水方法。1955年，在武宁路泵站基坑工程施工中，成功研制出真空泵式抽水装置。20世纪60年代，太原钢铁厂深基坑工程中采用了喷射井点降水法，武汉船坞工程中也应用了喷水井点方法。进入20世纪80年代，上海宝山钢铁总厂建设中，制定各种类型降水方案，包括喷射井点、喷射-射流井点、吸喷井点及吸喷-电渗井点等，展开降水深度方面的专项研究。20世纪90年代，针对基坑降水对周边环境的建筑物及地下管线的变形危害展开专题研究。

经过几十年的发展，我国已形成较为成熟的降水技术，在降水规模、降水深度、降水方法等方面已经达到世界先进国家水平。随着吹填造地大规模出现，工程人员将其与其他排水固结方法相组合，如堆载降水预压法、堆载降水预压强夯法、管井降水强夯法等，应用于吹填场地的地基处理中。

降水预压法简单有效，水位降深范围内的土体强度数天内得到明显增强，不存在整体稳定性问题，不需要分级加载，但受到土层条件的限制，对渗透系数小于 10^{-6} cm/s 的黏土层，若无水平向夹砂层，采用真空井点降水很难有明显效果。

4. 电渗排水法

电渗排水法是通过在地基中插入阴、阳电极并通以直流电，在电场作用下，地基土中的自由水及部分弱结合水产生电渗流从阳极流向阴极，并经阴极排出地面，降低地基土的含水率、提高其强度的地基处理方法。

Reuss 于1809年经过试验证实：当土体中插入电极并施加电压时，两电极之间土体中的水会在土体的孔隙中从阳极向阴极移动。以往处理软黏土和吹填土的工程经验与试验表明，电渗固结是处理高含水率，大压缩性，低抗剪强度土的有效技术，其对软黏土的排水加固效果要明显优于常规土体加固方法。

由于电渗技术的不成熟，单一使用电渗法对土体进行处理往往达不到预期的效果。为此，国内外学者结合了许多种成熟的地基处理方法对电渗技术进行了提升，诸如预压、强夯等。

真空预压与堆载预压均属于预压的范畴，都是为了解决电渗过程中产生的裂缝导致界面电阻变大的问题。高志义等通过室内试验得出，相比单独真空而言，电渗联合真空会增加处理成本，但加固后土体强度提高2倍～5倍。孙召花等提出了真空联合电渗技术具体的使用方法，建议在实际工程应用中，采用真空预压与电渗交替加固。温州大学王军、张乐等采用温州地区吹填软黏土进行真空电渗试验，得出了适应本地区的电流密度与真空度。任钜波等进行了新型堆载电渗法加固吹填淤泥土地基试验研究，发现电渗联合堆载作用能有效减小土体含水率、提高土体抗剪强度、使土体沉降固结；高电压下的电渗法对软黏土地基处理效果明显好于低电压；额外施加堆载作用能增强电渗法对软黏土的固结效果并弥补电渗法带来的部分缺陷。储旭等详细地介绍了真空、电渗结合动力挤密加固厦门某浅滩淤泥工程的施工过程，指出三者联合能降低工程成本，加快固结进程、缩短工期；并建议了该技术的适用推广条件。

在土木工程领域最早应用电渗法的是哈佛大学的卡萨格兰德（Casagrande A）教授，他于 1939 年在德国的一段铁路路基处理中成功应用电渗技术。随后，电渗法逐渐应用于地基处理的各个领域，如：加固斜坡、堤岸、水坝；提高桩的承载力；环境岩土工程；降低地下水位等。国内电渗法应用领域同样广泛，典型成功案例如表 1.1-1 所示。

电渗应用工程实例　　　　　　　　　　　　　　　　表 1.1-1

工程名称	建设时间	土壤类型	处理方法	处理目的
宝山钢厂铁水包工程	1983	软黏土	电渗法	基坑开挖
珠海市红旗变电站工程	1994	软黏土	电渗-强夯综合法	地基加固
新民排涝站降水工程	2001	黏土	电渗联合井点降水	降低地下水位
重庆 MSW 填埋场处理工程	2001	垃圾杂填土	电渗法联合物化法	土壤环保
中船龙穴造船基地工程	2007	软黏土	真空-电渗-低能量强夯联合	地基加固

1.1.2　动力排水固结技术现状

动力排水固结法是一种完全不同于传统强夯的强夯施工工艺，采取的是夯击能由轻到重，夯击遍数增加，总的单位夯击能与传统强夯相当的设计参数。其加固原理类似于预压法，软土的有效应力为一个逐渐增加的过程，土体的强度不断提高。采用低夯击能首先使上层土体密实而不导致软土结构破坏，在夯锤底及夯坑壁产生的微裂隙可提高软土的渗透性，并与竖向、水平向排水通道结合，快速消散夯击产生的超高孔隙水压力。随着每遍夯击能的提高，土体逐渐往下加固，强度也不断提升。通过多达 4 遍～5 遍或更多遍的夯击和同步进行排水预压，可取得较好的效果。

1. 强夯法

1981 年，Jessberger 通过室内试验研究发现：强夯加固淤泥与夯击波和触变效果有关。淤泥的固结与土的破坏条件有关。通过试验建立了夯锤重量、落距、锤底面面积和夯锤在土体表面产生的夯击荷载之间的关系表达式。

1984 年，裘以惠等通过室内试验对夯击时产生的锤底动应力进行实测，并对锤底动应力与加固深度之间的关系进行了探讨。他认为：实测锤底动应力最大值与土的坚硬程度有关，一般在 $25kg/cm^2$～$90kg/cm^2$；锤底面积大，应力扩散慢，加固深度大。

1995 年，刘祖德认为动力排水固结法在工期上要比堆载预压法和真空预压法短，在工程造价上要比块石强夯法、粉喷桩法低，在使用范围上要比传统的强夯法广。国内外已经有许多成功应用该法的工程。

1995 年，丘建金等在珠海红旗区观湖小区和深圳皇岗口岸商业服务区的软基加固工程中成功地应用了动力排水固结法。

1996 年，徐金明等结合某地基加固场地，通过现场试验研究了动力排水固结法的加固效果，试验表明：动力排水固结法可以较好地改善地基土的工程性质。

1996 年徐金明、2001 年何伟东等研究了通过动力排水固结法加固软土地基的现场孔隙水压力增长和消散情况。随着夯击次数的增加，超孔隙水压力稳定并达到一个最大值，再夯击时超孔隙水压力反而减小。各个不同位置，孔隙水压力的最大值出现在夯击时刻。

1997年，王发国、李彰明等认为软土性质的改善取决于孔隙水压力能否迅速消散，以及土不被过分扰动，以保持软土本身的微观结构不被严重破坏，并且与土体本身的物理性质、荷载及排水条件有关。根据强夯过程中孔隙水压力的大小和消散过程，推测强夯的影响深度，控制夯击遍数之间的间隔时间。

1998年，郑颖人等在分析软黏土强夯机理特点的基础上，提出了适用于软黏土地基的强夯工艺，并通过工程试验验证了所选工艺的正确合理性。

1998年，叶为民等结合上海某工程，对饱和软黏土地基在不同排水条件下的强夯效果进行研究，结果表明，动力排水固结法对于改善软黏土地基的加固效果是非常明显的。

1999年，朱爱民等通过动力排水固结法加固某机场的现场试验，提出了最佳夯击次数的确定标准和合理的收锤标准。

2009年，高有斌、刘汉龙等针对滨海新近吹填土地基存在的问题，以及在强夯加固前必须解决地下水位过高问题，提出两种解决方法：一种是采取井点降水措施绝对降低地下水位后进行强夯；另一种是强夯前回填一定厚度砂土，相对降低地下水位后进行强夯。对以上两种工法在同一试验场地开展对比性试验研究，结果表明：第一种方法处理的加固区地基土强度和地基承载力明显提高。

2012年，张季超、许勇等采用"先轻后重、逐级加能、少击多遍、逐层加固"的动力排水固结法加固了饱和淤泥质软土地基，达到了理想的加固效果。

2013年，许绮炎、楼晓明等分别介绍了强夯置换、低能量级强夯、高能量级强夯、动力排水固结法及动力主动排水固结法五种工法的原理、应用条件及适用条件，并分析它们之间的关系及对各种吹填土的适用性。

2013年，王旭利用土力学基本原理，推导了一定拟静力作用下的土体夯沉量。根据动量定理，推导了锤-土接触历时，求得强夯施工时的拟静力。在两者的基础上，计算了强夯后的土体相对密度。

2016年，2017年，丁继辉、赵齐等提出了组合抗力的概念来评价低能量强夯处理吹填软土地基的处理效果。

2018年，林高杰在吹填粉土地基进行了现场试验，研究了降水联合强夯过程中孔隙水压力及沉降变化特点，并结合加固前后标准贯入试验和平板载荷试验对降水强夯加固效果进行了对比分析。

动力排水固结法在非均质吹填场地尤其是饱和超软土场地的适用性，经过多年的探索和实践，在适当条件下是适用的。从目前的技术现状来看，以强夯法为代表的动力排水固结法无疑是满足日益高效的开发建设需求的最好选择，而强夯法的地层适用性缺陷迫使技术人员不断想办法拓展其地层的适用条件，或者创造条件进行强夯等动力固结。此外关于动力排水固结法中强夯参数的取值，目前只能依靠已有的工程经验进行设计，理论研究不足，缺乏完善的设计方法。

2. 高真空击密法

高真空击密法由上海港湾软地基处理工程有限公司于1998年提出，它是通过对需处理的软土体施加数遍高真空，并结合施加数遍相应的变能量击密，达到降低土体含水率，提高土体密实度和承载力，减少地基的工后沉降和差异沉降的地基土处理工法。

2004 年，徐士龙、楼晓明利用高真空击密法对新近水力吹填的粉煤层进行大面积加固，为了避免扰动下卧软土层，加固中击密能量采用"先轻后重，少击多遍"的原则并通过载荷板试验、十字板剪切试验以及静力触探试验检验处理效果，两个应用实例皆达到了设计要求。

2004 年，徐士龙、楼晓明等在常熟兴华港二期工程试验段中使用高真空击密法加固地基，实践证明地基处理后符合设计要求的加固效果，并建议大面积施工时，进一步增加真空排水效果，加大击密能量密度，以使加固效果更好、更均匀。

2007 年，陆豪杰等对宁波北仑港区四期堆场工程中的试验区进行了高真空击密试验，为大面积施工提供夯能、夯点间距、夯击遍数、间歇时间等施工参数。试验过程中和试验后的监测与检测结果表明，处理后的地基承载力大于 150kPa，满足设计要求。

2013 年，孙国亮、蒲晓芳等针对曹妃甸污水处理厂深厚液化土层夹有灵敏度较高的软黏性土层的地基，提出采用高真空击密联合深井降水的加固方案进行地基处理。结果表明：加固后地基标贯击数平均 12 击以上，8m 以上土层液化现象完全消除，8m 以下土层液化现象大部分消除；降水预压阶段场地平均沉降 24cm，高真空击密阶段场地平均沉降约 37.8cm，共发生施工沉降 61.8cm，在浅部形成了较厚硬壳层的同时，兼顾了深层处理。

2017 年，陆天推导了高真空击密法在高真空降水条件下超孔隙水压力消散的计算公式，并结合工程实际验证了准确性。

高真空击密法是真空井点降水与强夯相结合的可处理渗透系数在 1×10^{-4} cm/s$\sim$5$\times$ 10^{-5} cm/s 的粉砂—粉土—强渗透性粉质黏土的动力排水固结方法，具有工期短（常规工法的 1/3$\sim$1/2）、浅层加固效果好、成本较低（常规工艺的 40%$\sim$80%）、质量可控、施工环保（无需添加剂）等优点，但存在处理深度浅（小于 8m）、多次插拔真空降水管工序较繁琐等缺点，因此近 20 年来，相关的应用研究较少。

1.1.3　静动力组合排水固结技术现状

静动力组合排水固结法为静力排水固结法和动力排水固结法的组合型排水固结方法，该方法可以发挥各自的优势，相互补充，起到较好的加固效果。

静动力组合排水固结法基本思想：通过设置水平排水体系（包括盲沟、砂垫层）和竖向排水体系（塑料排水带或砂井），改善地基土的排水条件及冲击荷载传递方式，土层在静力荷载、可传递的动力荷载和动力产生的持续后效力作用下，形成孔隙水高压力梯度，在人工排水体系及动力荷载作用下产生的裂隙排水系统下，多次发生孔隙压力的升降，孔隙水不断排出，孔隙体积减小、有效应力增加，土的抗剪强度不断提高，孔隙比也逐步减小，工后沉降大大降低，地基土成为超固结土，从而使地基强度得到大大改善。

静动力组合排水固结法的特点：（1）避免"橡皮土"现象出现。（2）动力荷载作用下在软土地基中形成微裂缝（即损伤软化），为孔隙水排出提供通道，加快固结。（3）强调联合使用静、动荷载，二者相互影响，互为条件。以静为主、动为辅，以静为本、动为促，静为内因，动为外因，无静莫动。（4）动荷载对浅层淤泥扰动很小，保持了软土可靠的微观结构，可以迅速提高土体再固结后的强度。（5）动力加固后由于残余应力的作用，使得处理土层具有"滞后效应"。（6）充分发挥经典意义上的动力固结作用，即动力八面体压缩应力作用下孔隙水压力明显增长。相当于较大的超载预压，动力八面体应力幅值相对要小，超孔隙水压力消散过程中土体将固结得更彻底。

近十多年来，对非均质沉降明显、场地静置时间短的新近吹填场地，提出一系列静动力组合排水固结技术解决大规模吹填场地地基处理难题。

2003年，钟建敏等结合上海一赛车场地的地质条件和对地基工程的设计和要求，采取了真空降水-强夯地基加固的方法，对之进行了现场试验和研究。最终的结果证实了此方法用来加固处理这种地基是行之有效的。

2006年，徐士龙提出"快速'填水预压、动力压差排水'软地基固结方法"，对深层软土采用真空压力结合填土压力，使深层的软塑软土快速固结；浅层软土采用动力压差多次交叉排水作业来达到浅层地基快速形成高承载力、高均匀性的超固结的"持力硬壳层"。

2006年，包国建提出"短程超载真空预压-动力排水固结联合法"软土地基处理工法，采用静力排水固结与动力排水固结法的不同状态和节点组合，可处理松软土体厚度大于20m、岩性变异大和工后沉降、差异沉降要求较严的吹填场地。

2007年，吴价城、吴名江等提出适用于处理吹填土及下卧软土组成的表层厚砂、泥砂互层场地，具有处理深度大（松软土厚度大于15m）的"吹填堆载降水预压强夯联合软土地基处理工法"，具有工期较短、成本低、工后沉降小和承载力高等优点。

2007年，包国建提出"立体式低位真空组合预压软地基处理方法"。该方法是在原始地基表层和预吹填土高度分别设置一层水平排水通道并延伸到围堰外与真空泵相连接，同时与竖向排水通道相连，形成立体式真空排水系统，吹填完成立即进入真空排水阶段，使上下软弱土地基在短时间内同时得到加固。

2007年，刘汉龙、徐士龙提出一种"浅层振夯击密与深层爆炸挤密联合高真空井点降水地基处理方法"，该法是采用地下深层爆炸挤密与地面机械振动或强夯浅层密实以及高真空井点降水三者相结合的方式进行大面积软土地基处理。处理深度可达18m以上，特别适用于吹填土、粉土地基、软黏土与粉土或粉砂互层地基加固处理。

2007年，武亚军、吴价城等提出一种"振动增压快速固结软地基处理的方法"，该方法首先按所需要间距和深度布置井点在待处理地层中进行真空抽水，形成真空负压；再在地层中按所需间距和深度进行振冲增压，形成正压；真空抽水与振动同步一遍以上，使负压区和正压区叠加，在二者之间形成较高的动水力梯度，最终完成软弱土体在短时间内的快速固结。

2008年，董志良、张功新等发明一种解决软土地基加固深层土体的"降水预压联合动力固结深层加固法"，即在待加固的地基内设置竖向排水体；对软土地基进行降水预压；当待加固地基地表8m以下的深部土体受降水预压作用后，固结度达到75％以上，再进行动力固结施工。该方法提供一种在降低成本、缩短工期的情况下达到加固软土地基的施工技术。

2008年，聂庆科、胡建敏等发明一种用于沿海新近吹填的软弱地基进行加固处理的方法——预排水动力固结加固软土地基。该方法是基于饱和软黏土的动力特性、排水固结机理和动力固结机理，将强夯技术和软土内降水技术有机结合起来的一种组合式地基处理方法。

2008 年，斐哲等在上海芦潮港铁路集装箱中心站堆场工程的大面积软弱地基处理中进行了真空降水法结合强夯法的现场试验，最终证实了这种方法的可行性，在此基础之上确定了大面积施工的参数和工艺。

2009 年，陈杰德、吴名江等提出一种"快速增压预压法软地基处理方法"，该方法是堆载预压（或真空预压）与振动二者的叠加，各自增加的孔隙水压力最终将转化为土体的有效应力而使软土的强度得到提高。

2010 年，吴名江、吴价城等发明的"三向排水动力预压固结软土地基处理方法"是对现有的单面排水固结、真空井点降水加动力固结及降水预压法的重大创新，是一种处理深度大、快速、效果好的新型动力排水固结方法，对三角洲、河口地区及类似沉降特点的海岸地区的软土地基处理具有良好的应用前景。

2010 年，朱允伟、朱香芬详细介绍了降水强夯法施工工艺、作用原理，并结合某工程进行了现场试验。结果表明：处理后的地基土有效加固深度、承载力均满足设计要求，并从理论和工程实践两方面验证了该工法处理吹填土地基效果。

2010 年，刘嘉、李军等以广州港南沙港区粮食及通用码头工程软基处理试验区科研项目为背景，介绍了井点降水联合强夯法的基本思想和工艺，并通过现场试验研究结合实时监测，重点从周边地下水位变化、地表沉降、深层水平位移发展及强夯振动加速度、速度衰减规律等方面较系统地考察对周围环境的影响，给出施工安全距离，并验证该方法的可行性。

2011 年，林佑高、林国强等根据工程地质特点，从处理效果、工期、价格等因素出发，针对某码头工程的场区软土具有厚度不大、埋深较浅且夹薄砂层等特点，采用井点降水联合低能量强夯法进行加固处理，并结合相关监测数据进行分析。工程实际的成功运用表明：该方法能够有效地降低地下水位、改善土体物理力学性能、提高地基承载力，具有明显的经济效益，且施工工期合理。

2011 年，汪文彬提出的"截排水深层预压动力固结软地基处理法"是采用截水止水、强排水、深层竖向排水系统、振动碾压或强夯四者有机结合来降低处理场地的地下水位，形成附加荷载对软弱下卧层进行深层预压，完成软弱土层固结，消除软弱下卧层沉降，截排水有机结合动力固结提高浅层土体密实度和改善物理力学指标，满足场地承载力要求。

2011 年，叶凝雯提出"软土地基轻井塑排叠加真空预压法"。该方法在第一遍点夯后，布置轻井和塑料排水板一体式井点；然后第二遍点夯，布放集水总管，抽真空；在需加固的软弱地基达到设计指标后，拔除加固区域全部轻型井点管，进行表层满夯或振动碾压处理。

2012 年，刘广萍结合江苏泰州联成化学工业有限公司仓储项目，采用管井降水联合强夯法对饱和软土地基进行处理，取得良好的地基处理效果。

2013 年，吴价城、吴名江等采用竖向重力抽水和水平向真空吸水相结合的方式，使不同的地下水处于相适应的排水条件下排出。提出"非均质场地软土地基立体式组合动力排水固结系统和方法"，该排水固结系统是一种处理效果好、工期快、造价低、适用范围广的新型动力排水固结方法，可克服场地非均质性带来的地基处理难题。

2013 年，周顺万、周跃龙等结合威海港新港区 2 号围堰吹填砂厂地基处理工程，采用轻型井点降水联合强夯法进行处理，有效地解决了强夯施工的地下水问题，取得了较好的加固效果。

2014 年，王宗文等依托南通吕四港沿海岸线大面积人工吹填围垦造陆工程，针对吹填土采用井点降水联合强夯法加固地基，对处理前后吹填土进行对比分析可知，该法不仅能提高土体强度、减小工后沉降，且能有效消除液化、减小负摩擦阻力对重型装置区桩基的不利影响。

2014 年，王志良、禾永等采用降水联合强夯法施工工艺，有效地解决了大面积吹填场地地基处理的问题。通过对两种常用管井降水方法和真空井点降水方法的理论及试夯效果的分析，从技术、经济及施工适宜性各方面进行了阐述，认为在均满足地基处理要求的情况下，优先选用间距相对较大、施工方便的管井降水工艺更加合理。

2015 年，乐绍林等提出"吹填场地条带状路基的握裹式预压排水固结系统"。该系统中，条带状握裹式挡墙面向地下水的流动方向设置于堆载层的两侧，深度方向穿过吹填砂层设置于淤泥层中，条带状握裹式挡墙、排水板、降水管井和吹填砂层上的堆载层共同构成握裹式预压排水固结系统。

2017 年，汤连生提出了"一种新型排水固结系统及方法"。该方法综合真空水压渗析可封堵的高压固结系统，包括若干新型的排水板、真空管、真空泵、盐液储存室、注气增压设备、注气管和开关阀。其中排水板的板芯包括有一体化设置的从左到右依次排列的若干条管道，排水板内的若干条管道中，位于中部的管道与注气管的一端连接及连通，其余的管道与真空管连接及连通；排水板内的若干条管道在底部相互连通，使得液体和气体可在其内部循环；排水板的板芯表面上依次覆盖有一层渗析膜和一层土工布滤膜。

2017 年，赵齐等设计了室内振动增压排水固结法处理吹填软土地基的试验，研究了上部竖向荷载、振动频率、振动荷载及土样含砂比等对软土地基的处理效果的影响。

2017 年，谢伟树以太沙基、巴隆等固结理论为基础，推演出低能量强夯地基内孔隙水压力计算公式，分析得到了孔隙水压力消散特性、多遍强夯时间间隔缩短原因，建立了冲击荷载双层地基沉降计算公式。

2017 年，谢志伟探究了增压式真空预压法对超软黏土的加固效果，并针对增压式真空预压法存在的增压位置、增压时间、增压时机等参数不明确的问题进行了对比研究。

2018 年，朱常志结合实际工程，研究了堆载预压联合强夯法处理软土地基主要参数取值范围，获得了主要设计参数对地基处理效果的影响规律及设计参数之间的相互影响规律和内在联系。

近十多年来，静动力组合排水固结法充分发挥静力排水固结法和动力排水固结法的优势，相互补充，在缩短工期、减小差异沉降、提高加固效果方面起到了很好的作用，因此得到广泛的应用。但截至目前，仅有个别的静动力排水固结法在规范中有明确规定，如井点降水强夯法于 2017 年编入《水运工程地基设计规范》JTS 147—2017，其他的静动力组合排水固结技术的设计、信息化施工、质量监测检测等尚没有明确的规定，有待进一步展开研究。

1.2 非均质吹填场地地基处理技术进展

吹填场地地基处理技术的发展体现在机械、材料、设计计算理论、施工工艺、现场监测技术，以及新方法的不断发展和多种新方法的综合应用等各个方面。

为了满足日益发展的吹填场地地基处理工程的需要，近些年来机械发展很快。例如：强夯机械向系列化、标准化发展，真空预压机械向高中功率动力发展。

吹填场地地基处理材料的发展促进了地基处理水平的提高。新材料的应用，例如，土工编织布、土工格栅、荆笆、竹网等，使地基处理效能提高，并产生了一些新的地基处理方法。

吹填场地地基处理工程实践促进了设计计算理论的发展。随着吹填场地地基处理技术的发展和各种处理方法的推广应用，砂井法非理想井计算理论、真空预压法和一些组合排水固结法的计算理论方面近年来都有很多新的研究成果。吹填场地地基处理理论的发展又反过来推动处理技术的进步，但理论发展滞后于工程实践。原因在于吹填场地不同于原状沉积土，具有含水率高（一般大于 100%）、承载力低（流状淤泥场地几乎为 0）、二元结构（新近未固结或欠固结吹填土与原状欠固结软土）、非均质性显著（物料组成复杂）等特点，使得吹填土层的固结状态难以确定，沉降量计算误差加大。

吹填场地地基处理方法施工工艺近年来也得到了不断改进和提高，不仅有效地保证和提高了施工质量，提高了工效，而且扩大了应用范围。例如，真空预压法施工工艺的改进使这项技术应用得到推广。

吹填场地地基处理的监测日益得到人们的重视。在施工过程中和施工后进行监测，用以指导施工、检查处理效果、检验设计参数。监测手段越来越多，监测精度日益提高。地基处理逐步实行信息化施工，有效保证了施工质量，取得了较好的经济效益。

吹填场地地基处理技术的发展还表现在多种处理方法组合使用水平的提高。例如，真空预压法和堆载预压法的组合应用，克服真空预压法预压荷载小于 80kPa 的缺点；静力排水固结技术与动力排水固结技术的组合使用，提高地基承载力的同时，大大缩短工期。

1.3 非均质吹填场地地基处理中存在的问题

传统的软土地基处理是指采取工程措施对不能满足地基承载力和变形设计要求的高含水、高压缩性软弱土体加以改良的岩土工程技术方法。主要是对第四纪晚期自然形成的包括淤泥、淤泥质土、泥炭、泥炭质土等天然含水率大、压缩性高、承载力低、软塑到流塑状态的黏性土，采用不同工程措施提高抗剪强度、降低压缩性、改善透水性能与动力特性。随着围海造地工程项目的迅速开展，在原有沉积软土的基础上形成了新的软土——吹填软土，这是一类未经固结、含水率极高、呈流态的人为沉积物，其土质可为淤泥、淤泥夹砂、砂夹淤泥及淤泥质土。这类超软土因吹填而覆盖于原生软土之上，使场地形成明显的下覆土体软、覆盖土体更软的二元结构，从而为场地的地基处理带来了新的困难与挑战。

吹填场地的地基处理近三十多年来在国内得到了较为深入的研究,尤其是吹填超软土(浮泥、流泥、淤泥)取得了一些实用成果。但对吹填造成的非均质现象与规律的研究尚不够深入。主要存在以下几个基本问题:

(1)吹填场地的水文地质和工程地质特性不同:不同地区的吹填场地因吹填物料的来源不同、吹填方式不同、吹填时管口位置和吹填运距不同,导致吹填场地地基土在空间上的水文地质和工程地质特性有很大差异。

(2)现行岩土工程勘察均匀布设勘察点和原位测试中采用的标准贯入试验无法精确反映场地地基土的非均质性。

(3)现行规范仅提出了堆载预压、真空预压、强夯等单一排水固结理论。

(4)非均质吹填场地吹填土的自重沉降-固结问题:非均质吹填土在自重作用下的颗粒沉降-固结过程十分复杂,导致采用传统的固结理论计算高含水率吹填土的固结度,计算结果与实际固结度相差较大。

(5)非均质吹填场地的沉降量计算问题:吹填场地的沉降量包括原状下伏软土在吹填土荷载和使用荷载作用下产生的固结沉降、吹填土及吹填后填土的排水固结与排水板等竖向排水体施工期间完成的沉降量。采用已经基本固结地基的处理设计模式计算吹填土的沉降,会造成较大偏差。

(6)目前虽已研发多项适用于吹填松软土的处理技术,但对各种方法同类场地应用对比研究不足。

(7)既有的室内模型试验未对复杂的多管吹填和多次吹填所形成的吹填土进行沉降与固结试验研究,导致设计计算与实际观测资料的脱节。

1.4　本书内容

本书结合工程实践,对非均质吹填场地地基处理的水文地质与工程特性、静动组合排水固结原理、沉降特性与沉降计算方法、精确分区设计方法等进行了室内和现场试验研究,取得了一些研究成果和成功经验,对非均质吹填软土地基处理理论与新技术开发和类似工程的设计与施工具有一定的指导意义。具体研究内容如下:

(1)通过水力吹填管口数量和吹填次数,分析了吹填场地吹填后的物料空间分布的水力学特性,通过吹填的物料组成、场地不同位置的岩性变化特征、地下水赋存与渗透特性、松散地基土的结构特性和场地的工程特性,研究了非均质吹填场地的水文地质和工程特性。

(2)从非均质吹填场地软土地基的排水固结类型角度出发,系统地介绍了非均质吹填场地的排水系统组成、静力排水固结原理、动力排水固结原理和静动力组合排水固结原理,及其在地基中产生的附加应力的组成。

(3)结合工程实例,分析了不同类型的非均质吹填场地的沉降特征和固结特性,提出了汕头东部开发区的固结系数与次固结系数的经验公式以及一维流变模型,给出了非均质吹填场地地基沉降计算方法,研究了地基处理过程中附加的扰动沉降基本规律、机理、产生条件和过程等。

（4）按照勘察、初步设计和施工图设计的顺序，提出精确分区的设计理念，给出了非均质吹填场地软土地基处理的设计方法，研究了大面积非均质吹填场地市政路网的路基处理设计方法。

（5）结合工程实践，详细给出各种类型非均质吹填场地的地基处理设计方法、施工工艺和控制指标。

第 2 章　非均质吹填场地的水文地质与工程特性

当造地场地采用吹填（冲填）方式形成时，一般是先按设计的吹填高程布设围堰和排水口，然后按物料来源（指近河道、航道或码头前沿的疏浚，远距离取料，船运砂和土料）设计一次性单管口、多管口吹填或多管口多次吹填。吹填物料和吹填方式的变化会导致吹填场地形成后的水文地质与工程地质条件的差异，认识和研究这种差异性对吹填场地地基处理方案设计和施工有着极其重要的作用。

2.1　非均质吹填场地吹填的水力学特性

由于物料是经水力输送到达吹填场地，吹填的水力学特征决定了物料在场地内的分布状态，因此，研究吹填管的水力学状态十分必要。水力吹填分单管口和多管口及一次与多次性吹填。

2.1.1　一次性吹填所形成的场地物料平面分布

根据不同的工程特性、地理位置和吹填管口数量，一次性吹填所形成的场地物料平面分布可分为单管口、双管口、三管口吹填时物料平面分布，具体见图 2.1-1～图 2.1-3。

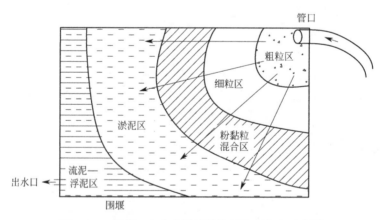

图 2.1-1　单管口水力吹填场地物料粒度分布示意图

如图 2.1-1 所示，物料经管道水力输送到围堰内时，一般有一定的落差（与围堰高度有关，一般大于 2m），水输物料在泵送压力和水头差作用下，水流由集中流变为分散流，对场地形成吹填作用，在管口前方快速堆积粗粒物料（砾石、粗砂、原岩块体）而形成管口扇形粗粒堆积区；随着吹填水的分散和水力坡度的减小，流速逐渐变慢，水力携带的物料粒径逐渐变小，而形成坡面较小的较细粒度的物料堆积区；随着吹填水与吹填管口的距离加大，流速与坡度越来越小，堆积的物料以粉粒及黏粒为主，当接近出水口的围堰端时，水流流速很慢而沿围堰内侧环流回水，极细的黏粒呈流泥状，缓慢沉淀而形成淤泥、流泥、浮泥区。

如图 2.1-2 和图 2.1-3 所示，多管口吹填时，物料经水力输送的原理基本与单管口吹填相同。在吹填初期，相邻管口吹填物类似于镜像叠加，形成往管口位置内凹的场地形态。随着吹填水与吹填口的距离增大，物料由粗变细，最后在出水口形成流泥—浮泥区。

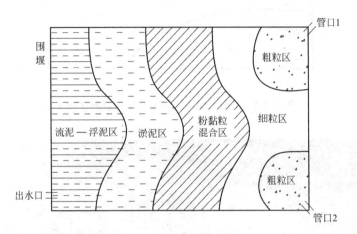

图 2.1-2　双管口水力吹填场地物料粒度分布示意图

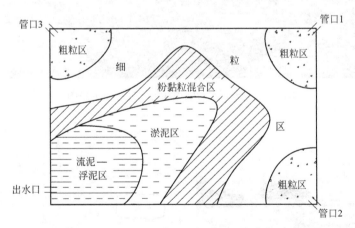

图 2.1-3　三管口水力吹填场地物料粒度分布示意图

以山东省日照港某场地为例，该场地主要由水力吹填而成，其吹填物料为邻近海域砂泥混合物。对吹填后的场地进行岩土工程勘察，揭露由管口至回水区的主要物料成分依次为粗粒、粉黏粒混合、淤泥、流泥—浮泥，如图 2.1-4 所示。场地岩性分布卫星图及现场照片分别如图 2.1-5 和图 2.1-6 所示。

2.1.2　多次吹填所形成的场地物料剖面分布

多次吹填是指场地由二次以上管口吹填完成，每次吹填时的管口位置有的相同、有的

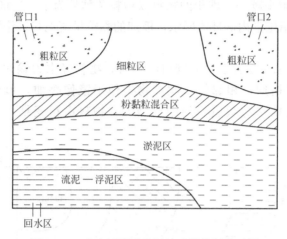

图 2.1-4 山东日照港某场地吹填物料分区图

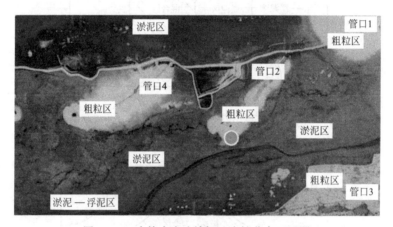

图 2.1-5 多管水力吹填场地岩性分布卫星图

图 2.1-6 现场照片

不同，由吹填水力学特征所形成场地物料剖面分布见图 2.1-7 和图 2.1-8。

从图中可见，相同管口的两次吹填造成剖面上物料交错重叠，第一次物料受到压缩；不同位置管口两次吹填导致物料剖面相当复杂，如果有第二次吹填则更为复杂。因此，在进行吹填场地的地基处理设计时，了解和确认吹填次数与管口位置是十分必要的。

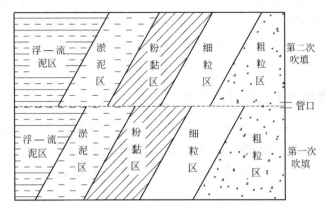

图 2.1-7　二次相同位置吹填管口场地物料剖面分布示意图

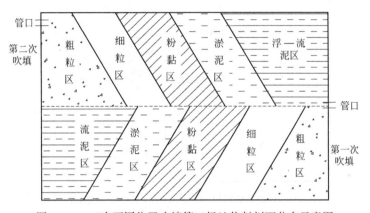

图 2.1-8　二次不同位置吹填管口场地物料剖面分布示意图

山东某吹填场地地质剖面如图 2.1-9 所示，该场地为在不同位置经多次吹填而成，第一次吹填层位于吹填管口，物料主要以中粗砂为主，第二次吹填层位于吹填回淤区，物料

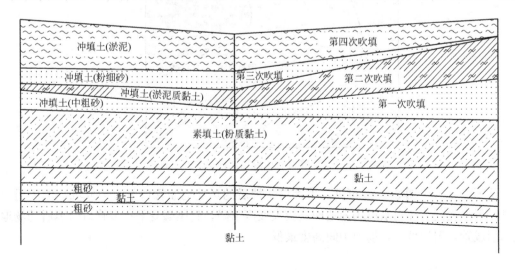

图 2.1-9　山东某场地多次不同位置吹填管口场地物料剖面分布示意图

主要由淤泥质黏土组成，第三次吹填层距离吹填管口较近，物料主要以粉细砂为主，第四次吹填层距离吹填回淤区较近，物料主要以淤泥为主。由于吹填次数和吹填管口位置的变化，该场区形成了物料组成不同、厚度不一的非均质吹填场地，这类场地有别于均质场地，处理时较为困难。

2.1.3　水力吹填场地形成后平面形状

由于携带吹填料的泥水混合物高速冲出管口后，具有较强的动能和一定的势能，在管口附近冲击原地面后变成分散流，然后流动面积不断扩大，流速逐渐变小，直到围堰的出水口端形成沿围堰内侧的环流。吹填完成后的场地形态一般如图 2.1-10～图 2.1-12 所示。

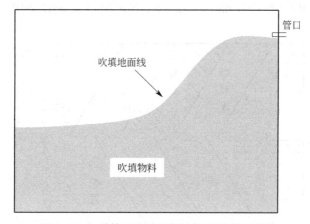

图 2.1-10　单管口吹填后场地剖面形态示意图

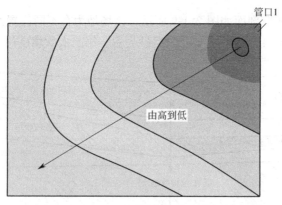

图 2.1-11　单管口吹填后场地地面形态示意图

从图 2.1-10～图 2.1-12 可见，单管口吹填后的场地地面管口下方冲成坑，然后粗粒料堆积形态较高，往出水口场地地面呈较大坡度下降，到尾端变平；多管口吹填后的场地地面形成管口扇形坡面，场地中间高度最低。

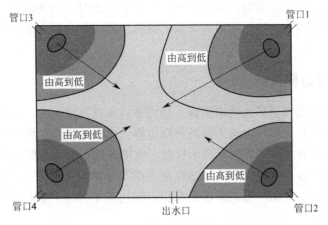

图 2.1-12　多管口吹填后场地地面形态示意图

2.1.4　地下水赋存与渗透特性影响因素

吹填场地的地下水赋存特征和形式与吹填物料、至吹填管口距离、排水口高低有关，如表 2.1-1 所示。

吹填场地地下水赋存特征　　　　　　　　　　　　　表 2.1-1

位置	吹填物料	地下水赋存特征	赋存形式
管口或过渡区	粉、细、中、粗、砾砂	有统一地下水位的潜水，降落漏斗大而扩展快，水位下降快而深	强渗透性
过渡区	砂土、粉土夹黏性土	有统一地下水位的潜水，降落漏斗较小而扩展慢，水位下降慢	强弱渗透性交叠
过渡区→回水区	粉土、粉质黏土夹砂、黏粒	无统一地下水位的潜水—上层滞水，降落漏斗小，水位下降慢而浅	渗透性差异变化大
回水区及排水口	淤泥、淤泥混砂	无统一地下水位的自由水—薄膜水，水位下降极慢，降落漏斗难划分	极低渗透性

（1）吹填物料的影响

1）砂砾区：地下水多为孔隙潜水，呈统一地下水位，渗透性好，水位下降快；

2）砂混淤泥区：呈统一地下水位，渗透性较好，为孔隙潜水，地下水含水性差，多表现为上层滞水；

3）淤泥混砂区：呈孔隙水状，无统一地下水位，渗透性极差。

（2）至吹填管口距离的影响

1）管口区：物料颗粒粗，地下水为孔隙或裂隙潜水（指结构未破坏的原状土体），有一定地下水位，渗透性好，水位变化快，水量丰富；

2）过渡区：物料颗粒呈粉土或粉砂状，为孔隙潜水，有统一地下水位，渗透性较差；

3）淤泥分布区：物料颗粒微细，呈黏粒或泥浆状，无统一地下水位，渗透性差。

（3）排水口高低的影响

回水区排水口的高低会影响到回水区黏粒含量的变化，当排水口低时，流向围堰尾端的吹填水流速快，黏粒被排放，使沉积下的粒径相对较粗，多为淤泥质粉土或淤泥质粉砂；场地完成后的地下水类似过渡区的形状；当排水口高时，达到回水区围堰附近的泥水混合物被阻而沿围堰内边环流，形成高含水的黏粒泥浆，在吹填完成后为渗透性极差的淤泥或流—浮泥。

2.1.5 地下水场边界分类

吹填场地的地下水场边界为吹填围堰。当用非透水材料填筑时，围堰即地下水场止水边界；当用透水性材料，围堰为地下水场补给边界。止水边界对于场地内排水量计算影响较大。当地下水场具有止水边界时，排水仅疏干吹填体内的地下水储存量及排水期的雨水补给量；当有补给边界，排水除应计算储存量、雨水补给量外，还应计算外围水渗入量、排水量和排水时间。不同赋存形式的地下水在不同边界条件下，表现出的降落状态不同，具体如表 2.1-2 所示。

吹填场地地下水降落状态 表 2.1-2

赋存形式	有止水边界	有补给边界
强渗透性型	水位浸润曲线以中心井为圆心，快速往吹填边界扩展形成统一的地下水降落漏斗，直至达疏干的水位设计标高	降水井中的降落漏斗同步逐渐往下发展，截水井围绕补给边界形成单井降落漏斗环，补给边界的地下水位为内、外漏斗连接标高
弱渗透性型	以中心排水井为中心，水位浸润曲线小梯度慢慢向下发展，排水井的水位降落漏斗逐渐连接，形成统一的地下水降落漏斗，直至达到设计的水位标高	同上，但降落漏斗发展缓慢，拦截外围水补给的截水时间长
渗透性差异变化大型	单个排水井产生的降落漏斗水线呈突变形态，全场地难以形成统一的水位降落漏斗，渗透性强的漏斗水位低，差的水位高，全场地排水水位浅，呈折线形	截水井的距离变化，边界补给水降落漏斗呈折线形；围堰内难形成地下水向中心流动的降落漏斗；排降水水位浅，呈起伏的峰谷状形态

2.1.6 地下水渗流类型

因吹填场地的物料组成不同、吹填管口位置变化或移动、有无边界外水的补给、所处场地位置不同，场地内地下水的渗流是有明显区别的，具体见表 2.1-3。

吹填场地地下水渗流类型 表 2.1-3

渗流类型	吹填物料	位置	浸润曲线	排水效果	水位线
稳定层流	纯砂类	管口	同步下降	良好	统一
非稳定层流	砂类土与低渗透性土互层	管口反复移动处	不同井位有差异	尚可	统一
不连续流线	砂类土与低渗透性土相间混杂	管口之间	浸润曲线不连续	差	无统一水位
阶梯状流线	低渗透性土夹砂透镜体	过渡区	浸润曲线呈折叠阶梯状	较差	无统一水位
压力状流线	低及极低渗透性土或低透水性土互层	回水区或粉土吹填区	沿塑料排水板受压向上，浸润曲线较陡	差	无统一水位
紊流	强渗透性土夹低渗透性土	强补给水源边界	流线紊乱，浸润曲线奇变	好	统一水位

2.2 非均质吹填场地地基土物料组成特性

造地场地的物料有多样，一般有就近航道、码头疏浚物料，航道、码头开挖物料，异地取砂土物料及船运物料等多种，因物料来源不同，吹填后的场地物料组成也不同。

2.2.1　就近航道、码头疏浚物料

位于造地附近的航道或码头，经长期运行而形成一定厚度的淤塞，一般的淤塞料为淤泥或淤泥质土及淤泥夹砂类土。疏浚时，经绞吸船切割吸入输水管时多为泥水混合物或泥砂水混合物，被送入围堰内的物料多为含水黏粒，仅在管口附近堆积有砂粒。而在尾端回水区多为浮泥状泥浆。场地吹填后在管口附近外均为淤泥或淤泥质土。在东南沿海地区如浙江温州、江苏连云港、广东深圳蛇口等地区常见（图 2.2-1）。当航道内有生物碎屑时，在管口范围也常见贝壳碎屑堆积，如在山东威海等地。

图 2.2-1　就近航道、码头疏浚工程

2.2.2　航道码头开挖或加深物料

航道、码头开挖或加深，往往除了水底新近淤积的淤泥或淤泥质土外，大多为沉积历史较长、强度较高的土体或风化残积土，这类土经绞吸切割后往往呈块体（保留了土体原结构）被输送进场地。由于输送水流由管道集中流变为分散流，水能无法将土块继续往前输送，从而在管口外迅速堆积成锥状体，仅细粒土和粉、黏粒继续往前运移。这类吹填料在管口扇形地段完全不同于其外围的土体含水条件与物理力学形状，这在广东汕头、山东日照及福建厦门、福州、泉州等地常可见到（图 2.2-2）。

2.2.3　异地取用吹填物料

异地取物料吹填一般是指距离围堰较远和围堰附近不能满足吹填用料的情况。吹填料既有砂类土、淤泥类土，也有风化土，因输送距离较长，需要多级接力联输，管路损失大，较粗大的原状土块难于到达围堰内；从管口到出水口大多为砂—粉粒—粉黏粒—黏粒—泥浆分布，而且管口范围的砂土扇形小、粒度细（图 2.2-3）。

图 2.2-2　航道码头开挖或加深物料吹填工程

图 2.2-3　异地吹填物料进行吹填

2.2.4　船运物料吹填

一般采用船运吹填料多为远地的砂或砂类土，在船上采用管输吹填后，场地内多以砂为主，远端出水口的回水区为淤泥质粉砂或淤泥质粉土，淤泥及流泥区几乎没有，但一般吹填的地表管口高程高出回水区较多，吹填场地地面高差较大，在福建宁德的吹填场地常见（图 2.2-4）。

图 2.2-4　船运物料进行吹填

2.3　非均质吹填场地的岩性特征

从前述两节内容可见，高含水松软土的岩性因水动力特征、物料来源，吹填管口多少和位置、吹填次数等因素导致在空间上变化大而复杂，不具有静水沉积及河流沉积的岩性均质性。

2.3.1　管口区的岩性

管口扇形地带一般为粗粒土，随吹填物料来源不同有原状土块、碎石、砾石、生物碎屑、粗砂、中细砂、粉砂，呈松散状，具有强烈液化性质，当围堰内水位下降后均具有一定的强度，是吹填场地内透水性良好的松散地基土。但对于原状土块与生物碎屑土应特别注意。原状土块多为绞吸船切割的有一定强度的砂类土、黏性土及风化残积土，吹填堆积后保留了原土结构，土块之间呈缝隙状接触，缝隙间为泥粒或水充填，从而既具有一定的强度，又有不同的粒间粘结方式，是一类特殊结构形式的土体，粒间渗透性较好，但在外力作用下，容易产生移动而具有较大变形；生物碎屑堆积具有多孔状结构和脆性、极松散与高孔隙比、渗透性良好的特点，但在外力作用下变形大。

2.3.2　过渡区岩性

因吹填水的动能减弱和水力坡度变小，岩性多为粉土及黏质粉土、粉质黏土，离管口越远粉粒减少，黏粒增多、粉土液限增高。场地松软、强度低，具有一定的渗透性能。当吹填完成一定时间后，日晒、风干作用使表层呈龟裂状，有 10cm～30cm 的硬壳层。

2.3.3　淤泥分布区

（1）淤泥区：随着吹填水流扇形面积的加大，吹填水流速变得极慢，泥水中小于0.075mm 的粉粒开始沉淀，形成高含水淤泥。由于此区域地面平坦且较低，在吹填完成后水位近于地表而成为极软淤泥区。

（2）流泥—浮泥区：在吹填水的末端出水口地段，吹填水遇围堰阻挡而沿围堰内侧环流，极细的黏粒在吹填过程中无法沉淀，从而以高浓度状态存在，当吹填完成后环状停滞，高含水泥浆进行水土分离，分散的黏粒呈胶体状、絮凝体状慢速下沉，场地表现为流泥—浮泥态，表层含水率高达 150% 以上，十字板剪切强度几乎为零的超软土。

2.3.4　多管口吹填区

当用多管口吹填时，在管口扇形状堆积之间为细粒、粉粒、黏粒交错堆积区，但淤泥区在场地中部，流泥—浮泥区在出水口段，使场地在平面上岩性变化极为复杂，为极不均质场地。

如山东省某吹填场地（图 2.1-5），该场地吹填物料为邻近海域砂泥混合物，在东北角和西北角各设一个吹填口，吹填物料经水力吹填在西南角形成回水区。

对吹填后的场地进行岩土工程勘察，见图 2.3-1，揭露发现：由管口至回水区的主要物料成分依次为粗砾砂、淤泥、流泥—浮泥，其中，粗砾砂为黄褐色，灰黄色，松散—稍密状，土质不均，含黏粒，夹黏性土团，局部混黏性土，局部混夹角砾；淤泥呈灰褐色，流塑状，高塑性，土质不均，含砂粒和有机质，局部夹粉土团和砂斑，局部夹粉土薄层和砂薄层；流泥—浮泥呈褐灰色，流塑状，高塑性，土质不均，含砂粒，局部含有机质。各土层物理力学性质见表 2.3-1。

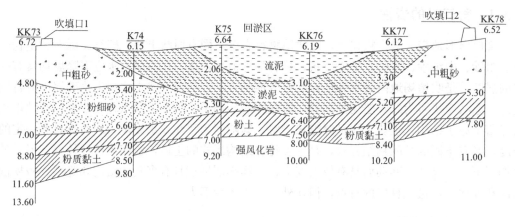

图 2.3-1 山东某场地两管口水力吹填场地物料粒度分布剖面图

山东某场地地层物理力学性质表　　　　　　　　　　表 2.3-1

地层	含水率（%）	重度（kN/m³）	孔隙比	液限（%）	塑限（%）	压缩模量（MPa）	标准贯入击数（击）	地基承载力特征值（kPa）
粗砾砂	—	—	—	—	—	—	8	—
淤泥	55.5～84.9	14.2～16.5	1.54～2.47	47.6	23.4	1.76	<1	10～20
流泥—浮泥	85～116.7	13.1～15.5	1.87～2.76	43.7	20.7	—	<1	<5

2.3.5 多次吹填区

多次吹填后场地的岩性在剖面上因吹填管口是否位置相同而异。管口相同时，岩性重叠交错，不同管口位置时，上下分层明显并具交错性。但无论管口位置是否相同，剖面上的岩性均是不均质的，只是不同管口时这种不均质性更为复杂。

如广东某吹填场地，经两次水力吹填而成，由于两次吹填口不在同一位置，形成了上下两层吹填物料不同的非均质场地，地质剖面见图 2.3-2，经岩土工程勘察揭露，第一层吹填物料为吹填砂，浅灰、浅灰黄色，主要由细中砂混少量淤泥组成，呈饱和、松散状态；第二层吹填物料为冲填淤泥，浅灰色，主要由淤泥及淤泥混砂组成，呈饱和、流塑状态，上部以流塑淤泥为主，下部以淤泥混砂为主。各土层物理力学性质见表 2.3-2。

我国地域宽广，吹填物料不同，据不完全统计，我国不同地域的吹填软土的工程性质有明显差异。下面分别按粒度成分、矿物成分、物理性质如表 2.3-3～表 2.3-5。

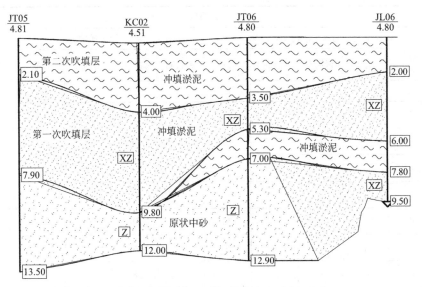

图 2.3-2　广东某场地多次吹填场地物料粒度分布剖面图

广东某场地地层物理力学性质表　　　　　　　　　　表 2.3-2

地层	含水率（%）	重度（kN/m³）	孔隙比	液限（%）	塑限（%）	压缩模量（MPa）	实测标准贯入击数（击）	地基承载力特征值（kPa）
吹填砂	—	—	—	—	—	—	8	—
吹填淤泥	95.9	2.61	2.545	63.7	42.7	1.36	<1	5～15

不同地区吹填软土粒度成分　　　　　　　　　　表 2.3-3

地点	各粒组的质量分数（%）			控制粒径（mm）	有效粒径（mm）	不均匀系数	定名
	砂粒组	粉粒组	黏粒组				
	＞0.075mm	0.075～0.005mm	＜0.005mm				
大连	2.32	67.25	30.42	0.015	0.003	5.00	重黏土
天津	1.80	93.70	4.50	0.025	0.006	4.17	重黏土
曹妃甸	2.30	76.78	20.92	0.02	0.003	6.67	粉质黏土
黄骅	39.82	60.13	0.05	0.075	0.008	9.38	粉土
连云港	11.0	13.0	76.0	—	—	—	黏土
淮安	0.2	23.8	76.0	—	—	—	黏土
温州	0.1	15.1	84.8	—	—	—	黏土
福建连江	5.4	37.1	57.5	—	—	—	黏土

不同地区吹填软土矿物成分   表 2.3-4

地点	矿物组成 w_B(%)										
	次生矿物中的黏土矿物				原生矿物						
	高岭石	伊利石	绿泥石	伊蒙混层	石英	钾长石	斜长石	角闪石	石盐	方解石	白云石
	K	I	Ch	I/S	Q	fs	PI	Am	Hal	Cc	Do
大连	5	8	4	31	25	8	14	1	4	—	—
天津	6	21	6	14	24	5	6	—	5	13	—
天津滨海	10.2	22	7.5	20.3	16.2	4.2	4.3	—	1.9	12.4	1.0
曹妃甸	9	12	—	5	44	9	14	—	—	3	4
黄骅	6	7	—	3	32	15	26	—	—	9	2
青岛	1	4	1	6	50	16	20	1	—	—	1
连云港	5	10	6	18	31	6	8	—	—	16	—
福建	5	26	—	—	45	7	—	—	—	—	—

不同地区吹填软土物理性质   表 2.3-5

地点	土粒密度（g/cm³）	含水率（%）	液限（%）	塑限（%）	孔隙比	塑性指数	胶粒含量 <0.002mm（%）	活性指数 $A=\dfrac{I_P}{胶粒含量}$	定名（按塑性图定名）
大连	2.57	—	51.8	30.9	—	20.9	48.3	0.43	高液限黏土
天津	2.74	—	43.5	23.8	—	19.7	48.0	0.41	高液限黏土
天津滨海	2.73	412	60.6	31.4	11.0	29.2	48.70	0.60	高液限黏土
曹妃甸	2.60	—	35.2	22.1	—	13.1	17.10	0.77	中液限黏土
连云港	2.76	233	50.9	29.5	9.52	21.85	28.8	0.76	高液限黏土
深圳南油	—	104.6	50.0	17.3	2.82	—		—	高液限黏土
淮安白马湖	2.72	199.7～391	90.6	38	—	52.6			高液限黏土
温州	2.71	192.1～325	78.8	29	—	49.8			高液限黏土
福建连江	2.67	212～255	61.1	30	—	31.1			高液限黏土
张家港	2.64	63.1～455.5	31.1	24	—	6.1			粉土

表 2.3-3～表 2.3-5 的资料表明，连云港以北和以南吹填软土的粒度成分、矿物成分及物理性质有较大区别。连云港以北的渤海沿岸以粉粒组为主，黏土矿物以伊利石和高岭石较多，原生矿物的石英、斜长石多，液限及塑性指数低于南部沿海；连云港以南的粒度成分以黏粒组为主，黏土矿物以伊利石为主，原生矿物中除石英较多，尚有较多的方解石，液限与塑性指数多高于北方。表征连云港以南（不含长江口、钱塘江口）的吹填软土亲水性更强，透水性更差，压缩性更高和抗剪强度更低，工程性质更差。

2.4　非均质吹填场地岩土的工程特性

1. 高含水率

用水力吹填形成的场地，因受围堰封堵和一般排水口较高的影响，场地内的水位高，即使经过一段时间的表面蒸发或风干，仅在表层形成不大于 20cm 的干裂层，离开管口区及扇形坡范围外的地下水位埋深很浅，在回水区甚至吹填水滞留于地表，吹填泥呈流态—浮泥状，含水率大于 120%。而管口及过渡区 2m 以下的砂、粉土为严重液化性的饱和砂类土。

2. 场地的渗透差异性

无论是单管吹填还是单管一次吹填或多管多次吹填，由于岩性在空间上的变异性特征而造成吹填场地渗透性差异巨大（1×10^{-8} cm/s～1×10^{-2} cm/s），管口堆积物渗透性好，尾端回水区渗透性极差。

3. 自重沉降差异性

由于粒度与结构性变异，导致场地吹填后的自重沉降过程差异明显，粗粒沉降快，极细颗粒因水土分离呈絮凝状沉降极慢，这种差异性使场地形成后不同部位、不同深度的土体固结程度不同，从而使强度变化存在差异。如采用斯第克斯公式来评价自重沉降速度：

$$V = \frac{\rho_s - \rho_w}{18\mu} g d^2 \qquad (2.4\text{-}1)$$

式中　V——细粒土的平均沉降速度（cm/s）；

　　　ρ_s——固态细粒土的密度（g/cm^3）；

　　　ρ_w——水的密度（g/cm^3）；

　　　μ——动黏滞系数（cm^2/s）；

　　　g——重力加速度（cm/s^2）；

　　　d——细粒土的粒径（cm）。

式(2.4-1) 适用于平均粒度为 20μm 和 5μm 的细粒土的沉降速度。可见，沉降速度与粒径的平方成正比，表征粒径的大小对自重沉降速度影响极大。而用该式计算出的自重沉降速度很小，表征微细颗粒沉降性很慢。由于水力吹填造成的粒度分布差异，也必然造成了吹填场地的自重沉降速度的差异和固结程度的差异。

4. 过渡区及回水区的表面干裂性

离吹填管口较远的过渡区与回水区，当地表水完全晾干后，其表层在风干及蒸发作用下变干而产生干裂，裂缝宽可达 0.5cm～5cm，并形成 10cm～20cm 厚的干裂硬壳，但其下的岩性仍为高饱和度的淤泥类土或流状淤泥。原位测试资料表明，0～20cm 范围内 p_s 值为 0.06MPa～0.1MPa，十字板 C_u 为 5kPa～7kPa，其下 p_s 值为 0～0.02MPa，十字板 C_u 为 0～2kPa。而在管口区因粗粒间无黏粒连结，在风干或蒸发作用下则形成碎裂状疏松表层，较少见干裂状地表。

5. 流—浮泥区的土体流变性

在回水区及多管吹填的扇形堆积交接低洼带，土体呈流塑—流动—浮泥状态，即使表层因蒸发风干而干裂，其下的土体仍为高含水的泥浆或淤泥，在外力作用下具有强烈的流变，可导致场地侧移，并在处理后具有较大的次固结沉降。

2.5 非均质吹填场地松散地基土的结构特性

非均质吹填场地松散地基土是指吹填管口扇形范围及过渡区的松散土,如碎石砾砂、粗砂、中细粉砂及粉土地基。由于吹填后沉积时间短,无外荷载作用而表现的结构特性如下:

1. 无连接特性

松散地基土在吹填水的动能作用下,泥水中的黏粒被全部冲走,颗粒之间无类似于静水沉积黏粒或胶体,在自重沉降过程中仅为颗粒的挤压、碰撞而不具有粘结及胶结性能,因此,表现为极端松散性;而当进行第二次非相同管口吹填后,下层的粗粒土堆积区,因第二次吹填后其上为淤泥或流泥—浮泥而被上层泥浆水渗入,粗粒土之间有黏粒存在而被连结,但该次吹填的粗粒区的颗粒间仍不具有连结性,从而导致地基土在剖面上的结构性存在差异。

2. 颗粒分选明显特性

在吹填管口水流由集中流到分散流与分散流面积不断扩大的条件下,吹填料粒度水力分选,随吹填水的流动方向物料粒径不断变小,所形成的堆积物明显由粗变细,同一剖面上的粒度相似,不均匀系数小,但平面上沿水流方向粒度越来越小,不均匀性明显,这种平面上沿粒度不均匀性会导致未来沉降的明显差异性,在吹填土自重沉降完成后的同级加荷应力作用下粒度越细,固结沉降越大。

3. 多管口吹填的松散性结构特性

多管口吹填的管口扇形区往往交错重叠,导致在剖面上粗细互混,平面上形成管口间的高含水粉粒混黏粒带,粉粒被黏粒连结,形成既不同于粗粒土的无连结性,也不同于黏性土或淤泥土的絮凝状或海绵状结构特性,在外荷载下的变形具独特形状,这在一般天然土中是较少见的。

2.6 非均质吹填场地的工程地质

吹填场地为人工吹填层和原状土层组合而成。原状土层经过多年沉积,基本已完成沉降固结,而上覆的人工吹填沉积土多为高含水的松软土,其岩性因水动力特征、物料来源,吹填管口多少,吹填次数等因素影响,导致在空间上差异较大且复杂。

按照单管口相同位置一次或多次吹填,离吹填口由近及远吹填物料沉积层依次为砂层、泥砂混合层、淤泥层,由此可将吹填场地大体划分为表层厚砂、泥砂互混、粉土夹淤、表层厚泥吹填场地。不同类别吹填场地地质特征如表 2.6-1 所示,典型地质剖面图如图 2.6-1～图 2.6-4 所示。

不同类别吹填场地地质特征

表 2.6-1

场地类型	特征	分布区域
表层厚砂	在吹填口的近端易形成,场地表面为大厚度砂,渗透性较好,外围地下水补给量大,砂土易液化	山东沿海、江苏沿海、广西等
泥砂互层	在吹填场地内随机分布,因吹填口位置、吹填时序变化导致泥层、砂层无序沉积,排水条件复杂	长江下游、珠江口、舟山、泉州、福州、嘉兴、厦门、潮汕

续表

场地类型	特征	分布区域
粉土夹淤	在吹填场地内随机分布,粉土与黏性土共同沉积,形成粉土夹淤吹填层,渗透性低,排水固结困难	长江口、钱塘江口
表层厚泥	在吹填口排水口附近易形成,场地表面为大厚度淤泥,初始强度低,施工设备难以进场,固结沉降大,一般需二次处理	深圳、浙江东部、福建北部、青岛、天津沿海

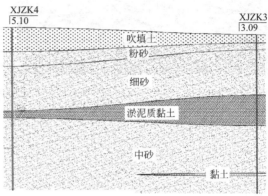

图 2.6-1　表层厚砂吹填场地现场地貌及地质剖面图

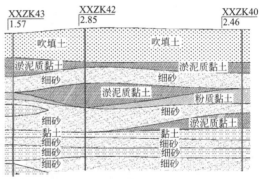

图 2.6-2　泥砂互层吹填场地现场地貌及地质剖面图

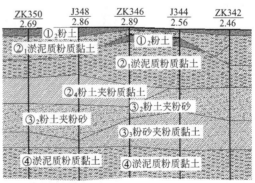

图 2.6-3　粉土夹淤吹填场地现场地貌及地质剖面图

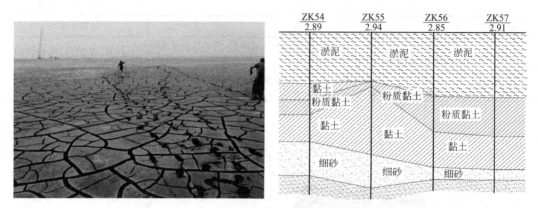

图 2.6-4　表层厚泥吹填场地现场地貌及地质剖面图

第 3 章 非均质吹填场地地基的 排水固结原理

3.1 非均质吹填场地地基的排水固结类型

地基土的压缩、建筑物的沉降以及稳定性均与时间有关，土体在荷载作用下土体内部的含水缓慢渗出，体积逐渐减小，这一现象称为土的固结。随着土体的固结，地基土的压缩变形和强度逐渐增长。土的固结理论最早由太沙基（Terzaghi，1925）提出，其饱和土体一维固结理论建立了饱和土层在渗透固结过程中时间与变形之间的关系式。太沙基固结理论只在一维情况下是精确的，对于二维、三维问题并不精确。吹填土的固结变形一般都很大，若采用太沙基和 Biot 小变形固结理论进行分析，其计算结果偏差很大，应采用大变形固结理论。但现有关于吹填土的固结计算公式还是基于小变形固结理论建立的并经过实践进行修正获得，大变形固结理论应用到软土地基排水固结实践仍存在一定距离。

排水固结法是处理非均质吹填场地地基的有效方法之一。非均质吹填场地地基的排水固结由排水系统、止水系统和加压系统三部分共同组合而成。

设置排水系统主要在于改变地基原有的排水边界条件，增加孔隙水排出的路径，缩短排水距离。如图 3.1-1 所示，排水系统包括竖向排水系统、水平排水系统和立体式组合排水系统。

图 3.1-1 排水系统类型

止水系统指施加在处理区域周围的边界条件，主要采用止水墙方式进行边界止水。

加压系统即施加起固结作用的荷载，它使土中的孔隙水产生压差而渗流使土固结。如图 3.1-2 所示，非均质吹填场地地基的排水固结加压系统包括静力加压系统、动力加压系统和静动力组合加压系统。

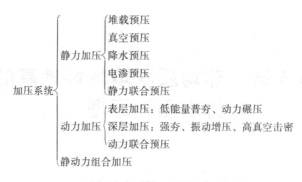

图 3.1-2　加压系统类型

静力加压系统指对拟处理的软土地基施加静荷载。静力加压的主要方法有堆载预压、真空预压、降水预压、电渗预压及其联合预压。

动力加压系统是指对拟处理的软土地基施加随时间变化的动力荷载，按动力荷载的影响范围可分为表层加压和深层加压。表层加压是指动荷载仅作用距地表 3m～4m 的范围，如低能量普夯、动力碾压等；深层加压是指动力荷载施加于地表 3m 以下范围内的土层，如高能量强夯、振动增压、高真空击密等。动力排水固结按动荷载的特点可分为冲击荷载（如强夯动荷载为作用时间极短的冲击荷载）和周期荷载（如振动增压荷载为随时间变化的周期荷载）。

动力排水固结是一种完全不同于传统强夯的施工工艺，采取的是夯击能由轻到重，夯击遍数增加，总的单位夯击能与传统强夯相当的设计参数。其加固原理类似于预压法，软土的有效应力为一个逐渐增加的过程，土体的强度不断提高。采用低夯击能首先使上层土体密实而导致软土结构不被破坏，强夯在锤底及夯坑壁产生的微裂隙可提高加密软土渗透性，并与竖向、水平向排水通道结合，快速消散夯击产生的高孔隙水压力。随着每遍夯击能的提高，土体逐渐往下加固，强度也不断提升。通过多达 4 遍～5 遍或更多遍的夯击和同步进行排水预压，可改善设计处理深度范围内土体的各项物理力学性质指标。吹填软土地基土颗粒细、孔隙比大、含水率高、强度低、渗透系数小，在夯击动力作用下，土中形成的超孔隙水压力难以及时消散。因此，单独使用强夯法不能有效加固软土地基，通过改进土体排水条件、设置竖向排水通道或与其他静力排水固结法相结合，使强夯法在软基处理中得以广泛应用。近年来，将多项地基加固方法组合应用的新技术，可以发挥各自的特点，相互补充，起到了较好的加固效果。

振动增压首先由武亚军、吴价城、包国建（2007）提出，它是将振冲器置入拟处理土层处进行升降运动，在该处施加一个随时间周期变化的附加动荷载，该动荷载向周围土层传递，形成一个环状的附加压力区，加快土层的快速固结。振动增压与强夯法相比，强夯作用是时间极短的冲击荷载，作用在地表，其沿深度方向衰减很快；而振动增压可以直接置入所处理的土层，处理深度大。

静动力组合排水固结是在传统的强夯法和堆载预压、真空预压及其他排水固结法基础上发展起来的。静动力组合排水固结技术是处理吹填场地地基的有效方法，由排水系统、加压系统和止水系统三部分组合而成，如图 3.1-3 所示。静动力组合排水固结技术的关键是根据所处理区域边界情况设计止水系统，根据土层的水力特性设置排水系统，根据荷载特性和工后沉降要求设计加载系统。

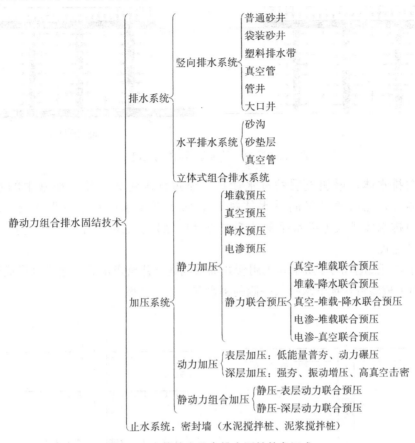

图 3.1-3　静动力组合排水固结技术组成

3.2　非均质吹填场地地基的排水系统

在软土地基中设置排水设施，增加地基中的排水通道，加快孔隙水压力消散，缩短软土地基固结的时间。部分含水体被疏干，地基中有效应力增加。排水致使地下水位下降，使得地基中的软弱土层承受的压力增大，起到降水和预压的双重作用，从而达到加固软土地基的目的。

3.2.1　竖向排水系统

竖向排水系统是指非均质吹填场地地基中仅布置竖向排水体，地基中的孔隙水沿竖向排水体或真空排水系统排出。

竖向排水系统按排水类型分为两种，第一种为适用于渗透性能差的软土竖向排水体（塑料排水板、袋装砂井）＋水平集水砂垫层（图 3.2-1）；第二种为适用于渗透性能较好的砂类松散土或软土夹砂类土互层的竖向排水体（大口井管井、真空管井）＋水平集水管。

第一种类型竖向排水系统如图 3.2-1 所示。在软土地基中布置袋装砂井、塑料排

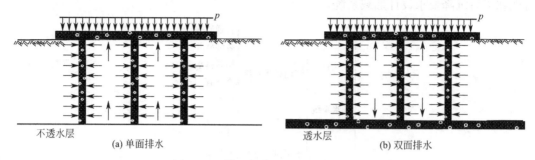

(a) 单面排水   (b) 双面排水

图 3.2-1 第一种类型竖向排水示意图

水板等竖向排水体，增加土层的排水途径，缩短排水距离，软土地基中的水主要沿径向流入砂井，然后通过竖向排水体排入上部水平集水砂垫层（图 3.2-1a）排出，或通过竖向排水体排入上部水平集水砂垫层和下部透水层（图 3.2-1b）排出，加快土层的固结速度。

第二种类型如图 3.2-2 所示，当用管井抽水或真空井点降水后，地下水形成管内外水头差，进而形成渗流，地下水排入一侧的集水井或排出地面。

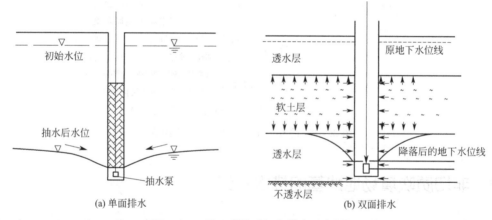

(a) 单面排水   (b) 双面排水

图 3.2-2 第二种类型竖向排水示意图

如图 3.2-2(b) 所示，当吹填场地地层为上、下层渗透性好，中层渗透性较差但具波纹状层理和夹有透水性好的水平薄层砂或透镜体，根据场地特点，将竖向排水体（排水管、排水板、砂井等）插入土层内，直到排水管井达到软土层底板下至少 2.5m。当管井抽水使地下水位达到渗透性好的地层顶板以下后，该层中的压力释放，形成如图中的浸润曲线，使得软土层的孔隙水不断向上、下两渗透性较好的地层以及排水管井渗透，通过排水管将水排出土层外。

3.2.2 水平排水系统

水平排水系统是指非均质吹填场地地基中布置一层或数层水平排水管，水平排水管一端或两端出口处设置集水井或排水出口（图 3.2-3）。

在地基地下水位以下设置与集水管井相连通的水平排水系统。当集水管井抽水、地下水

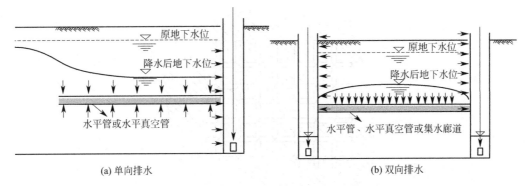

(a) 单向排水　　　　　　　　　　(b) 双向排水

图 3.2-3　水平向双向排水系统示意图

位下降后，排水管两端接触大气，地下水压力为零，水平排水管处于地下水位以下，在地下水头作用下，地下水产生渗流，经水平排水管集水、输水至两侧的集水井而排出地面。

对于一些深厚的软土地基，渗透系数小于 $1 \times 10^{-5} \mathrm{cm/s}$，除用电渗法外，其他排水效果欠佳，选用设置水平排水系统，排出地下水或降低地下水位，往往收到意想不到的效果。

3.2.3　立体式组合排水系统

立体式组合排水系统是指非均质吹填场地地基中同时设置竖向排水体和水平排水体，形成立体排水通道。地基中的孔隙水沿竖向和水平向排水体同时排出。对于吹填（回填）物料以砂类土夹淤泥质黏性土或粉土、泥砂混填以及原始滩涂下存在泥砂交互土层等非均质场地软土地基，采用单一排水形式不能解决场地的非均匀沉降等问题，因此需要对拟处理非均质地基设置由重力抽水和真空排水组合构成的立体式组合排水系统（图 3.2-4 和图 3.2-5）。

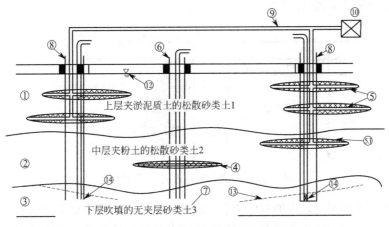

上层夹淤泥质土的松散砂类土1

中层夹粉土的松散砂类土2

下层吹填的无夹层砂类土3

图 3.2-4　立体式组合排水系统示意图

该排水系统包括位于渗透性好并且具有自由水水位差的砂类松散土中的地下水平排水通道和设于渗透性差的黏性土孔隙水中的地下网格层状水平排水通道，地下水平排水通道连通重力抽水管井，重力抽水管井的井底设有潜水泵；地下网格层状水平排水通道的交汇处布设连通竖向排水通道，竖向排水通道内设有真空排水管，真空排水管与地下网格层状

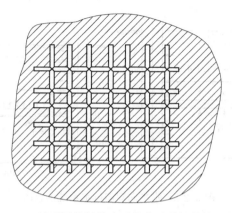

图 3.2-5　地下网格层状水平排水通道的结构示意图

水平排水通道封闭连接，真空排水管连接有真空泵。

3.3　非均质吹填场地地基的静力排水固结

静力排水固结包括：堆载正压、真空负压、降水正压以及联合预压，为处理吹填淤泥土场地软土地基的常规技术。

3.3.1　堆载正压排水固结

堆载正压排水固结（图 3.3-1）是在加载区进行堆载，堆载料一般因地制宜，以砂、石料和就地利用的土方为最常见。堆载正压排水固结工程大都是有条件利用建筑物本身自重作为堆载的工程，例如海堤、土坝、高填土的铁路、公路路堤，以及大面积回填的围垦建筑区、大型油罐之类的建筑物。

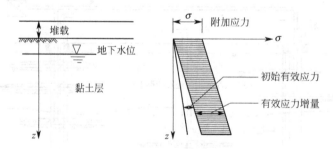

图 3.3-1　堆载正压排水固结原理图示

在预压荷载 σ 作用下，在地基中产生正的附加应力，地基中总应力增加，由荷载所产生的超孔隙水压力随时间逐渐消散，有效应力逐渐提高而使地基土强度增加。

堆载正压排水固结技术适用于处理饱和软黏土、可压缩细粉土、有机质黏土以及泥炭土等地基。对于在持续荷载作用下体积会发生很大压缩和强度会增长的土，而又有足够的时间进行预压时特别适合。堆载预压法的首级荷载应大于处理软土层的先期固结压力，且满足稳定性要求。堆载预压法宜用于泥砂互层、处理深度较大（>15m）、有机质含量大于 5%、堆载土料取土近、可循环使用、工期不急的项目。

3.3.2　降水正压排水固结

降水正压排水固结是通过降低地下水位，改变地基土的受力状态，使得地基中的有效应力增加，增加的有效应力（图 3.3-2）使地基土产生排水固结。

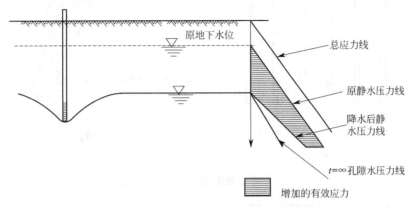

图 3.3-2　降水正压排水固结原理示意图

在选择降水预压法时，应考虑降水期水位下降对周围环境的影响和经济费用。降水正压排水固结宜用于地下水位埋深浅、软土层上覆厚度大于 3m 的透水性良好的砂类土、拟处理的软土物理力学性状较好（含水率小于 60%、压缩模量大于 2.3MPa、承载力特征值大于 50kPa）的场地。

设地基土在自重作用下已完全固结。采用井点将地下水位从高程 H_1 降到 H_2，水位差为：

$$\Delta H = H_1 - H_2 \tag{3.3-1}$$

高程 H_1 到 H_2，土体由浮重度变为饱和重度，高程 H_2 以下的土体承受了垂直附加荷载。这种加载的方法简单有效，在降低深度 ΔH 范围内的土体强度在数天之后就有明显增长。这种方法并不增加地基总应力，仅减小孔隙水压力，所以也不存在整体稳定性问题，不需要分级加载。

这种方法受到土层条件的限制，对渗透系数小于 $10^{-6}\,cm/s$ 的黏土层，若无水平向夹砂层，采用井点降水很难有明显效果。降水井点种类可根据降水深度选用，真空泵井点降水为 6m～7m，水射泵井点为 8m，喷射井点可到 20m，大口径管井可大于 20m。

3.3.3　真空负压排水固结

真空负压排水固结按抽真空方式有真空预压排水固结和真空管排水固结两种形式。

1. 真空预压排水固结

真空预压法（图 3.3-3）是在地基中设置砂井、塑料排水板等竖向排水体，其顶部采用砂垫层连通之后，在地表铺一层不透气的密封膜，密封膜周边均埋在起封闭作用的黏土层中。砂垫层中埋置吸水滤管网，用真空装置进行抽气，将膜内空气排出，因而在膜的内外产生一个气压差（$-u_s$），这部分气压即变成作用在地基上的荷载。地基随等向应力（$-u_s$）的增加而固结。真空预压适用于处理吹填淤泥及软黏土地基。真空预压法不需要堆载材料，不存在稳定问题，且具有无噪声、对环境友好、易于施工、工期相对较短等优点。

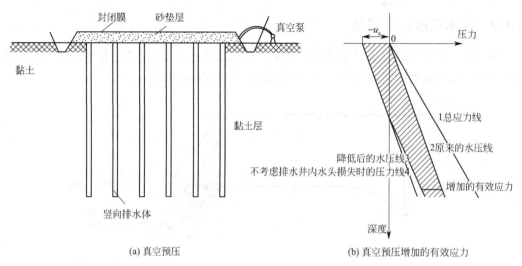

(a) 真空预压   (b) 真空预压增加的有效应力

图 3.3-3 真空负压排水固结原理示意图

目前实际工程的真空度都可以达到 80kPa 以上。保持真空度的关键是塑料膜周边密封良好，处理软土层应封闭在黏土层包围圈内，土层中不宜有和外界连通的水平向透水层。

抽真空前，土中的有效应力等于土的自重应力，抽真空后，土体固结完成时，真空压力完全转化为有效应力。

由于竖向排水体井阻与涂抹作用，在真空预压加固软土地基时竖向排水体的负压分布是复杂的，图 3.3-4 是一些学者提出的真空预压加固软土地基时竖向排水体中相对负压分布模式。

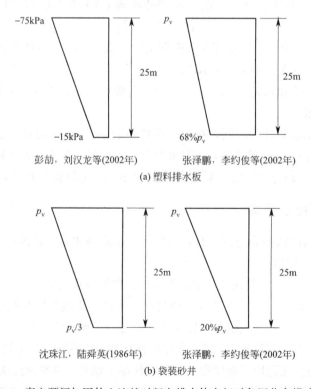

图 3.3-4 真空预压加固软土地基时竖向排水体中相对负压分布模式（一）

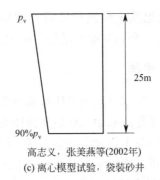

高志义，张美燕等(2002年)

(c) 离心模型试验，袋装砂井

图 3.3-4 真空预压加固软土地基时竖向排水体中相对负压分布模式（二）

真空预压加固软土地基，会导致场地地下水位的下降，根据大量工程实测资料的报道，其下降值一般在 1.33m～5.5m，下降幅度与抽真空作用强度、场地水文地质条件等因素有关。地下水位的下降会在地基中相关土层产生附加应力，其加固原理与单纯由抽真空引起的加固机理是互相独立的，加固效果可以叠加。

真空预压法必须具备密封性能优异的密封系统，有效预压时间不应多于 150d，否则真空吸力会造成排水板的堵塞。此外，场地外侧变形（内收）速度快，变形量大且与软土含水率、压缩模量有关，最大影响距离当软土厚度大于 15m 时可达 12m～20m，应注意对外侧建（构）筑物的防护。真空预压法宜用于处理厚度不大于 20m 或单层淤泥质软土不大于 15m、承载力特征值小于等于 80kPa、软土表层砂土层埋深较浅与厚度不大、有机质含量小于 5％的场地。

2. 真空管排水固结

真空管排水固结（图 3.3-5）是在地层中按一定间距插入一定深度的真空管，地表通过水平通道连接，用真空泵带动强力抽真空，每根真空管相当于一个负压源，使负压向周围地层辐射，形成圆柱状负压区，中心负压最低，逐渐向周围递减。真空管排水固结与真空预压相比，无须铺设密封膜。

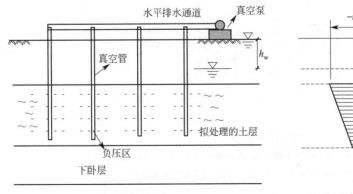
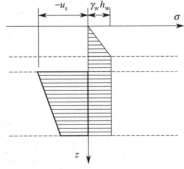

(a) 真空管排水固结　　　　　　　　　(b) 真空管排水固结产生的附加应力

图 3.3-5 真空管排水固结原理示意图

在密闭的真空管中抽真空，主要在土中形成一个负压源，在负压源作用下形成一个有效应力场，并以负压源为中心向外逐渐减弱，其值主要取决于负压的大小和负压源的几何尺寸。

真空管排水固结在加固软土地基中可能产生的附加应力分布如图 3.3-5（b）所示。包括降水增加的附加应力（$\gamma_w h_w$）和真空抽水增加的附加应力（u_s）。

3.3.4　负压与正压叠加排水固结

负压与正压叠加排水固结主要指真空预压负压或真空管负压和堆载预压两种方法组合而成。真空预压负压或真空管负压在地基中形成负压渗流场，并引起地下水位的下降，使得地基中有效应力增加。堆载在地基中形成附加应力场，同样使地基中有效应力增加。真空预压负压或真空管负压与堆载正压作用原理是互相独立的，其预压效果可以叠加。

1. 真空预压负压与堆载正压排水固结

真空预压负压与堆载正压排水固结（图 3.3-6）是指真空预压与堆载预压联合。其具体做法是先按真空预压工艺要求，铺膜、埋管、挖沟，然后进行抽气。当膜下真空度稳定后，即可按堆载预压的工艺要求，在薄膜上堆载。

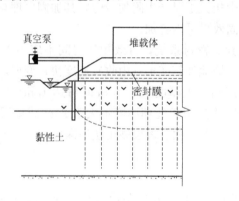

(a) 真空预压负压与堆载正压排水固结　　　　(b) 地基中产生的附加应力

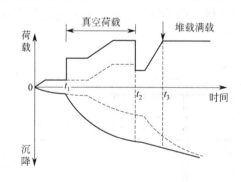

(c) 荷载(沉降)-时间曲线

图 3.3-6　真空预压负压堆载正压排水固结原理示意图

$-p_0$—真空压力；Δu—t_2 时刻所残留的孔隙水压力

真空预压负压和堆载正压联合排水固结的实质为在同一时间内，土体在膜下的真空与膜上的堆载联合作用下，促使土体固结，强度增长。设土体原来承受一个大气压 p_a，真空预压时，通过抽气，膜下形成真空，该真空度换算成等效压力为 $-p_0$，使砂垫层和砂井中的压力减小至 p_v（$p_v = p_a - p_0$），在压差 $p_a - p_v$ 作用下，土体中的水流向砂井。堆载预压时，通过压载，土体中的压力增高至 p_p，在压差 p_p-p_a 的作用下，土体中的水流向砂井，故在真空预压负压和堆载正压联合作用时，二者的压差为 p_p-p_v。由于压差的增大，加速了土体中水的排出，增大了土体的压密率，使土体的强度进一步提高，沉降进一步消除。

在加固软土地基中产生的附加应力包括由于抽真空形成的负压渗流场决定、由竖向排水体中的相对负压沿深度分布的附加应力，地下水位下降产生的附加应力和堆载产生的附加应力。

2. 真空管排水负压与堆载正压排水固结

真空管抽水负压与堆载正压排水固结（图 3.3-7a）是指真空管负压排水固结与堆载预压联合，在加固软土地基中产生的附加应力（图 3.3-7b）包括由于抽真空抽水形成的负压渗流场决定，地下水位下降产生的附加应力和联合堆载产生的附加应力。

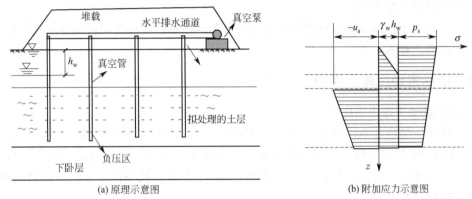

(a) 原理示意图　　　　　　　　　　　(b) 附加应力示意图

图 3.3-7　真空管负压堆载正压排水固结原理示意图

$-u_s$—抽真空负压引起的附加应力；$\gamma_w h_w$—地下水位下降产生的附加应力；p_s—联合堆载正压引起的附加应力

3.3.5　正压与正压叠加排水固结

在堆载预压正压同时降低地基中的地下水位（图 3.3-8）。地基土在承受堆载引起的正压同时，由于降低地基中的地下水位，使地基中的软弱土层增加了相当于水位下降高度水柱重量的正压。采用井点降水联合预压法优越性更为显著。

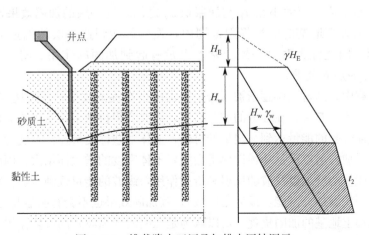

图 3.3-8　堆载降水正压叠加排水固结图示

堆载降水正压叠加作用在加固软土地基中可能产生的附加应力分布包括地下水位下降产生的附加应力和联合堆载产生的附加应力。

3.4 非均质吹填场地地基的动力排水固结

3.4.1 动力排水固结概述

非均质吹填场地地基的动力排水固结根据动力作用的方式不同分为低能量动压排水固结和振动增压排水固结。

根据竖向排水体的不同低能量动压排水固结分为：塑料排水板低能量动压排水固结和真空管低能量动压排水固结。

根据竖向排水体的不同振动增压排水固结分为：塑料排水板振动增压排水固结和真空排水管振动增压排水固结。

3.4.2 低能量动压排水固结

1. 低能量动压排水固结机理

动力排水固结法在我国通常称为"强夯法"，是由法国工程师梅纳（L. Menard）于1969年首创的地基加固技术。强夯冲击作用使地基内产生强大的应力波，地基土的孔隙被压缩，孔隙水压力急剧上升，砂土局部液化，黏土在夯点周围产生辐射状的竖向裂缝，使孔隙水得以顺利逸出。

强夯振动产生的纵波即压缩波会使土体发生剪切和压缩变形，而横波的存在则会使土体表层产生松动。由于纵波强度随着深度的增加逐渐衰减，对土体的压密作用也随之逐渐减弱。强夯作用下土体的加固模式如图 3.4-1 所示。强夯对土体的作用可分为四层：第一层，地基土会受到因冲击力作用而产生的横波和面波的干扰。这两种波都在地基土的表层传播，这就会使土体产生一个松弛区。第二层，在压缩波（纵波）的反复作用下，使地面以下的应力 σ 超过了地基的破坏强度 σ_1，从而使地基土吸收了更多的纵波能量，因此强夯对这一层土有最好的加固效果。第三层，压缩波（纵波）的能量逐渐减小，地下应力值大小在 σ_1 与屈服值 σ_y 之间，这一层的加固效果迅速减弱。第四层，地下应力处于地基的弹性界限范围内，强夯传播到这一层的能量不足以使土体产生塑性变形，因此强夯对这一层土基本上没有起到加固的作用。图 3.4-1 中的 B_y，Z_y 是一个夯点的加固范围。

在强夯过程中，随着土层逐渐被压密，夯击能也在逐渐改变。因波速与介质的密度、剪切模量、弹性模量有关，在强夯的前几击下，纵波会很快被土体所吸收而使土体产生塑性变形，当土体吸收的能量达到一定量的时候，土体由塑性变形逐渐地变为弹性变形。随着夯击次数的增加，剪切模量和弹性模量会随着土体密度的增大而增大，因此波速也会增加，随着横波能量的增加以及波的反射和折射作用，纵波的能量逐渐减弱，对强夯加固效果不利，所以即使增加夯击能（或夯击次数），其加固效果也不会有明显改变。

对于非饱和土地基的加固机理，可以认为是压缩波（纵波）的反复作用对土体产生了固结压密作用。一部分能量使土体产生塑性变形，另一部分能量向深层传播加固深层地

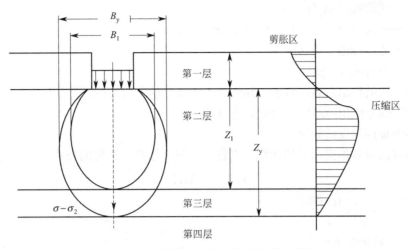

图 3.4-1　低能量强夯加固软土原理示意图

基，最终使强夯产生的能量转换为土的塑变位能。

对于含水率较高的饱和土地基的加固机理，也可认为是通过压缩波的折射和反射的反复作用而使地基得到加固的。当水和土由于强夯作用而产生的动力差比土颗粒对水的吸附力大时，土体内的孔隙水就会排出，由于土体内的孔隙减少，因此土密度增大。此外，由于水、土两种介质对振动的响应不同，水和土由于强夯作用而产生的动力差会使土粒间形成动力水的聚结面，在强夯作用下，土体内会形成网状的排水通道，土体内的自由水会沿着这些排水通道向低压区渗流，再经过一段时间的触变恢复，就会使土的变形模量和抗剪强度有大幅度的增长，这就是强夯对饱和土地基的加固作用。

与强夯法不同之处在于：①动力排水固结法强调软土的排水特性，在软土层中设置竖向排水体（塑料排水板、袋装砂井和砂井等）和水平排水体（砂垫层、盲沟、集水井等），并及时用水泵强制排水以保证加固区水位不上升。②动力排水固结法与强夯法在对夯击能的使用上不同。强夯法通常先加固深层土再加固浅层土，最后用低能量满夯加固表层土。而动力排水固结法则先加固浅层软土，待浅层排水固结强度提高后，再逐渐加大能量，以加固深层土。③动力排水固结法要求有一定厚度的回填土作静载，即强调静动荷载联合使用。只有当软土上有一定的静载（静固结压力）时，强夯才能激发较高的动水压力且不至于使软土大量挤出破坏。

（1）强夯作用在土体中的动应力分布

当夯锤重 W，落高 H，锤底面积为 A 时，锤底单位面积能量 E_u 为：

$$E_u = \frac{WH}{A} \tag{3.4-1}$$

强夯作用在土体内产生的动应力，与锤底单位面积能量 E_u 成正比，与距离成反比，按下式计算：

$$\sigma_0 = \frac{kE_u}{a+R} = \frac{kHW}{A(a+R)} \tag{3.4-2}$$

式中　W——锤重力（kN）；

　　　H——锤的落距（m）；

A——锤的底面积（m^2）；

E_u——锤底单位面积能量（$kN \cdot m/m^2$）；

R——能量传递半径（m）；

a——夯坑深度（m）；

k——能量利用系数，对于饱和软黏土地基，软土接近弹性体，k 为 0.3 左右；

σ_0——强夯作用所产生的动态应力分布。

（2）强夯加固深度的确定

对于强夯法有效加固深度的计算，工程上一般采用修正的梅纳公式：

$$H_d = \alpha \sqrt{MH} \tag{3.4-3}$$

式中　H_d——强夯的有效加固深度；

M——锤重（t）；

α——修正系数；

其余符号同前。

国内外众多工程实例中，有效加固深度的修正系数 α 多为 0.5 左右。太原理工大学根据收集到的 17 个黏性土及砂土的动力固结法实例，求得的 $\alpha = 0.66$，从 6 项高填土实例求得的平均修正系数 $\alpha = 0.82$。钱家欢等利用动力固结试验，并以波动理论为基础，提出了强夯法理论计算模型，给出秦皇岛码头饱和细砂土的 $\alpha = 0.65$。

强夯的有效加固深度除与锤重和落距有关外，当夯击能一定时还与夯锤底面积有关，此外，干重度和含水率也是影响强夯有效加固深度的重要指标。根据量纲一致性原则，对梅纳公式进行修正后有：

$$H_d = \sqrt{\frac{MH}{A\gamma_d(1-w)}} \tag{3.4-4}$$

式中　A——夯锤底面积（m^2）；

γ_d——土体的干重度（kN/m^3）；

w——土体的平均含水率（%）。

根据波在地基中的传播速度和土对能量的吸收能力，可以计算出波的有效传播范围，也就是强夯对地基的有效加固深度：

$$H_d = \frac{k\sqrt{MH}}{V_p\alpha} \tag{3.4-5}$$

式中　V_p——纵波传播速度（m/s）；

α——土的能量吸收系数；

k——大于 1 的系数，一般为 3～5。

式（3.4-6）考虑了夯击能量以波的方式传播，土体吸收波能的形式，但还是沿用了梅纳公式，没有考虑夯击能在土体中发生的应力应变状态。基于这个观点强夯有效加固深度按下式计算：

$$H_d = \frac{kWH}{\alpha n\gamma A} \tag{3.4-6}$$

式中　γ——地基土的重度（kN/m^3）；

n——能量利用系数，$n = \sigma_0/\sigma_s$，按照规范规定，$n = 0.15$；

σ_s——有效加固深度范围内的自重应力，$\sigma_s = \gamma H_d$；

其他符号同前。

（3）低能量强夯下的土体抗力

土层抗力也就是土层抵抗变形的能力，定义为：完成单位夯沉量所需要的单位面积上的单击夯夯击能。

$$p = \frac{E}{As} \tag{3.4-7}$$

式中　p——土层抵抗变形的抗力（kN/m^2）；

E——单夯夯击能（$kN \cdot m$）；

s——夯沉量（m）；

其他符号同前。

复合土层抗力：强夯完成后土层抵抗变形的能力。根据单夯夯击能下夯锤下土体抗力，应用按面积加权平均可以求出拟处理场地的土层抗力：

$$p_{area} = mp_{ave} + (1-m)p_{soil} \tag{3.4-8}$$

$$m = \frac{nA}{A_{soil}} \tag{3.4-9}$$

式中　p_{area}——复合土层抗力，即单夯夯击能下按面积加权的土体抗力的平均值（kN/m^2）；

p_{soil}——场地处理前的土层抗力（kN/m^2）；

p_{ave}——单夯夯击能下土体抗力的平均值（kN/m^2）；

A_{soil}——处理场地的面积（m^2）；

m——面积置换率；

n——拟处理场地的夯点数；

其他符号同前。

2. 低能量动力排水固结的室内模型试验

（1）试验模型

室内试验模型采用定做刚性模型箱，箱体形状为长方体，尺寸 $90cm \times 60cm \times 50cm$，模型箱四壁采用复合材料刚性板加螺栓固定，底部为刚性板加木板固定打排水孔，如图 3.4-2 所示。试验用软土取自湖底淤泥，含水率为 43.4%，密度为 $1.86g/cm^3$，塑限为 22.6%，液限为 41.7%，塑性指数为 19.1，依据《岩土工程勘察规范》GB 50021—2001 定义划分，试验软土为黏土。

试验箱底部布置砂层排水，厚度为 8cm，软土层厚度为 30cm，上覆土层 12cm，软土层上下表面设置一层透水土工布。传感器布置剖面图及夯点布置如图 3.4-3 所示。

排水系统采用塑料排水板，梅花形布置，宽度为 2.5cm，间距为 16cm，软土层上下分别采用中砂和细砂 3:1 配置的排水层。在模型箱上下层设置排水孔，便于加载后淤泥固结产生的水顺利排出。

对试验淤泥土层采用先静压后动载，填筑 10cm 厚的饱和砂土作为荷载（荷载约 2kPa），夯锤模型重 25N、锤底直径 10cm，落距分别采用 30cm、50cm 和 75cm，相应的夯击能分别为 $7.5N \cdot m$、$12.5N \cdot m$、$18.75N \cdot m$。

（2）试验方案

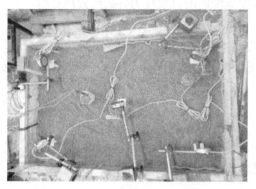

图 3.4-2　沉降监测布置示意图

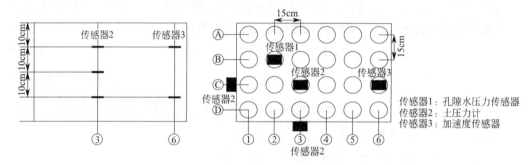

图 3.4-3　传感器剖面图及夯点平面布置示意图

1）强夯过程中土层沉降测试

在模型箱中心处，软土层与上覆土层之间加一刚性片，尺寸为 2cm×2cm，以此为软土层沉降观测点，取一 PVC 管穿过上覆土层，管顶部布置一刚性片，用应变式位移计监测软土层位移。

2）强夯过程中动力相应测试

本次试验用于测试土压力的传感器均为应变式传感器。土压力测试仪器采用 BX-1 型土压力盒，外形尺寸 φ17mm×7mm，量程 0.5MPa。数据采集系统为东华 DH3817 静动态数据采集仪，采集频率 200Hz。

通过室内试验测得：①强夯夯沉量与夯击次数关系；②动力固结过程中固结沉降量 s 与时间 t 的关系；③强夯动力特性分析。

（3）试验结果分析

图 3.4-4～图 3.4-6 为是测试区域内单夯夯击能下夯锤下土体抗力云图。表 3.4-1 中单夯夯击能下土层抗力统计值为土体抵抗变形的能力，其值取决于土的性质。当采用单夯夯击能 7.5N·m 处理时，第一击，土体抗力为 26.54kPa～47.77kPa，平均值为 35.99kPa，第一击后土层得到改善，第二击土体抗力增加到 59.71kPa～119.43kPa，平均值增加到 92.58kPa。当采用单夯夯击能 12.5N·m 处理时，第一击土体抗力平均值为 452.27kPa，第二击土体抗力平均值增加到 683.54kPa，第三击土体抗力平均值增加到 922.87kPa。当采用单夯夯击能 18.75N·m 处理时，第一击土体抗力平均值为 1123.64kPa，第二击土体抗力平均值增加到 1148.14kPa，两级的土体抗力平均值接近，

其值是 7.5N・m 夯击能第一击的 31 倍，因此通过 7.5N・m、12.5N・m 和 18.75N・m 处理后，土性大大改善。动力固结最后一击的土层抗力反映处理后土层的性质，用其值可以评价软土层加固的效果。

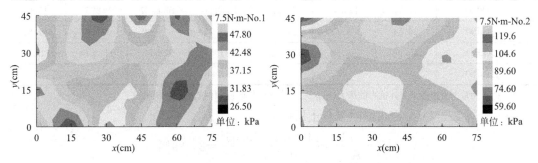

图 3.4-4　夯击能 7.5N・m 时，夯锤下土体抗力云图

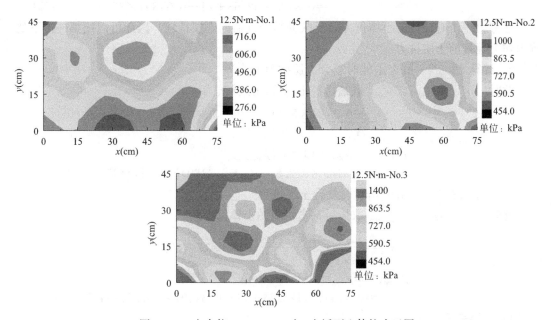

图 3.4-5　夯击能 12.5N・m 时，夯锤下土体抗力云图

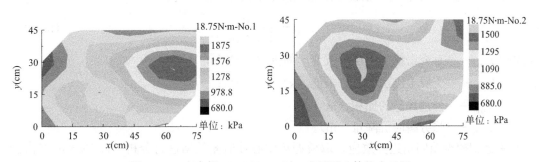

图 3.4-6　夯击能 18.75N・m 时，夯锤下土体抗力云图

单夯夯击能下土层抗力统计值 表 3.4-1

统计值	7.5N·m		12.5N·m			18.75N·m	
	No. 1	No. 2	No. 1	No. 2	No. 3	No. 1	No. 2
p_{max}(kPa)	47.77	119.43	714.29	1000.00	1666.67	1875	1500
p_{min}(kPa)	26.54	59.71	277.78	454.55	625.00	681.82	681.82
p_{ave}(kPa)	35.99	92.58	452.27	683.54	922.87	1123.64	1148.14
p_{area}(kPa)	55.15		357.86			495.72	

注：p_{max} 为单夯夯击能下土体抗力的最大值；p_{min} 为单夯夯击能下土体抗力的最小值。

1）计算 7.5N·m 夯击能时复合土层抗力：

$$m_1 = \frac{nA}{A_{soil}} = \frac{24 \times 3.14 \times 0.05^2}{0.6 \times 0.9} = 34.89\%$$

$$p_{area1} = mp_{ave} + (1-m)p_{soil}$$
$$= 0.3489 \times 92.58 + (1-0.3489) \times 35.99 = 55.15\text{kPa}$$

强夯第一击时计算的土体抗力，反映的是处理前的土层特性，因此可以用第一击下的抗力作为处理前土层抗力。

2）计算 12.5N·m 夯击能时复合土层抗力

此时 $p_{ave} = p_{area1}$，p_{area} 取最后一击对应的土体抗力：

$$m_2 = \frac{nA}{A_{soil}} = \frac{24 \times 3.14 \times 0.05^2}{0.6 \times 0.9} = 34.89\%$$

$$p_{area2} = mp_{ave} + (1-m)p_{area}$$
$$= 0.3489 \times 922.87 + (1-0.3489) \times 55.11 = 357.86\text{kPa}$$

3）计算 18.75N·m 夯击能时复合土层抗力

此时 $p_{ave} = p_{area2}$，p_{area} 取最后一击对应的土体抗力：

$$m_3 = \frac{nA}{A_{soil}} = \frac{14 \times 3.14 \times 0.05^2}{0.6 \times 0.9} = 17.44\%$$

$$p_{area3} = mp_{ave} + (1-m)p_{area}$$
$$= 0.1744 \times 1123.64 + (1-0.3489) \times 357.86 = 495.72\text{kPa}$$

4）土层表面沉降

总夯击能下的土层抗力也就是土层抵抗变形的能力定义为：

$$p_{soil} = \frac{E_{soil}}{A_{soil}s_{soil}} \tag{3.4-10}$$

式中 p_{soil}——总夯击能下土层抵抗变形的抗力（kN/m²）；

E_{soil}——土层上施加的总夯击能（kN·m/m²）；

A_{soil}——处理场地的面积（m²）；

s_{soil}——强夯瞬时沉降量（m）。

考虑到模型箱四角边界效应，取模型箱中心处监测数据进行分析。7.5N·m 夯击能加载 24 个夯点，每点 2 击，12.5N·m 夯击能加载 24 个夯点，每点 3 击，18.75N·m 夯击能采用间隔跳打的方式，加载 12 个夯点，每点 2 击，总夯击能分别为 360N·m、900N·m、450N·m，土层单位面积上施加的总夯击能分别为：666.7N·m/m²、

$1667.7N \cdot m/m^2$、$833.3N \cdot m/m^2$。

图 3.4-7 为动力固结过程中的软土顶面的沉降随时间变化曲线，动力荷载施加的过程中，单夯夯击能为 7.5N·m、12.5N·m、18.75N·m 时，分别产生 13mm、8.7mm 和 2.4mm 的沉降量，固结沉降稳定后分别为 7.13mm 和 7.42mm、2.09mm。三遍动力固结完成的总沉降量为 40.74mm。

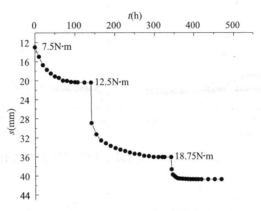

图 3.4-7　动力固结过程中的软土顶面的沉降随时间变化曲线

表 3.4-2 总夯击能下土的土层抗力与复合抗力对比。结果表明，单夯夯击能为 7.5N·m、12.5N·m、18.75N·m 时，复合土层抗力比总夯击能下的相应土层抗力大，其比值分别为 1.08、1.87 和 1.43。二者存在差别的主要原因在于试验测试过程中的误差，在计算复合土层抗力时，夯锤下土体抗力采用的是最后一击对应的土体抗力，土层抗力由于强夯过程中夯锤底部部分土体变松，采用的土层抗力偏大，导致最终计算偏大。

总夯击能下土的土层抗力与复合抗力对比			表 3.4-2
单击夯击能(N·m)	7.5	12.5	18.75
总夯击能(N·m)	360	900	450
单位面积总夯击能(N·m/m²)	666.7	1666.7	833.3
p_{soil}(kPa)	51.29	191.57	347.21
p_{area}(kPa)	55.15	357.86	495.72
p_{area}/p_{soil}	1.08	1.87	1.43

5）动土压力分析

图 3.4-8～图 3.4-10 为测点位于夯点 C-3 正下方时，不同夯击能加载对应的土压力随时间变化曲线。由图可以看出，强夯在土体中产生附加的动土压力，作用时间很短相当于一个向下的冲击荷载。当夯击能为 7.5N·m 时，作用时间为 48ms；当夯击能为 12.5N·m 时，作用时间为 23ms；当夯击能为 18.75N·m 时，作用时间为 20ms。土压力峰值随深度的增加迅速降低（表 3.4-3），测点埋深 30cm 处的土压力仅是埋深 10cm 处的 1.25%～3.83%。表 3.4-4 为测点的土压力峰值与夯锤置于土层表面静压力的比值，

模型锤静止产生的压力为 3.185kPa，测点埋深为 10cm，其比值随夯击能和夯击次数的增加而增加，其最小值为 14.32，最大值为 88.07。

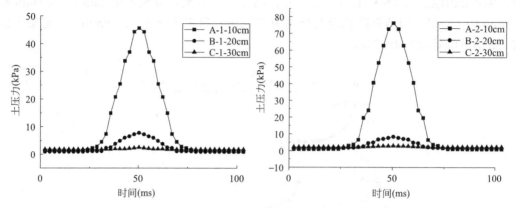

图 3.4-8　夯击能为 7.5N·m 时测点土压力值随时间变化曲线

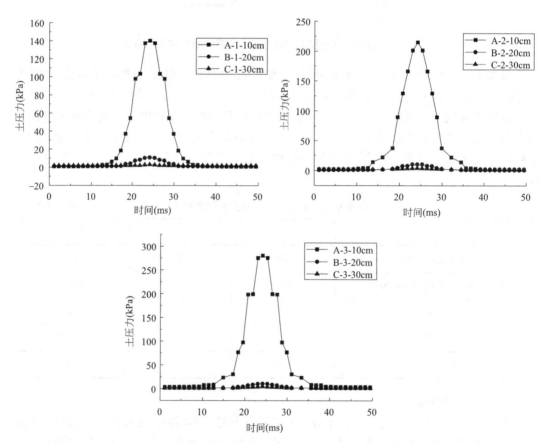

图 3.4-9　夯击能为 12.5N·m 时测点土压力值随时间变化曲线

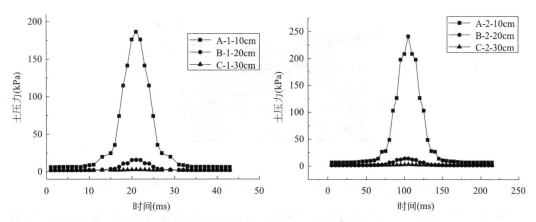

图 3.4-10　夯击能为 18.75N·m 时测点土压力值随时间变化曲线

不同夯击能下土层测点的土压力值（kPa）　表 3.4-3

深度（cm）	7.5N·m		12.5N·m			18.75N·m	
	No. 1	No. 2	No. 1	No. 2	No. 3	No. 1	No. 2
10	45.61	76.18	140.17	214.85	280.51	186.45	240.91
20	7.80	8.35	10.89	10.53	10.53	15.43	13.79
30	2.54	2.92	3.09	4.00	4.40	2.54	3.00

不同夯击能下土层测点的土压力峰值与夯锤静置压力比　表 3.4-4

深度（cm）	7.5N·m		12.5N·m			18.75N·m	
	No. 1	No. 2	No. 1	No. 2	No. 3	No. 1	No. 2
10	14.32	23.92	44.01	67.46	88.07	58.54	75.64
20	2.45	2.62	3.42	3.30	3.30	4.84	4.33
30	0.80	0.92	0.97	1.25	1.38	0.80	0.94

图 3.4-10 为各遍夯击产生的土压力峰值沿深度及夯击能变化比较曲线，深度为 10cm、20cm、30cm 时土压力峰值沿深度折减，夯锤直径 D 为 10cm，采集深度为 D、$2D$、$3D$，p_{2D}/p_D 为 5%~17%，p_{3D}/p_D 为 1%~3%，由表 3.4-4 所示，深度 30cm 处土压力峰值 2.5kPa~4.4kPa，以 20cm 处土压力值为初始值进行线性分析，得到深度为 32.8cm~37.2cm 处附加压力为 0，竖向影响深度取附加压力为 0 处，平均值为 3.4 倍夯锤直径。

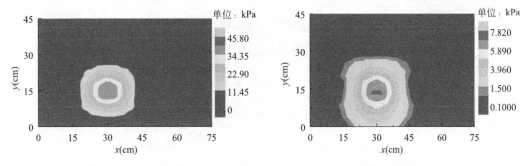

图 3.4-11　夯击能 7.5N·m 时 10cm、20cm、30cm 处影响范围（一）

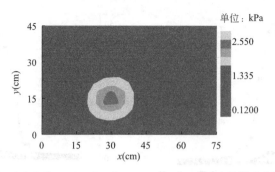

图 3.4-11　夯击能 7.5N·m 时 10cm、20cm、30cm 处影响范围（二）

图 3.4-11～图 3.4-14 为各遍夯击产生的土压力峰值在深度为 10cm 处影响范围示意图，夯击能相同时，随夯击次数增加，影响范围逐渐增大，取附加压力为 0 处为影响范围界限，水平向影响范围近似为 3 倍夯锤直径的一个圆形的区域。表 3.4-5 给出了不同能级的影响范围。

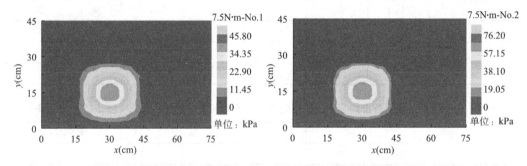

图 3.4-12　夯击能 7.5N·m 时 10cm 处影响范围

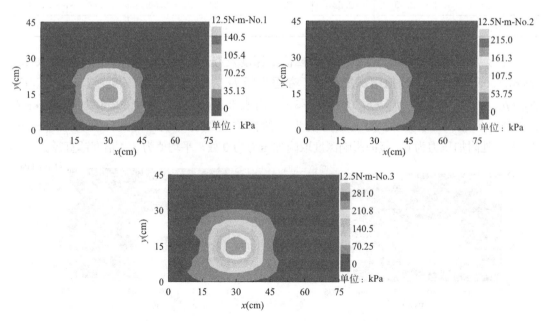

图 3.4-13　夯击能 12.5N·m 时 10cm 处影响范围

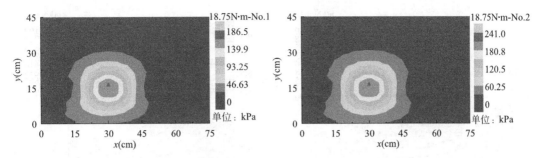

图 3.4-14　夯击能 18.75N・m 时 10cm 处影响范围

夯击过程影响范围统计值　　　　　　　　　　表 3.4-5

影响范围	7.5N・m		12.5N・m			18.75N・m	
	No. 1	No. 2	No. 1	No. 2	No. 3	No. 1	No. 2
竖直方向	3.13D	3.27D	3.3D	3.4D	3.45D	3.29D	3.5D
水平方向	2.8D	D	3.6D	3.6D	3.6D	3.6D	3.6D

3. 低能量动力排水固结的现场试验

广东汕头某吹填场地软基处理试验段工程中试验二区（2-2）、三区施工均采用堆载降水预压强夯联合法加固软土路基。

堆载降水预压强夯联合法先进行排水板施工，然后在场地中线打设降水管井，场地四周打设截水管井，接着进行第一级堆载预压，第一级堆载后普夯及两遍点夯施工，再进行第二级堆载预压，第二级堆载后两遍点夯及满夯施工，最后振动碾压至交工面。2-2 区动力特性测试在第一级堆载后进行点夯施工过程中进行。

试验 2-2 区：点夯锤重 18.76t，锤底直径 2.5m，落距 13.33m，单夯夯击能 2500 kN・m，行间距 7.0m×7.0m。

试验三区：点夯夯锤重 18.76t，夯锤直径 2.4m，落距 13.35m，单夯夯击能 2500kN・m，行间距 4.5m×4.5m。

由图 3.4-15 和图 3.4-16 可知，土层抗力 p 值越大，土层抵抗变形的能力越大，随着夯击次数的增加，夯锤下土层压密，土层抵抗变形的能力增强。用最后一击土层抵抗变形能力参数可以衡量土层的均匀性。

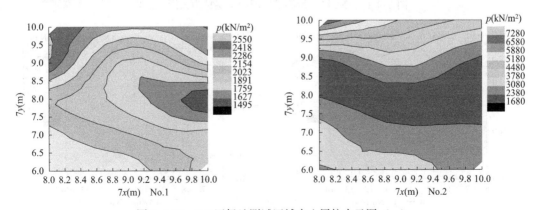

图 3.4-15　2-2 区场地测试区域内土层抗力云图（一）

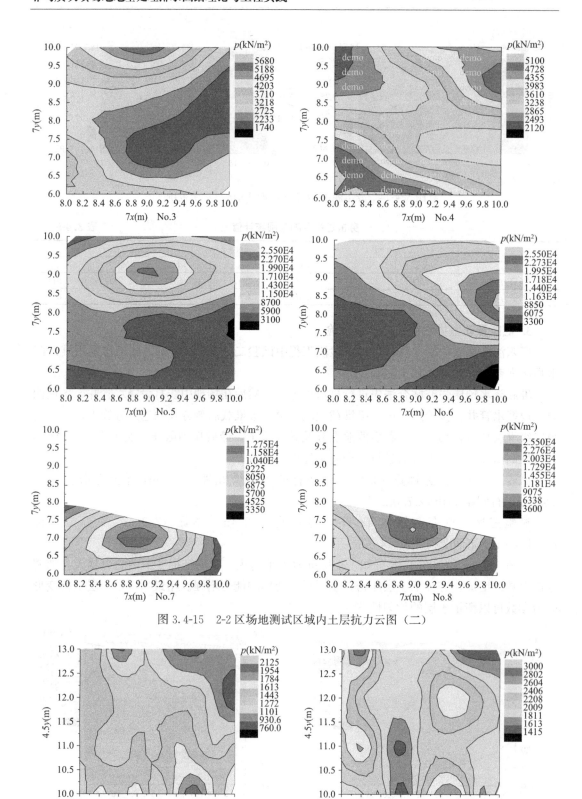

图 3.4-15　2-2 区场地测试区域内土层抗力云图（二）

图 3.4-16　三区场地测试区域内土层抗力云图（一）

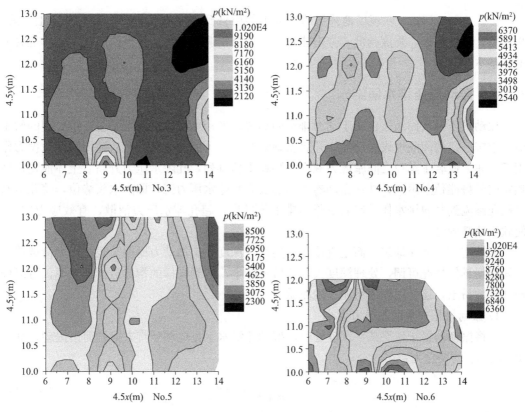

图 3.4-16　三区场地测试区域内土层抗力云图（二）

图 3.4-16 中，第 1 击，土层抗力在 $760.5kN/m^2 \sim 2123.2kN/m^2$ 之间，第 2 击在 $1498.7kN/m^2 \sim 2830.8kN/m^2$ 之间；第 3 击在 $2123.1kN/m^2 \sim 6369.4kN/m^2$ 之间；第 4 击在 $2547.8kN/m^2 \sim 6369.4kN/m^2$ 之间；第 5 击在 $2316.1kN/m^2 \sim 8492.6kN/m^2$ 之间；第 6 击在 $7279.3kN/m^2 \sim 10191.1kN/m^2$ 之间。随着夯击数的增加，土层抗力逐渐增加。

吹填场地因吹填土性状和地下水的赋存条件不同，所设计的强夯参数必然不同，最后达到的预期效果也不同。总结已有的工程经验，提出不同吹填场地基本强夯参数如表 3.4-6 所示。

不同类型吹填土场地强夯参数　　　　　　　　表 3.4-6

场地类型	地下水位埋深(m)	夯锤直径(m)	夯锤质量(t)	单击能(kN·m)	每点击数	点夯遍数	点距(m)	单位面积夯击能(kN·m/m²)
细、中、粗、砾砂型	≤2.5	≥2.4	10~12	1200~2000	4~6	2~3	7×7	2400~2800
	>2.5	≥2.2	>12	1800~3500	6~8		8×8	2400~2600
粉砂型	≤2.5	≥2.4	10	800~1600	4~6	3~4	6×6	2400~2600
	>2.5	≥2.4	10~12	1000~1800			7×7	
淤泥质粉土、黏性土型	≤1.5	≥2.4	8~10	400~600 800~1500	4~5	5~6	6×6	2400~2600
	>1.5			500~700 800~1500		4~5		

由表 3.4-6 可知，吹填场地采用的是夯击能由低到高逐步加大的多遍夯击施工方式，吹填土，粒度越细，强度越低，夯击能越低，但夯击遍数越多、夯点间距越小，单位总夯击能基本相同。

3.4.3 振动增压排水固结

振动增压排水固结法也属于动力排水固结法。振动增压排水固结是指在拟处理的软土地基中按一定的间隔埋设振动器，开启振动器产生一个周期性激振力，该周期性激振力作用于土体，使软土黏粒之间摩擦力减小，颗粒重新排列，孔隙水压力升高后土体液化，使颗粒向低势能位置聚集，并在振动器四周形成高孔隙水压力区，即高水头势位，使孔隙水沿径向渗流到竖向排水体，然后沿竖向排水体排出，超孔隙水压力消散，有效应力增长，使软土地基固结。

振动增压并非在地表，而是直接在地层某一深度处施加动力周期荷载，动力荷载持续时间根据具体情况可调，处理深度大，工后沉降小，达到同样的指标造价低。不仅可以处理砂土、粉土，还可以处理淤泥、淤泥质土。

1. 振动增压产生的激振力大小

当将振动器置于地层某一深度处时，振动器沿水平方向和竖直方向做简谐振动，其振幅 x_0、y_0 的变化为：

$$x_0 = \frac{p}{p+P} e \cos\omega t \tag{3.4-11}$$

$$y_0 = \frac{p}{p+P} e \sin\omega t \tag{3.4-12}$$

式中　p——偏心块重量；

　　　P——振动器外壳重量；

　　　e——偏心块偏心距；

　　　ω——转动的角速度。

振动器的偏心力和最大振幅按下式计算：

$$T = \frac{p}{g} e w \tag{3.4-13}$$

$$a = \frac{M}{P+p} \tag{3.4-14}$$

式中　g——重力加速度；

　　　M——偏心荷重动力矩，$M = pe$；

其他符号同前。

2. 振动器的加固范围

振动器作用引起周围介质土体的振动，该振动在介质内的传递过程形成波。林晓斌等人根据波在地基中的传播速度及对能量的吸收能力，得到振动产生的应力波的有效传播范围的半经验半理论公式，也就是振动对地基土的加固半径 R_s 按下式计算：

$$R_s = \frac{k \sqrt{Wt}}{V_p \alpha} \tag{3.4-15}$$

式中　R_s——地基土的加固半径；

　　　W——振动器的功率；

　　　V_p——纵波的波速；

　　　t——振动器的留振时间；

　　　α——土体的能量系数，见表 3.4-7；

　　　k——大于 1 的系数，一般为 3～5。

土的能量吸收系数 α 值　　　　　　　　　　表 3.4-7

土质类型	α 值(s/m)
松软饱和粉细砂、粉土、黏土	0.01～0.03
很湿的粉质黏土、黏土	0.04～0.06
稍湿的和干的黏土、粉土	0.07～0.10
硬塑的黏土和中密的块石、碎石	0.0875～0.115
可塑的黏土和中密的粗砂、砾石	0.1～0.125

3. 影响因素

（1）试验装置

试验采用自行设计的一维振动固结仪为自制大尺寸固结仪（图 3.4-17 和图 3.4-18），钢制筒身，壁厚 10mm，内径为 190mm，高度 200mm，上部设带密封胶圈加载板，密封性良好，内置可调频振动器，静载加载方式为中心带孔的砝码沿竖直导轨堆载，桶内置入孔隙水压力传感器。振动固结装置内部振动器为小型振动器，振动频率为 0Hz～20Hz，某一振动频率作用下，离心力为 5N～10N，振动器上部设置堆载，静载值分别为 5kPa、10kPa。

图 3.4-17　一维固结试验模型示意图

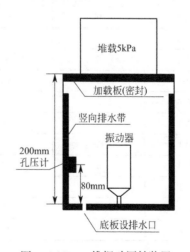

图 3.4-18　一维振动固结装置

（2）试验方案

通过一维振动增压试验，研究在静力堆载与振动增压排水固结联合作用下，上部荷载、振动频率、振动荷载、含砂比等因素对软土排水固结的影响。

试验土样（图 3.4-19）含水率约 60%，处于流塑状态，基本参数见表 3.4-8。试验中，竖向排水通道采用 20mm 的柔性排水带，外套无纺土工布透水膜，厚度 4mm。试验方案见表 3.4-9。

图 3.4-19　取样现场及试验土样

土样基本参数　　　　　　　　　　　　　　　　　表 3.4-8

土类	含水率(%)	密度(g/cm³)	孔隙比	饱和度	液限	塑限
淤泥质土	61.0	1.675	1.598	>95%	46.1%	20.4%
含砂比 5%	60.4	1.680	1.626	>95%	46.0%	21.1%
含砂比 15%	61.5	1.696	1.619	>95%	44.2%	22.4%
含砂比 25%	60.6	1.710	1.583	>95%	42.3%	24.2%

一维振动固结试验方案　　　　　　　　　　　　　表 3.4-9

编号	堆载(kPa)	振动频率(Hz)	振动荷载(N)	含砂比(%)	排水方式
A-1	5	—	—	0	排水带
A-2	10	—	—	0	排水带
A-3	5	6	7.5	0	排水带
A-4	5	9	7.5	0	排水带
A-5	5	12	7.5	0	排水带
A-6	5	15	7.5	0	排水带
A-7	5	18	7.5	0	排水带
B-1	5	15	5	0	排水带
B-2	5	15	10	0	排水带
C-1	5	15	7.5	5	排水带
C-2	5	15	7.5	15	排水带
C-3	5	15	7.5	25	排水带

（3）试验结果分析

1）土工参数的变化

试验土样经过现场取样、筛除直径大于 2mm 颗粒后进行调配，配置好相应含水率，静置 24h 后试验，土样介于低塑性黏土和低塑性粉土之间。

试验完成后，分别取振动器内沿深度方向上中下位置土样进行基本参数的测定，并得到相应的标准固结压缩曲线，模型内土样高度 170mm，试验前对高度为 10mm、80mm、

150mm 处的土样测定其含水率、密度和孔隙比并计算其平均值，结果如图 3.4-20 和图 3.4-21 所示。

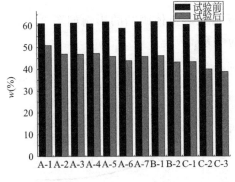

图 3.4-20　试验前后含水率值

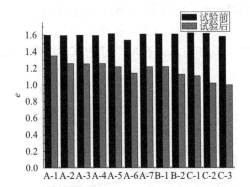

图 3.4-21　试验前后孔隙比值

试验结果表明，不同的振动频率作用下，处理效果与振动频率不成正比，最优处理效果与特定频率有关；相同振动频率下，振动力越大，排水固结效果越好；振动荷载作用下，含砂比越高，振动固结排水效果越好。5kPa 荷载作用下，当振动频率从 6Hz 增加到 18Hz 时，试验结束后含水率和孔隙比降低值均大于无振动增压情况，含水率比试验前相对降低了 22.40%～25.93%；孔隙比相对降低了 21.15%～25.79%。

2）沉降随时间的变化

图 3.4-22 为当振动荷载为 7.5N 时 A 组试验的固结曲线，表 3.4-10 为土体完成 10mm 和 15mm 的固结沉降所需要的时间。

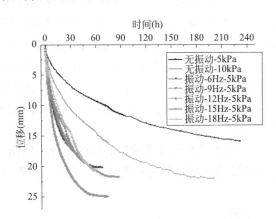

图 3.4-22　A 组试验沉降随时间变化曲线（振动荷载 7.5N）

A 组试验沉降-时间对应关系（单位：h）　　表 3.4-10

组别位移(mm)	A-1	A-2	A-3	A-4	A-5	A-6	A-7
10	72.86	27.46	8.72	9.85	11.54	5.67	13.64
15	192.75	64.32	20.28	22.18	26.33	11.48	31.65

由以上图表可知，振动增压加快土体的固结并且明显增加固结沉降量。当静载为 5kPa，振动增压 7.5N 时，振动频率对土体的固结有显著的影响，振动频率为 15Hz 时，

固结效果最佳。当土体完成 10cm 的固结沉降时，与无振动增压相比，需要的时间为无振动增压所需时间的 7.78％～18.72％；当土体完成 15cm 的固结沉降时，所需时间为无振动增压所需时间的 5.96％～16.42％。

当堆载为 5kPa，振动频率为 15Hz 时，振动荷载对土体固结的影响如图 3.4-23 和图 3.4-24 所示。表 3.4-11 为试样沉降与时间对应关系。

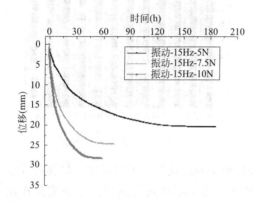 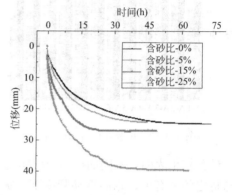

图 3.4-23 B 组试验沉降随时间变化（堆载 5kPa）　图 3.4-24 C 组试验沉降随时间变化（堆载 5kPa）

沉降-时间对应关系（单位：h）　　　　　　　　　表 3.4-11

位移	A-1	A-7	B-1	B-2	C-1	C-2	C-3
10	72.86	5.67	19.55	3.71	4.06	1.98	0.99
15	192.75	11.48	46.65	6.65	8.86	4.72	2.13

由以上图表可知，当堆载和振动频率不变时，振动荷载增加，主固结沉降增加，完成主固结沉降的时间迅速减少；当振动荷载为 10N 时，主固结沉降与无振动情况相比，增加了 57.1％。与无振动增加相比，当土体完成 10cm 的固结沉降时，需要的时间为无振动增压所需时间的 5.09％～26.83％；当土体完成 15cm 的固结沉降时，所需时间为无振动增压所需时间的 3.45％～24.20％。当含砂比为 25％时，在其他条件不变的情况下，完成的主固结沉降最大为 39.54mm，与含砂比为 0 时相比，固结沉降增加了 150％。

3）排水量随时间的变化

图 3.4-25～图 3.4-27 为三组试验的排水量随时间的变化。固结沉降与排水量成正比，因此排水量随时间变化与沉降随时间的变化曲线相似，在此不再赘述。

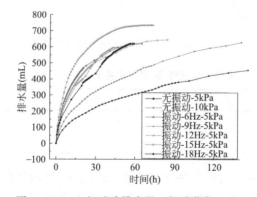

图 3.4-25 A 组试验排水量（振动荷载 7.5N）

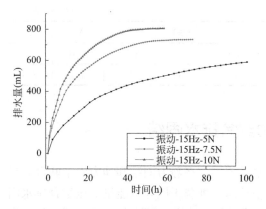

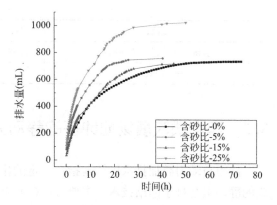

图 3.4-26 B 组试验排水量（竖向荷载 5kPa）　　图 3.4-27 C 组试验排水量（15Hz 振动频率）

4）振动增压过程中孔隙水压力变化

图 3.4-28 为 C-2 组含砂比 15％时振动增压过程中产生的超孔隙水压力随时间的消散。可以看到，振动加载直接导致超静孔隙水压力的增长，在 C-2 组中，停止振动后孔隙水压力快速消散。

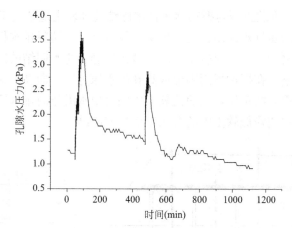

图 3.4-28 C-2 组含砂比 15％超孔隙水压力在振动增压过程中变化曲线

表 3.4-12 为各组不同条件下的振动加载后达到的最高超静孔隙水压力值及水压力消散 80％所需时间。由表可知，振动频率及含砂比对孔隙水压力变化影响最大，振动频率与模型土样自振频率接近时，能够产生较高的超静孔隙水压力；含砂比越高，土样的渗透性越好，C 组中的最大孔压值均小于含砂比为 0 的 A-6 组，孔压消散效率对应的排水速率及最终的排水量较 A、B 两组均有较大优势。

各组最高超静孔隙水压力值及消散时间　　　　　　　　　　　表 3.4-12

组别	A-1	A-2	A-3	A-4	A-5	A-6
孔隙水压力最大值(kPa)	—	—	2.54	2.58	2.62	4.16
消散时间（min）	—	—	945	875	820	835
组别	A-7	B-1	B-2	C-1	C-2	C-3

续表

组别	A-1	A-2	A-3	A-4	A-5	A-6
孔隙水压力最大值（kPa）	2.68	3.12	5.47	3.94	3.64	3.69
消散时间（min）	785	975	765	535	455	380

3.5 非均质吹填场地地基的静动力组合排水固结

静力与动力叠加排水固结是指在一定的排水系统下，将静力固结和动力固结联合而形成的静动组合排水固结技术，主要有：（1）真空负压、堆载正压与低能量动压组合排水固结；（2）堆载正压与振动增压排水固结；（3）堆载正压、真空管降水与振动增压叠加排水固结；（4）堆载正压、塑料排水板、真空管降水与振动增压叠加排水固结；（5）堆载、降水正压与低能量动压组合排水固结；（6）立体式排水正压与低能量动压组合排水固结；（7）立体式排水正压、堆载正压与低能量动压组合排水固结。

3.5.1 堆载正压与振动增压排水固结

如图 3.5-1 所示，堆载正压与振动增压排水固结处理软土地基属于静动组合排水固结法。堆载正压与振动增压排水固结首先在地基中设置砂井、塑料排水板等竖向排水体，其顶部采用砂垫层连通之后，当在对软土实施堆载预压静力排水固结的同时，在振动器高频的周期性振动力作用下，在振冲器周围形成高孔隙水压力区，即高水头位势与堆载预压产生的正压相叠加形成更高的正压，从而使软土中的自由水沿竖向排水体迅速向上运动而排到水平排水层，从而快速降低软土中的含水率而加速固结。

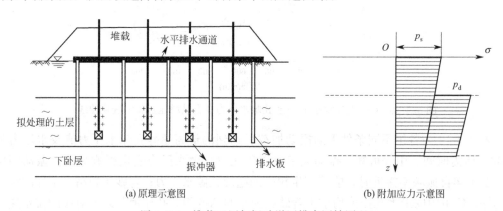

(a) 原理示意图　　　　　　　　　　　(b) 附加应力示意图

图 3.5-1　堆载正压与振动增压排水固结原理

如图 3.5-1 所示，堆载正压与振动增压排水固结在加固软土地基中可能产生的附加应力分布包括：（a）堆载正压引起的附加应力 p_s；（b）振动增压引起的附加应力 p_d。

3.5.2 真空管排水负压与振动增压排水固结

真空管排水负压与振动增压排水固结（图 3.5-2）首先在拟处理的软土地基上按所需要的间距和深度布置真空管，地表通过水平排水通道相连接，用真空泵带动强力抽真空，每根真空管相当于一个负压源，使负压向周围地层辐射，形成圆柱状负压区，中心负压最低，逐渐向周围递减。当维持真空抽水系统到地层中拟处理土体含水率达到或尽可能接近其最大吸附结合水界限含水率时，在两排真空管之间将振冲器下到拟处理地层处进行升降振动，增加该处的超孔隙水压力即每个振冲器周围相当于一个正压源，该正压源向周围地层辐射，形成圆环状正压区，离开振冲器向周围逐渐递减。

以真空管为中心的负压区和以振冲器为中心的正压区叠加并在二者之间形成较高的动力梯度。真空井点抽水与振动增压两道工序相结合同步一遍或多遍，在地层中反复形成较高的动水力梯度，在动水力梯度的作用下降低土体含水率，提高固结度和强度，直至达到设计要求。真空管振动增压固结无需铺设密封膜，无需填料，因此造价低，工期短。

真空管振动增压排水固结在加固软土地基中可能产生的附加应力分布如图 3.5-2（b）所示，包括降水增加的附加应力 $\gamma_w h_w$、真空抽水增加的附加应力 $-u_s$、振动增加产生的附加压力 p_d。

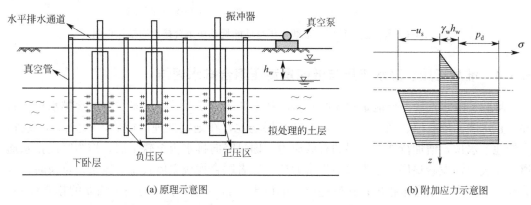

(a) 原理示意图　　　　　　　　　　　　　　(b) 附加应力示意图

图 3.5-2　真空管排水负压与振动增压排水固结原理示意图

振动增加的附加压力与振冲点间距、深度、振动力、振动频率和振动次数有关。

3.5.3　真空预压负压、堆载正压与低能量动压组合排水固结

真空预压负压、堆载正压与低能量动压组合排水固结技术为静动荷载叠加的排水固结技术，采用静力排水固结技术与动力排水固结技术的不同状态和节点组合，可处理表层薄砂、下伏厚泥的新近未固结或欠固结吹填场地。该类型场地静置时间短、含水率高、呈流动状、压缩性大、结构性差、强度和承载力低、表面十分稀软，机具难以进场，往往需要进行浅表层处理后才能进行深层处理。该技术具有工期短、工艺操作简便、工后沉降小和承载力高等优点。

如图 3.5-3 所示，真空预压负压、堆载正压与低能量动压组合排水固结技术的机理是利用人工形成的水平排水体和竖向排水体在真空预压负压（$-u_s$）的作用下使软土产生初步的排水固结；然后在真空膜上回填土（厚度相当于该场地使用荷载下的计算沉降量与填土的压缩沉降量之和）（p_s）（如场地标高不足时还应加上标高差厚度与其压缩沉降厚度），实施真空-堆载联合预压的排水固结（p_s+u_s）；当软土达到一定固结度后再实施振动碾压或动力击密（p_d），对下覆软土层形成超大荷载的静动力相结合的组合排水固结（$p_s+u_s+p_d$）；并在冲击动力的后效应力和堆载压力下继续进行排水固结。从而在很短

时间内完成软土层的固结沉降，填土层迅速成为超固结硬壳层而同时满足工后沉降与承载力的要求。

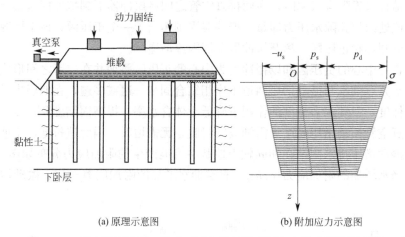

(a) 原理示意图　　　　　(b) 附加应力示意图

图 3.5-3　真空预压负压、堆载正压与低能量动压组合排水固结原理图

3.5.4　堆载正压、降水正压与低能量动压组合排水固结

堆载、降水正压与低能量动压组合排水技术如图 3.5-4 所示，该方法包含排水板、管井、止水墙、堆载层、强夯等。针对泥砂互层场地，在划定处理区域后，布置降水设备，降低地下水位，增加待处理土层的有效应力；插打竖向排水板至软土层，作为竖向排水通道，在表层铺设砂垫层，作为水平排水通道，二者联合构成立体式排水体系，可及时、有效地将自由水和结合水排出；在砂垫层上铺设土工布，将降水分为两个独立的排水体系；围绕处理区域建造止水墙，有效隔绝外界地下水的流入；在围堰底部开挖砂沟，排出堆载层中的地下水；在围堰内堆载，待沉降稳定后，对处理区域进行强夯，平整场地。

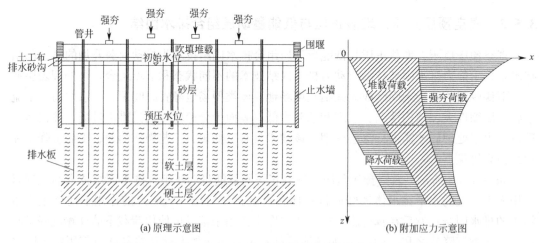

(a) 原理示意图　　　　　(b) 附加应力示意图

图 3.5-4　堆载、降水正压与低能量动压组合排水技术原理图

该技术的关键是在降水前设置止水墙，避免处理区域外砂层内的地下水流入处理区域；降水和堆载同时施工，在降水和堆载的同时作用下，两者互相促进，增加施工过程中

的沉降量，从而减少工后沉降量；土工布将砂层与堆载分隔成两层独立的排水系统。上层的堆载通过围堰各边底部的出水砂沟进行自重排水，下层的砂层使用管井排水。

堆载、降水正压与低能量动压组合排水技术在地基中的附加应力包括：（1）降水增加的附加压力 $\gamma_w h_w$；（2）堆载引起的附加压力 p_s；（3）强夯产生的附加压力 p_d。

3.5.5　堆载正压、真空管排水负压与振动增压组合排水固结

堆载正压、真空管排水负压与振动增压叠加排水固结处理软土地基属于静动力组合排水固结法如图 3.5-5 所示。当在对软土实施堆载正压、真空管排水联合静力预压的同时，在振动器高频的周期性振动力作用下，在振冲器周围形成高孔隙水压力区，即高水头势位，其与抽真空在竖向排水体周围产生的负压形成压差和堆载预压产生的正压相叠加形成更高的正压，从而使软土中的自由水沿竖向排水体迅速向上运动而排到水平排水层，从而快速降低软土中的含水率而加速固结。

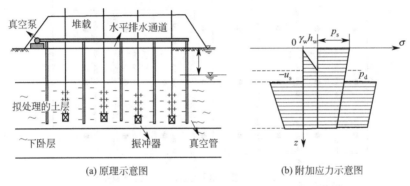

(a) 原理示意图　　　　　　　(b) 附加应力示意图

图 3.5-5　堆载正压、真空管降水与振动增压叠加排水固结原理

堆载正压、真空管排水与振动增加排水固结在加固软土地基中可能产生的附加应力分布（图 3.5-6b）包括堆载正压产生的附加应力 p_s、真空负压产生的附加应力 $-u_s$、降水增加的附加应力 $\gamma_w h_w$，振动增加的有效应力 p_d。

3.5.6　立体式排水正压与低能量动压组合排水固结

立体式排水正压与低能量动压组合排水固结采用竖向重力抽水和水平向真空吸水相结合的方式，使不同的地下水处于不同的排水条件下排出。该排水固结系统是一种处理效果好、工期快、造价低、适用范围广的新型动力排水固结方法，可克服场地非均质性带来的地基处理难题。

立体式组合动力排水固结技术具体系统布置如图 3.5-6 和图 3.5-7 所示。表层为淤泥质粉质黏土或粉土与淤泥质粉质黏土为主的粉土层（夹淤）场地，根据渗透系数差异，在平面方向设置水平真空管等平面排水系统，与管井结合形成立体式排水系统，叠加强夯形成静动组合排水。

立体式排水正压与低能量动压组合排水固结技术是在降水预压强夯法的基础上在弱渗透性土层中设置水平向真空吸水装置，使孔隙水和弱结合水在真空负压的压力差作用下被吸出，从而解决弱渗透性场地的降排水问题。通过采用重力抽水、真空负压吸水等不同的排水

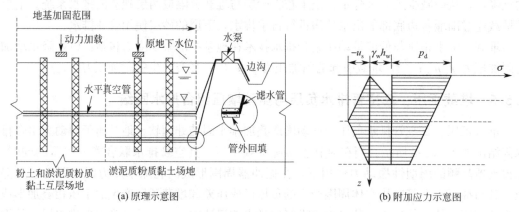

(a) 原理示意图　　　　　　(b) 附加应力示意图

图 3.5-6　立体式排水固结系统立面图

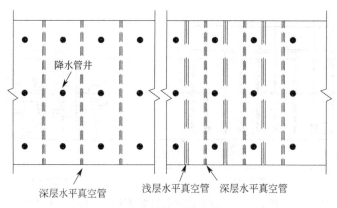

图 3.5-7　立体式排水固结系统平面图

方式，再叠加动力加压改变松软土中地下水的渗流排出条件，使静动荷载、土体排水条件相互耦合，促使非均质松软土的排水固结同步进行。地基中的附加应力包括：（1）降水增加的附加应力 $\gamma_w h_w$；（2）真空负压引起的附加应力 $-u_s$；（3）强夯产生的附加压力 p_d。

第4章 非均质吹填场地的沉降特征与沉降计算

4.1 非均质吹填土的沉降特征

非均质吹填土的沉降因吹填土的类型、物料组成及成层状态不同而有较大差别。对于非均质吹填场地存在有多种沉降形态和沉降特征，其中高含水流态淤泥和高含水流态淤泥混砂的沉降是当今工程界研究的重点。

4.1.1 非均质吹填土的不均匀沉降特性

不均匀沉降特性是非均质吹填场地的基本固结特性。吹填料经过水力吹填形成吹填场地后，其物理力学性状发生了重大改变，原有结构特性已经完全打破，需重新进行结构固结。不同的物料有不同的结构固结，从而表现出不同的沉降特性。

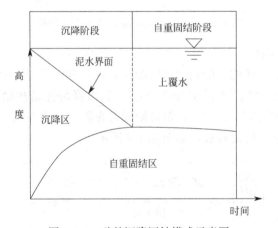

图 4.1-1　砂的沉降固结模式示意图

1. 吹填砂的沉降特征

吹填砂是快速堆积的，不同于慢速逐步沉积的河流与海积砂。在吹填完成后，如若吹填场地内的水位不下降，砂处于饱和状态，仅表面因蒸发而产生薄层砂硬壳，其下十分松散。经踩踏、振动液化十分明显，如上海长兴岛、唐山曹妃甸、广州南沙的吹填中、细、粉砂场地均如此。在不采取排水措施降低地下水位时，吹填砂的标贯击数一般低于3击，十分松散。当进行排水固结时，砂中的自由水完全排除后，密实度随时间的增加而增长，但要达到中密（$N > 15$ 击）状态，在不采取动力击密的条件下，需要不小于5年的自重密实期，一般的沉降量因粒径的大小不同而不同，粗粒沉降量大于细粒，沉降率为 3%～5%。其固结模式为无絮凝阶段，仅有沉降阶段和自重固结阶段，如图 4.1-1 所示。

2. 砂混淤泥的沉降特征

在吹填管口扇形粗粒堆积区边缘、两个管口堆积区的中间连接地段，往往存在以砂砾为主，混有一定数量淤泥（黏粒）的堆积区间，黏粒含量一般不多于 30%。例如汕头市东部经济开发区新溪片区 SN6 路、SN8 路、WE3 路的部分路段，威海新港区 1 号围堰的中部地段、湛江京信电厂东北边界段，山东日照石臼港、岚桥港的部分地段均存在此类砂混淤泥状态。其沉降特征是无絮凝阶段，但砂粒沉降因黏粒干扰而速率较慢，沉降过程较长，自重固结曲线初始阶段较平缓，如图 4.1-2 所示。

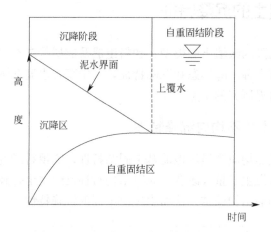

图 4.1-2 砂混淤泥沉降固结模式示意图

3. 淤泥混砂沉降特征

在吹填管口扇形堆积区的外围到回水区的过渡带，常表现为淤泥混砂的形态，黏粒含量占 70% 以上，不同粒径的砂粒含量小于 30%。其沉降特性是初始存在絮凝阶段，延续时间随黏粒增加和砂粒的减少而增加；沉降阶段存在阻碍干扰现象，自重沉降阶段较早出现于沉降阶段的中后期，历时较长，如图 4.1-3 所示。

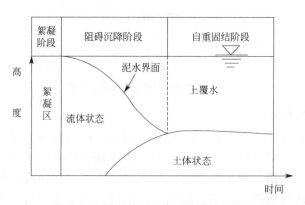

图 4.1-3 淤泥砂混沉降固结模式示意图

4. 流态淤泥的沉降特征

流态淤泥的含水率一般大于 120%，为水和黏粒相混的泥浆，其沉降过程具有明显的絮凝、沉降和自重固结三个阶段，过程示意如图 4.1-4 所示。

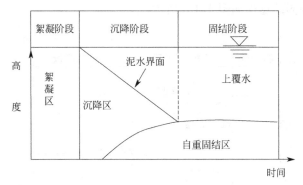

图 4.1-4　流态淤泥沉降过程示意图

4.1.2　高含水流态淤泥的自然沉降过程与沉降规律

自 20 世纪 90 年代以来，国内对不同地区的高含水流态吹填淤泥进行了大量的室内试验与现场观测研究，积累了较为丰富的技术资料，基本掌握了流态淤泥的沉降过程特征与沉降规律，并对传统的 Stokes 公式进行了合理修正。

1. 高含水流态淤泥的自然沉降过程

高含水流态淤泥的自然沉降是一个与初始含水率和粒度成分相关的复杂过程。总体来说，高含水吹填流态淤泥的沉降类型分为沉积沉降和固结沉降。沉积沉降过程则分为絮凝阶段、阻碍（干扰）沉降阶段和自重固结阶段。

吹填的高含水流态淤泥在大连、天津、青岛、日照、连云港、宁波、舟山、台州、温州、宁德、连江、厦门、深圳、广州南沙、珠海大量存在。其初始含水率与吹填的原状土特性及吹填机械、围堰排水布设等有关。

（1）絮凝阶段

吹填泥浆中的土颗粒受到自身重力和水的阻力作用。根据 Stokes 定律，土的颗粒粒径越小，土的沉积速度越慢。大量悬浮的土颗粒由于彼此间的引力作用，形成絮凝体。当絮凝体的自重大于水的阻力时，标志絮凝阶段的结束，土体开始进入干扰沉降阶段。

（2）干扰沉降阶段

由于各絮团之间的沉降干扰，液面以下开始形成可见的泥面，并整体进行下沉。泥面表现出等速下沉，该沉降模式称为干扰（阻碍）沉降。

（3）自重固结阶段

泥浆发生干扰沉降的同时，下沉到吹填土底部的土颗粒相互堆积形成松散土，土颗粒相互接触并传递有效应力；由于自重的作用，形成的松散土中产生超孔隙水压力，随着超孔隙水压力的消散，有效应力增加，土体固结并下沉，孔隙率逐渐减小。随着时间的延长，泥浆被分为上、下两个状态区，上部泥浆依然发生干扰沉降，下部则进入自重固结状态。干扰沉降与自重沉降的分界面被称为土形成面，与之相对应的含水率称为土形成的含水率。随着泥浆中絮团的不断下沉形成土，泥面逐渐下降，土形成面不断上升，当所有土颗粒在底部堆积时，则完全进入固结阶段，沉降速率则迅速降低。

三个阶段的沉降固结过程如图 4.1-5 所示。

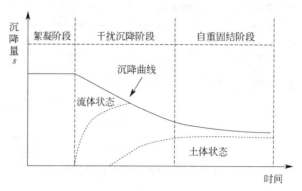

图 4.1-5　沉降固结过程示意图

2. 高含水流态淤泥的沉降规律

吹填泥浆初始含水率的变化对吹填场地的沉降量计算、吹填标高有着重大影响，为此国内的许多科研及工程单位进行过大量的室内外试验研究，其基本规律是初始含水率 w_0 越大，泥面沉降速率越快，最终沉降量越大。在初始含水率 w_0 较低时，沉降初期泥面沉降速率较慢，沉降曲线呈直线型；随初始含水率 w_0 增大，沉降曲线斜率逐渐增大，并且由直线向曲线型过渡。

（1）初始含水率对絮凝时间的影响

不同初始含水率的絮凝时间观测曲线见图 4.1-6。白马湖土样、温州土样为黏粒含量大于 76%、液限大于 78%、塑性指数大于 49.8 的高液限土，其絮凝时间随含水率的增大而降低，且呈非线性降低。可门港土样、张家港土样为黏粒含量低于 57.5%、液限低于 62%、塑性指数低于 31 的较低液限土，絮凝时间不明显。

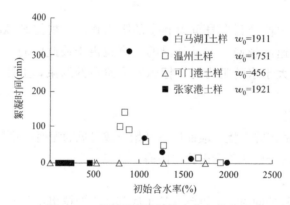

图 4.1-6　絮凝时间随初始含水率的变化

（2）初始含水率对沉降的影响

吹填淤泥不同初始含水率的沉降曲线有较大差别。室内试验采用初始含水率为 $200\%\sim2000\%$ 的 11 个样品，其自重沉降规律如图 4.1-7 所示。图中可见，在最初 1000min 的沉降期间，不同含水率泥浆的沉降量差别很大。

由图 4.1-7 和图 4.1-8 可知，随初始含水率的增加沉降增大。同时，沉降曲线形态也

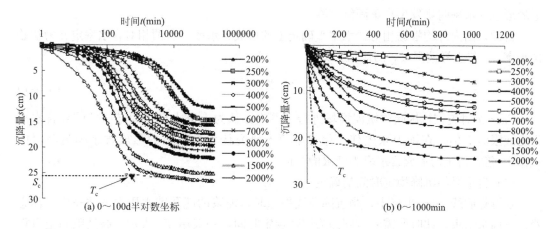

图 4.1-7　天津吹填泥浆沉降曲线

随初始含水率的增大而发生显著变化。在含水率较低时（w_0 为 200% 和 250% 时），曲线呈反"S"形，与常规压缩试验曲线中的 s-$\lg t$ 曲线相似；随着 w_0 的增大，沉降初期的直线段变短，沉降中期曲线斜率增大，泥浆相对较早地进入自然沉降稳定阶段。区别于 IMAI 将沉降类型分为分散自由沉降、絮凝自由沉降、沉积沉降和固结沉降四个阶段，对于典型的高含水泥浆的沉降过程，对于各个地区和不同粒度组分的吹填泥浆可能并不完全存在这一过程。

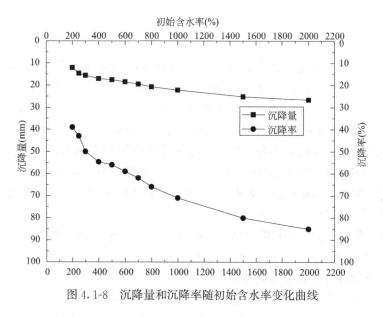

图 4.1-8　沉降量和沉降率随初始含水率变化曲线

（3）沉积沉降与自重沉降的定量判别

近期的室内研究认为，高含水泥浆的沉降从沉积沉降转向自重固结沉降可用临界含水率作为判定指标。

所谓临界含水率是指泥浆沉降过程中土的形成含水率，亦即泥浆进入自重固结状态的含水率。当初始含水率大于土的形成含水率时，土样发生沉积沉降（阻碍沉降），而小于土的形成含水率时则发生自重固结沉降。

目前，国内外均根据相对含水率来确定土的形成含水率。所谓相对含水率定义为初始含水率 w_0 与土样液限 w_L 的比值，即：

$$w_0' = \frac{w_0}{w_L} \tag{4.1-1}$$

Carrier 对美国地区疏浚淤泥堆场进行了调查，认为土进入自重固结时的临界含水率为土液限的 7 倍。在国内张先伟、徐建中等人研究认为黏性土的形成含水率为液限的 7 倍～9 倍，粉土的形成含水率为液限的 3 倍。

（4）自重固结沉降稳定时间的确定

在沉降曲线 s-$\lg t$ 坐标中，当沉降曲线平稳时，泥浆的超孔隙水压力消散完成，标志着自重固结结束，此时所需的时间即为沉降稳定时间，一般用 T_c 表示。高液限黏土自重固结沉降稳定时间公式为：

$$T_c = 183 \left(\frac{w_0}{w_L} \right)^{-1} \tag{4.1-2}$$

由公式可以看出，高液限黏土 T_c 随相对初始含水率的增加呈非线性降低趋势，且 T_c 随土样液限的增加而增加。而为粉土土样的沉降稳定时间明显小于黏性土。这一现象与土的渗透性能有关，粉土的渗透性远大于黏性土，因此沉降稳定时间就短。

4.1.3　高含水流态淤泥混砂的沉降规律

1. 试验一

（1）试验土样

某吹填场地吹填土厚度为 2.4m～10.1m。该吹填堆场泥砂来源复杂，且为多点多次反复吹填而成，使得先前沉积物重新混合形成泥砂互混系统，其特征在于初始浓度要小于挖泥船抽吸时所对应的浓度，吹填土含水率通常在 100%～400%。该堆场内的吹填土在横-纵-深方向的砂粒、粉粒和黏粒呈现出不同于高含水率吹填土颗粒的沉积特征，即吹填土颗粒并非完全按照粒径的大小先后沉积，而是泥砂混合沉积的模式。经勘查发现，该场地内①$_1$～①$_4$ 分别为中粗砂混淤泥、细砂混淤泥、淤泥混砂、淤泥质黏土的吹填土层，呈灰或灰黄色，饱和，流塑状态。根据 32 个不同取样点的颗分统计，粒径范围为 2mm～0.075mm 的颗粒占比为 0.9%～36.2%。

此次试验对象是不同含砂比的泥砂互混吹填土，为了更方便地获得多种含砂比的吹填土自重沉积试样，采用的是粗粒组（砂粒，粒径＞0.075mm）和细粒组（粒径＜0.075mm）分开取样并重新配置的方式。

试验中的粗粒组采用海砂，取自于吹填料源附近的海砂堆场，如图 4.1-9（a）所示。根据筛析试验，粒径 d＞2mm 占比 3.2%；2mm～0.5mm 占比 10.6%；0.5mm～0.25mm 占比 45.4%；0.25mm～0.075mm 占比 40.4%；d＜0.075mm 占比 0.3%，按照国家标准《岩土工程勘察规范》GB 50021—2001 第 3.3.3 条的分类方法属于中砂（粒径大于 0.25mm 的颗粒质量超过总质量 50%），由于粒径＞2mm 主要为贝壳类，因此，试验前将上述海砂过 2mm 的筛网。

淤泥质土取自靠近吹填堆场的出水口，粉黏粒含量占比大，如图 4.1-9（b）所示，其常规物理性质如表 4.1-1 所示。试验用水是取自韩江三角洲网河出海口附近区域的海水，pH 值为 8.1。

(a) 海砂取样地图　　　　　　　　(b) 吹填淤泥土取样

图 4.1-9　取样点照片

吹填淤泥基本物理性质指标　　　　　　　表 4.1-1

物性指标		数值	物性指标	数值
颗粒组成(%)	0.25～0.5(mm)	2.93	密度(g/cm³)	1.56
	0.075～0.25(mm)	4.73	干密度(g/cm³)	0.86
	0.005～0.075(mm)	44.20	液限(%)	46.5
	<0.005(mm)	48.14	塑限(%)	25.0
平均含水率(%)		82.0	塑性指数(%)	21.5
相对密度		2.69	渗透系数(cm/s)	7.9×10^{-7}

（2）试验装置及方案

为减少沉降柱试验过程中沉降柱边界效应的影响，从两方面进行考虑：一是采用具有比塑料表面光滑度高的有机玻璃；二是增大沉降柱尺寸至吹填土颗粒的最大粒径（2mm）的倍数（100 倍），由此确定沉降柱直径为 200mm，高度为 1300mm。

为了获得沉积过程中各层含水率和密度等指标，还需要结合分层抽取法来取样，参考相关研究，设计制作了由水循环式真空泵和抽滤瓶组成的分层抽取装置，装置示意如图 4.1-10 所示。

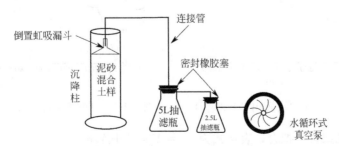

图 4.1-10　分层取样试验装置示意图

具体抽取步骤：通过真空泵连接取样器，按照沉降柱上的刻度控制取样深度，每10cm抽取一层，将抽取出的泥砂浆搅拌均匀后，一部分放入量杯中通过烘干法测定其含水率，另一部分烘干冷却后采用筛析法结合密度计法进行颗粒分析；分层密度值采用式(4.1-3)进行计算。

$$\rho = \frac{S_r d_s \rho_w (1+w)}{w d_s + S_r} = \frac{d_s \rho_w (1+w)}{w d_s + 1} \tag{4.1-3}$$

式中　ρ——泥砂土样的密度（g/cm³）；

　　　S_r——饱和度，由于泥砂混合物在絮凝、自重沉积和固结的过程中均为饱和状态，可认为$S_r=100\%$；

　　　d_s——土粒相对密度；

　　　w——各层土样的含水率；

　　　ρ_w——海水密度（g/cm³）。

考虑3种不同初始含砂比，3种不同初始含水率的试验组合来研究泥砂混合吹填土的自重沉积固结过程，具体的试验组合如表4.1-2所示，一共9组试验。

<table>
<tr><td colspan="3" align="center">试验组合</td><td align="right">表 4.1-2</td></tr>
<tr><td align="center">序号</td><td align="center">含砂比 SWR(%)</td><td align="center" colspan="2">含水率 IWC(%)</td></tr>
<tr><td align="center">S1~S3</td><td align="center">30</td><td align="center" colspan="2">200、150、100</td></tr>
<tr><td align="center">S4~S6</td><td align="center">20</td><td align="center" colspan="2">200、150、100</td></tr>
<tr><td align="center">S7~S9</td><td align="center">10</td><td align="center" colspan="2">200、150、100</td></tr>
</table>

根据目标含砂比（SWR）配置好土样，实测的含砂比分别为10.13%、19.76%和29.37%，为方便比较，上述实测含砂比以10%、20%、30%的目标含砂比（SWR）进行标注。

（3）试验结果分析

1）沉降随时间变化

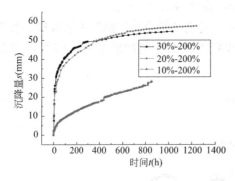

图 4.1-11　自重固结 s-t 曲线（$IWC=200\%$）　　图 4.1-12　自重固结 s-t 曲线（$IWC=150\%$）

对 s-t 试验结果进行拟合，表达式为：$s = A_1 e^{-\frac{x}{t_1}} + A_2 e^{-\frac{x}{t_2}} + s_0$

当$\lim_{x \to \infty} s = s_0$；

当$s_{x=0} = A_1 + A_2 + s_0$。

对上式进行修正，使之过原点，则：

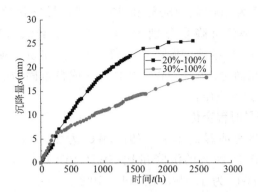

图 4.1-13　自重固结 *s-t* 曲线（*IWC*＝100%）

$$s＝A_1\mathrm{e}^{-\frac{x}{t_1}}＋A_2\mathrm{e}^{-\frac{x}{t_2}}＋s_0－s_{x=0}＝A_1(\mathrm{e}^{-\frac{x}{t_1}}－1)＋A_2(\mathrm{e}^{-\frac{x}{t_2}}－1) \qquad (4.1\text{-}4)$$

式中　A_1、A_2、t_1、t_2、s_0——拟合常数。

指数函数拟合常数　　　　　　　　　　　　　　　表 **4.1-3**

SWR(%)	IWC(%)	A_1	t_1	A_2	t_2	s_0	$s_{x=0}$	相关系数
30	200	−23.0984	168.8268	−32.1504	7.22986	53.47042	−1.77832	0.99543
20	200	−24.6884	4.76221	−32.0427	251.3889	57.12228	0.39126	0.99544
10	200	−37.7069	1020.426	−5.15084	18.30235	43.65747	0.7997	0.99798
30	150	−19.2219	413.8686	−12.9216	100.1615	31.811	−0.3325	0.99172
20	150	−9.84613	85.55821	−29.8359	455.3927	39.88374	0.20171	0.99911
10	150	−4.76831	66.47958	−208.292	13500.37	212.9403	−0.12011	0.99921
30	100	−26.2548	3304.796	−4.59718	111.8539	30.50076	−0.35122	0.99608
20	100	−14.9325	967.6816	−14.9325	967.6654	29.087	−0.77808	0.99764

　　由表 4.1-3 可知，指数函数拟合度较高，相关系数的平方均大于 0.99。由图 4.1-11～图 4.1-13 看出 *SWR* 为 10% 自重没有完全固结，拟合结果不可靠。

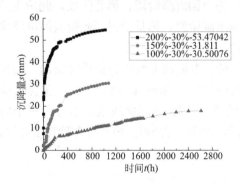

图 4.1-14　*s-t* 曲线（含砂比 30%）

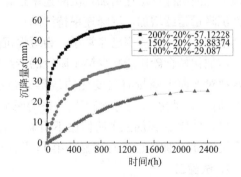

图 4.1-15　*s-t* 曲线（含砂比 20%）

　　综合比较图（图 4.1-11～图 4.1-15）可以看出，*IWC* 和 *SWR* 对自重固结完成的时间和自重固结沉降有显著影响。在 *SWR* 相同的条件下，随 *IWC* 增加，沉降量增加；

当 SWR 为 30%，IWC 为 100%、150% 和 200% 时，最终沉降量分别为 144.5mm、304.2mm、546.0mm，单位沉降量分别为 11.2%、23.4%、42.0%。当 IWC 一定，SWR 越小，黏粒含量高，固结速度慢；当 SWR 为 20% 和 30% 明显高于 SWR 为 10% 的固结速度。当 SWR 相同时，随着 IWC 升高，完成自重固结的时间减少，完成的固结沉降量增大。可得出如下规律：

① 泥水分界面沉降量时程变化

SWR 对泥面沉降量有明显的影响，如：IWC 为 200% 时，在 50h、100h、200h、800h 四个时间点上，SWR 20% 的沉降量比 SWR 10% 的沉降量增大 328%、302%、242%、114%；同样，IWC 为 150%，在 50h、100h、200h、400h 的四个时刻，SWR 20% 的沉降量比 SWR 10% 的沉降量增大 161%、147%、166%、156%；

SWR 由 10% 提高到 20% 时，沉降量增幅明显，但 SWR 从 20% 提高至 30% 时，沉降量变化却相对较小，SWR 30% 相对于 SWR 20% 的只是在自重沉降初期些许提高了沉降量，随后反而小于 SWR 20% 的沉降量，且这种现象在 IWC 越低时表现越明显，以 400h 监测时间点为例，IWC 为 200% 时，SWR 30% 的沉降量比 SWR 20% 的沉降量小 0.2%；IWC 为 150% 时，SWR 30% 的沉降量比 SWR 20% 的沉降量小 9.0%，在 IWC 为 100% 时，SWR 30% 的沉降量比 SWR 20% 的沉降量小 24.8%。

② 初始含水率对泥面沉降量时程变化的影响

初始含水率对沉降量也有明显影响，例如：在 50h、100h、200h、400h 四个时间点，SWR 30% 的 IWC 200% 试样的沉降量相对于 SWR 100% 试样的沉降量分别增加 21.7 倍、14.8 倍、7.0 倍、6.1 倍；同样，在 50h、100h、200h、400h 四个时间点，IWC 150% 的沉降量相对于 IWC 100% 的试样沉降量分别增加 2.7 倍、3.7 倍、2.1 倍、3.1 倍。另外，IWC 200% 的各含砂比试样的泥面沉降速率要明显高于 IWC 150% 与 IWC 100% 试样。表明：在 IWC $100\%\sim200\%$ 范围内，含水率越高，沉降越快，沉降量越大。

2) 泥面沉降量时程变化曲线形态特征

从泥面沉降量时程变化曲线形态特征来进行更具体的分析。以 IWC 200% 时的三个试样为例，整个沉降-时间曲线基本可以分为三个阶段，如图 4.1-16 所示。第 Ⅰ 阶段，此阶段的泥面沉降量迅速增加，沉降速率迅速变小，为急剧沉降阶段；第 Ⅱ 阶段，此阶段的泥面沉降量持续增加，沉降速率持续降低，为减速沉降阶段；第 Ⅲ 阶段，此阶段的沉降量持续增加，但沉降速率已非常小，为缓慢沉降阶段。

增加初始含砂比能减少第 Ⅰ 阶段的持续时间，使第 Ⅱ 阶段非线性特征更加突出。初始含水率对泥面沉降量时程变化曲线形态也有较大的影响，如图 4.1-16 所示，在含水率 150% 时，含砂比 30% 与含砂比 20% 的两个试样的整个沉降-时间曲线也基本分为三个阶段，但含砂比 10% 的三个阶段已不明显。而含水率 100%，含砂比 30% 与含砂比 20% 的整个沉降-时间曲线已没有明显的第 Ⅰ，Ⅱ 阶段。

2. 试验二

(1) 试验土样

山东某港湾吹填场地黏性土混砂质软土，吹填过程中吹填土体含有海砂，吹填后为非均质吹填场地，场地面积较大，表层土质以淤泥或流泥为主的极软区域，大面积场地为吹填后自重沉积，各区域面积含砂比不同。沉积后软土含水率较高，不适宜大型机械进场

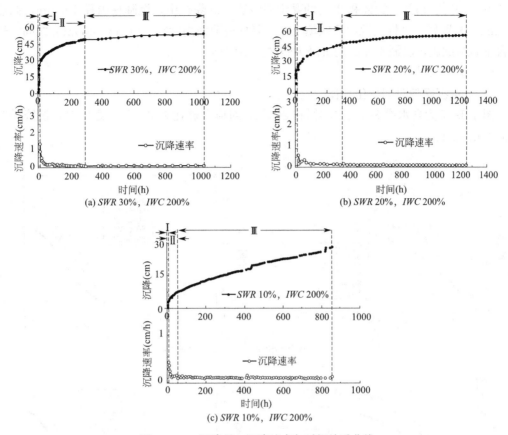

(a) *SWR* 30%, *IWC* 200%

(b) *SWR* 20%, *IWC* 200%

(c) *SWR* 10%, *IWC* 200%

图 4.1-16　沉降量、沉降速率与时间关系曲线

施工。吹填场地内软土含水率分布为，3.0m～3.5m 深度土的含水率为 52.12%～107.18%，平均 79.36%，3.5m 深度处的含水率平均为 95.8%。相对应的静力触探孔 3m 处的 p_s 值为 0.05MPa～2.0MPa，50%的勘察孔取样小于 0.15MPa。流泥—淤泥的平均 p_s 值为 0.128MPa。场地中央及水位以下土体的上部流泥（厚度：8.0m～11.0m）含水率为 110%～120%，p_s 值小于 0.03MPa。下部的淤泥（厚度：3.0m～8.0m）含水率为 60%～80%，相对应的孔隙比为 2.8～3.0 和 1.65～2.0，场地内软土含水率较高，承载力较低。由于吹填场地是由吹填设备将海底泥砂转移至吹填场地内，导致吹填软土场地泥浆的非均质特性，场地内吹填土含砂比分布不均匀，各区域含砂比分布为 5%～20%，自重沉积过程中，吹填场地各区域的初始含水率和含砂比对于自重固结效果有较大影响，最终形成的自重固结后的场地也具有不均匀性。

根据吹填场地特性配置试验采用的黏土砂混土样，塑限为 20.4%，液限为 46.1%，土样含水率为 65.2%，密度为 1.697g/cm³。试验用砂级配：粒径大于 0.5mm 颗粒含量 17.27%，0.25mm～0.5mm 颗粒含量为 61.81%，0.075mm～0.25mm 颗粒含量为 18.73%，粒径小于 0.075mm 占 2.19%。按照现行规范《岩土工程勘察规范》GB 50021—2001 属于中砂。

试验一含水率为 100%～300%，含砂比为 10%～30%，为了更好地反映泥混砂吹填土的自重沉降土性，对照试验一配置含水率分别为 80%、100% 和 200%，含砂比分别为

0、5％、10％、15％、20％和25％的黏土混砂置于沉降柱中，沉降柱内径100mm，高度500mm，配置好的黏性土混砂质吹填土在沉降柱内液面高度在400mm～430mm之间，进行自重固结试验，以泥水界面的沉降为竖向固结位移。

（2）试验结果分析

1）自重沉降随时间变化规律

图4.1-17为含水率80％、100％和200％，对应含砂比在0～25％之间时，沉降随时间的变化曲线。

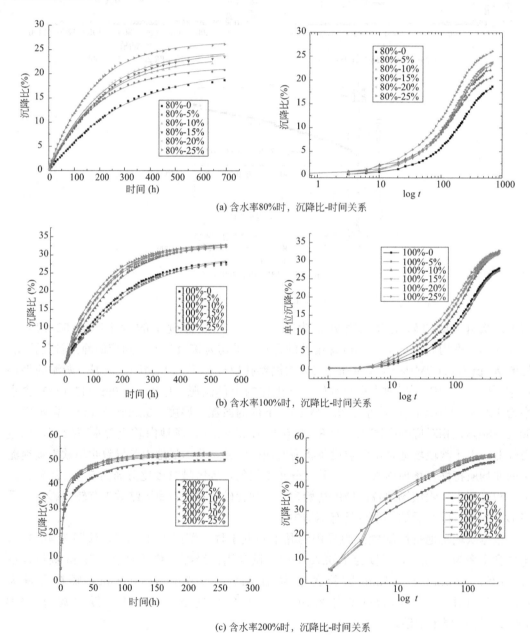

(a) 含水率80%时，沉降比-时间关系

(b) 含水率100%时，沉降比-时间关系

(c) 含水率200%时，沉降比-时间关系

图4.1-17 不同含水率和含砂比对应的沉降比-时间曲线

图 4.1-18 为文献 [106] 的试验结果，含水率分别为 100％、200％时，含砂比分别取在 10％、20％和 30％时沉降随时间的变化曲线。

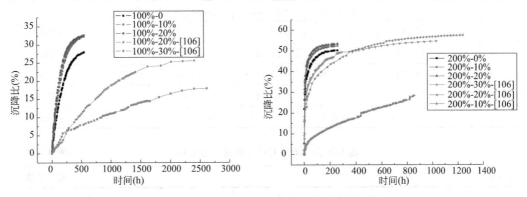

图 4.1-18　本次试验与文献 [106] 结果对比图

试验结果影响黏性土沉砂混合吹填土沉降的主要因素是初始含水率。随初始含水率的增加，泥面下沉速度越快，沉降值增加，固结完成的时间减小。固结完成时间随初始含水率的增加明显降低。本次固结稳定时间明显低于文献 [106] 的稳定时间，其主要原因是文献 [106] 的沉降柱尺寸是本次试验的 2 倍，直径 200mm，高度为 1300mm。

试验中自重固结沉降稳定后，定义沉降比稳定值为：

$$a = \frac{h_{土样初始高度} - h_{土样稳定高度}}{h_{土样初始高度}} \times 100\%$$ 　　　　　(4.1-5)

本次试验含砂比在 0～25％之间，初始含水率分别为 80％、100％和 200％时，沉降比例稳定值分别为：18.66％～26.11％、26.67％～33.60％和 50.9％～55.35％。文献 [106] 的结果，当含水率 100％时，含砂比为 20％和 30％时，沉降稳定值分别为 29.09％和 30.50％；当初始含水率分别为 200％时，含砂比为 10％、20％和 30％时，沉降稳定值分别为 43.65％、57.12％和 53.47％。

对比两组沉降柱试验结果，沉降柱尺寸不同，吹填土性质也有一定的差异，以沉降比稳定值定义高含水率吹填土自重固结规律具有一定的普适性，两组试验内含水率和含砂比在相同的范围内得到的固结规律相似。

黏性土砂混吹填土沉降比稳定值-时间曲线按下列函数拟合：

$$a = A_1 e^{-\frac{t}{t_1}} + A_2 e^{-\frac{t}{t_2}} + s_0$$ 　　　　　(4.1-6)

式中　A_1，A_2，s_0，t_1，t_2——拟合参数。

上式有 $s_{t \to \infty} = s_0$，因此 s_0 即为沉降固结完成时的稳定值。

表 4.1-4～表 4.1-6 为不同含水率不同含砂比对应的拟合参数。沉降随时间关系曲线的拟合函数为非线性指数多项式，由拟合参数表可知，两项指数拟合参数相同，含水率为 80％和 100％沉降比曲线拟合函数为单项指数型，含水率 200％沉降比曲线拟合取两项指数组成函数相关系数更高，其相关系数均大于 0.995，相关性较好。

含水率为 80%沉降比曲线拟合参数 表 4.1-4

含砂比(%)	A_1	t_1	A_2	t_2	S_0	相关系数
0	−10.5887	280.0482	−10.5887	280.0464	20.87022	0.99795
5	−10.66	187.1941	−10.6600	187.1939	21.42909	0.99894
10	−11.5269	203.2542	−11.5269	203.255	23.45973	0.99854
15	−12.5249	214.3406	−12.5249	214.3402	24.77805	0.99891
20	−12.5452	198.5618	−12.5452	198.562	24.88548	0.99900
25	−13.1941	169.3581	−13.1941	169.3583	26.67707	0.99915

含水率为 100%沉降比曲线拟合参数 表 4.1-5

含砂比(%)	A_1	t_1	A_2	t_2	S_0	相关系数
0	−14.99742	193.0823	−14.9974	193.0825	30.09272	0.99947
5	−15.3231	215.4505	−15.3231	215.4523	30.44765	0.99867
10	−16.9343	162.7865	−16.9343	162.787	33.89887	0.99933
15	−31.4496	140.3179	−2.00026	10.17136	32.77557	0.99971
20	−16.5151	133.7142	−16.5151	133.7142	33.23667	0.99957
25	−30.7086	129.2871	−3.20926	12.05774	33.28825	0.99959

含水率为 200%沉降比曲线拟合参数 表 4.1-6

含砂比(%)	A_1	t_1	A_2	t_2	S_0	相关系数
0	−40.13903	2.12109	−21.8216	45.16486	49.88555	0.99737
5	−39.98749	2.11719	−21.7335	45.13955	49.6558	0.99738
10	−15.89544	49.98365	−44.1232	3.62553	52.21738	0.99519
15	−47.19616	3.43505	−14.8783	48.20942	53.07849	0.99867
20	−15.08462	46.23893	−46.5062	3.49794	53.16765	0.99933
25	−45.05877	3.22394	−15.5957	45.59238	52.47949	0.99971

在沉降比-时间曲线中，沉降曲线趋于水平时，吹填土自重固结完成，将自然沉降结束所需的时间称为沉降稳定时间，并用 T_c 表示。

在吹填工程中 T_c 是堆场容积设计的重要参考指标。T_c 与初始含水率密切相关。可以定义沉降固结完成 95%时的沉降固结时间，作为沉降稳定时间。利用式(4.1-6)可以确定沉降固结完成 95%的时间（图 4.1-19）。当含水率为 200%时沉降稳定时间在 82h～98h 之间，受含砂比的影响不大；当含水率为 100%和 80%时，固结稳定时间与含砂比有关，除个别点外，稳定固结时间随含砂比增加而降低，当含水率为 100%和 80%时，分别为 650h～375h，845h～506h。

图 4.1-20 为不同含水率下，沉降稳定值随含砂比的变化。由图可知，稳定沉降值随含砂比的增加，基本上呈线性增加。线性方程为：

$$a = 52.104 + 0.06218\alpha \quad (w_0 = 200\%) \tag{4.1-7}$$

$$a = 26.95 + 0.27358\alpha \quad (w_0 = 100\%) \tag{4.1-8}$$

$$a = 19.07 + 0.27162\alpha \quad (w_0 = 80\%) \tag{4.1-9}$$

式中 α——含砂比，在 $0\sim25\%$ 之间。

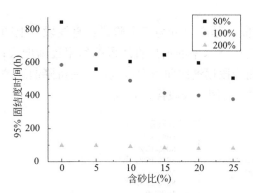

图 4.1-19 固结完成 95% 固结时间-含砂比的关系

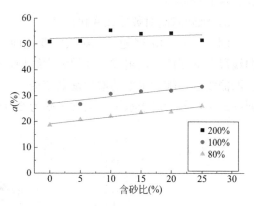

图 4.1-20 沉降比稳定值-含砂比关系

2）沉降速率随时间变化规律

图 4.1-21 为沉降速率随时间变化曲线。由图可知，吹填土自重固结沉降速率受多种因素影响，吹填土为细粒土，在自重沉积过程中受温度、矿物成分及絮凝过程等诸多因素影响，短时间内沉降速率变化波动较为剧烈，长期观测结果为下降趋势，最终收敛接近速度为零。

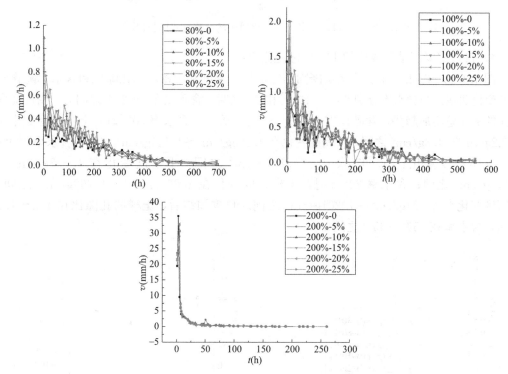

图 4.1-21 含水率 80%、100% 和 200% 时不同含砂比对应的沉降速度-时间曲线

沉降初期，沉降速率受初始含水率的影响很大，当含水率为 200% 时，初期的沉降速率最大值在 35mm 左右，沉降完成 95% 时对应的速率小于 0.007；而含水率为 100% 和 80%

时，速率最大值分别在 2.0 和 1.5 左右，沉降完成 95％时对应的速率分别小于 0.002 和 0.004。

3）沉降时间对数曲线变化规律

图 4.1-22 为沉降随时间对数的变化曲线。曲线基本上分为三个阶段：直线段、上凹曲线段和下凹曲线段组成。开始为直线型，随初始含水率的增加直线段的斜率逐渐增大；上凹曲线段，随含水率的增加逐渐变缓；下凹曲线段逐渐向曲线型过渡，然后沉降曲线的斜率减小，最后趋于水平。当含水率为 200％时，上凹曲线段接近直线。

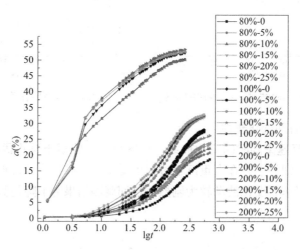

图 4.1-22　不同含水率和含砂比对应的沉降比-时间对数曲线

4）自重沉降固结完成后的土样指标变化规律

图 4.1-23～图 4.1-25 分别为沉降固结完成后，密度和干密度、孔隙比和含水率随含砂比的变化曲线。当含水率分别 80％、100％和 200％时，含砂比在 0～25％之间时，密度随含砂比的增加呈增加趋势，含砂比在 0～25％进行试验后，含水率 80％时，土样密度变化在 $1.722g/cm^3 \sim 1.8g/cm^3$ 之间，干密度变化在 $1.105g/cm^3 \sim 1.149g/cm^3$ 之间；含水率 100％时，土样密度变化在 $1.697g/cm^3 \sim 1.743g/cm^3$ 之间，干密度变化在 $1.058g/cm^3 \sim 1.114g/cm^3$ 之间；含水率 200％时，土样密度变化在 $1.859g/cm^3 \sim 1.768g/cm^3$ 之间，干密度变化在 $1.174g/cm^3 \sim 1.201g/cm^3$ 之间。自重固结后，土样的孔隙比在 1.2～1.7 之间，含水率在 45％～65％之间。

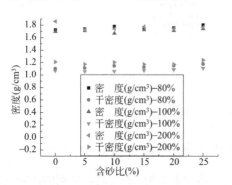

图 4.1-23　密度与含砂比关系

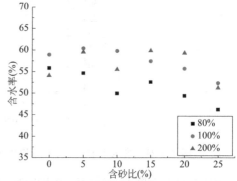

图 4.1-24　含水率与含砂比关系

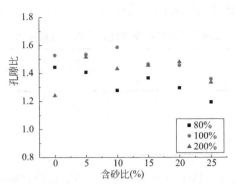

图 4.1-25　孔隙比与含砂比的关系

4.2　非均质吹填土的固结特性

4.2.1　高含水流态淤泥混砂吹填土的固结特性

1. 试验装置

考虑到不同含砂比吹填土自重沉积规律的差异性和常规固结仪不能反映非均质吹填土横纵向分布不均的特点，自行设计制作了直径 16cm、高度 16cm 的大尺寸气压固结仪（图 4.2-1），同时，取比常规固结试验土样直径大 10 倍的土样进行试验，以模拟现场排水条件及各应力水平下土体的固结过程，获取孔隙比、单位沉降量、压缩模量、固结系数等参数，反映非均质吹填土的固结特性。

2. 试验结果分析

（1）初始孔隙比

取 4.1.3 节试验一自重固结完成后土样进行大尺寸固结试验。初始孔隙比计算公式：

图 4.2-1　气压式大固结试验仪装置

$$e_{0\text{avg}} = \frac{(1+w_0)G_s\rho_w}{\rho_0} - 1 \tag{4.2-1}$$

式中　$e_{0\text{avg}}$——土体初始孔隙比平均值；

$\quad\quad w_0$——土体初始含水率平均值；

$\quad\quad G_s$——土粒相对密度；

$\quad\quad \rho_w$——水的密度；

$\quad\quad \rho_0$——土体初始密度平均值。

需要说明的是，含砂比 30%，含水率为 200%、150%、100% 所对应的最终测试前泥面高度不一致，因为，试验时土样数量与泥面高度相关，泥面的沉降量越大，大固结试验的试样就越少。为便于对比，以沉降柱柱底为 0 基准线，对待测土体高度进行定位，并进行比较分析。三种不同试样各高度处的平均初始孔隙比如表 4.2-1 所示。

三种不同试样各高度处的平均初始孔隙比 表 4.2-1

试样名称	高度（cm）				
	0～16	20～36	40～56	60～76	80～96
SWR 30%，IWC 200%	2.01	1.95	1.79	—	—
SWR 30%，IWC 150%	1.96	1.97	2.08	1.84	—
SWR 30%，IWC 100%	1.95	1.98	1.97	1.96	1.77

由表可知，$SWR=30\%$，$IWC=200\%$ 的平均初始孔隙比的规律最为明显，即沿高度方向呈现出越接近沉降柱底越大的规律。但对于 $SWR=30\%$，$IWC=150\%$，其最大值平均初始孔隙比出现在 40cm～56cm 处，而 $SWR=30\%$，$IWC=100\%$ 的 0～16cm、20cm～36cm、40cm～56cm、60cm～76cm 的初始孔隙比值很接近，可认为变化不大。

2）单位沉降量

各级压力下试样固结稳定后的单位沉降量按式（4.2-2）进行计算：

$$s_i = \frac{\sum \Delta h_i}{h_0} \times 1000 \tag{4.2-2}$$

式中 s_i——某一级荷载下的沉降量（mm/m）；

h_0——试样起始时的高度（mm）；

$\sum \Delta h_i$——某一级荷载下的总变形量（即试样和仪器的变形量减去该荷载下的仪器变形量，mm）。

各级压力下试样固结稳定后的单位沉降量如表 4.2-2 所示。

各级压力下试样固结稳定后的单位沉降量（mm/m） 表 4.2-2

试样名称	高度（cm）	压力值（kPa）				
		50	100	200	300	400
$SWR=30\%$，$IWC=200\%$	0～16	166.00	269.75	306.94	344.50	376.25
	20～36	139.38	268.75	302.63	345.44	383.75
	40～56	100.88	173.75	202.69	234.56	263.38
$SWR=30\%$，$IWC=150\%$	0～16	182.63	278.56	308.50	336.50	360.31
	20～36	170.00	255.63	285.13	313.06	337.06
	40～56	197.19	295.06	322.38	346.31	369.06
	60～76	179.25	268.75	300.31	330.00	355.69
$SWR=30\%$，$IWC=100\%$	0～16	176.44	274.75	309.56	344.31	373.13
	20～36	130.13	252.50	284.75	325.50	362.06
	40～56	170.94	264.63	296.38	327.56	352.19
	60～76	194.44	292.31	319.63	349.38	376.44
	80～96	131.38	232.88	259.25	283.69	304.88

由表 4.2-2 可知，含砂比 30%条件下，含水率为 200%、150%、100%三种试验在各级压力下试样固结稳定后的单位沉降量随压力增大均增大；沿高度方向来分析的话，对于

$IWC=200\%$ 试样，在压力值一定的情况下，单位沉降量最大值出现在 0～16cm，最小值出现在 40cm～56cm 处；对于 $IWC=150\%$ 试样，在压力值一定的情况下，单位沉降量最大值出现在 40cm～56cm 处；对于 $IWC=100\%$ 试样，在压力值一定的情况下，单位沉降量最大值出现在 60cm～76cm 处，最小值出现在 80cm～96cm 处。

（3）固结稳定后孔隙比

各级压力下试样固结稳定后的孔隙比，应按式（4.2-3）进行计算：

$$e_i = e_0 - (1 + e_0) \times \frac{s_i}{1000} \tag{4.2-3}$$

各级压力下试样固结稳定后的孔隙比如表 4.2-3 所示，孔隙比随荷载变化曲线如图 4.2-2 所示。

各级压力下试样固结稳定后的孔隙比　　　　　　　表 4.2-3

试样名称	高度(cm)	压力值(kPa)				
		50	100	200	300	400
$SWR=30\%,IWC=200\%$	0～16	1.51	1.20	1.09	0.97	0.88
	20～36	1.54	1.16	1.06	0.93	0.82
	40～56	1.51	1.31	1.22	1.14	1.06
$SWR=30\%,IWC=150\%$	0～16	1.42	1.14	1.05	0.96	0.89
	20～36	1.41	1.16	1.07	0.99	0.92
	40～56	1.46	1.16	1.08	1.01	0.94
	60～76	1.35	1.10	1.02	0.94	0.87
$SWR=30\%,IWC=100\%$	0～16	1.43	1.14	1.04	0.93	0.85
	20～36	1.59	1.23	1.13	1.01	0.90
	40～56	1.40	1.13	1.04	0.95	0.88
	60～76	1.38	1.09	1.01	0.93	0.85
	80～96	1.40	1.12	1.04	0.98	0.92

由图表可知：①含水率为 200% 试样的初始孔隙比随高度增加而逐渐减小；含水率为 150% 试样的初始孔隙比最大值出现在 40cm～56cm 处；含水率为 100% 试样的初始孔隙比很接近，可认为变化不大（个别点除外）。②含水率为 100%、150% 和 200% 的试样，最小孔隙比均出现在沉降柱的中上部或顶部，这与细颗粒土多呈絮状结构，悬浮于沉降柱表面，粗颗粒土经过自重沉降积聚于沉降柱中下部的结论相吻合。③不同含水率试样在各级压力下试样固结稳定后的孔隙比随压力增大而逐渐减小，减小速率由 26.1%～39.1% 降低到 7.7%～10.4%。④在压力一定的情况下，不同含水率各高度处试样固结稳定后的孔隙比变化较小。

（4）压缩系数

某一压力范围内的压缩系数，按式（4.2-4）计算：

$$a_v = \frac{e_i - e_{i+1}}{p_{i+1} - p_i} = \frac{(s_{i+1} - s_i)(1 + e_0)/1000}{p_{i+1} - p_i} \tag{4.2-4}$$

三种不同试样各高度处的压缩系数如表 4.2-4 所示。

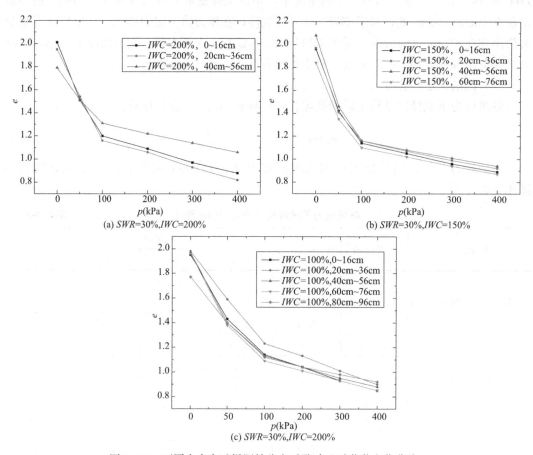

图 4.2-2　不同含水率试样固结稳定后孔隙比随荷载变化曲线

三种不同试样各高度处的压缩系数　　　　　　　　　表 4.2-4

试样名称	高度 (cm)	不同压力间隔所对应的压缩系数 a (MPa^{-1})			
		$a_{0.5-1}$	a_{1-2}	a_{2-3}	a_{3-4}
$SWR=30\%,IWC=200\%$	0～16	6.25	1.12	1.13	0.96
	20～36	7.63	1.00	1.26	1.13
	40～56	4.07	0.81	0.89	0.80
$SWR=30\%,IWC=150\%$	0～16	5.68	0.89	0.83	0.70
	20～36	4.97	0.86	0.81	0.70
	40～56	6.01	0.84	0.73	0.70
	60～76	4.90	0.86	0.81	0.70
$SWR=30\%,IWC=100\%$	0～16	5.80	1.03	1.03	0.85
	20～36	7.29	0.96	1.21	1.09
	40～56	5.43	0.92	0.90	0.71
	60～76	5.79	0.81	0.88	0.80
	80～96	5.60	0.73	0.67	0.58

一般采用压力间隔 $100\text{kPa}\sim200\text{kPa}$ 时对应的压缩系数 $a_{1\text{-}2}$ 来评价土的压缩性。当 $a_{1\text{-}2}<0.2\text{MPa}^{-1}$ 时，属于低压缩性土；$0.2\text{MPa}^{-1}\leqslant a_{1\text{-}2}\leqslant0.5\text{MPa}^{-1}$，属于中压缩性土；$a_{1\text{-}2}>0.5\text{MPa}^{-1}$ 时，属于高压缩性土。含砂比为 30% 条件下，含水率 200%、150%、100% 三种试样各高度处的压缩系数均大于 0.5MPa^{-1}，表明以上均为高压缩性土。同时，$a_{1\text{-}2}$ 还体现出的规律是在 $0\text{cm}\sim16\text{cm}$ 处的值最大，且高度越高，压缩系数相对越小。

（5）压缩模量

按下式计算某一荷载范围内的压缩模量：

$$E_s=\frac{p_{i+1}-p_i}{(s_{i+1}-s_i)/1000}\tag{4.2-5}$$

所计算得出的各级压力以及各高度处试样的压缩模量列于表 4.2-5。

三种不同试样各高度处的压缩模量　　表 4.2-5

试样名称	高度(cm)	不同压力间隔所对应的压缩模量(MPa)			
		$E_{s(0.5\text{-}1)}$	$E_{s(1\text{-}2)}$	$E_{s(2\text{-}3)}$	$E_{s(3\text{-}4)}$
$SWR=30\%,IWC=200\%$	0～16	0.48	2.69	2.66	3.15
	20～36	0.39	2.96	2.34	2.61
	40～56	0.69	3.46	3.14	3.47
$SWR=30\%,IWC=150\%$	0～16	1.34	3.21	3.36	3.78
	20～36	1.40	3.30	3.43	3.83
	40～56	1.35	3.47	3.82	3.97
	60～76	1.38	3.13	3.26	3.61
$SWR=30\%,IWC=100\%$	0～16	0.51	2.87	2.87	3.47
	20～36	0.41	3.10	2.45	2.73
	40～56	0.55	3.22	3.28	4.16
	60～76	0.51	3.66	3.36	3.69
	80～96	0.49	3.80	4.10	4.73

（6）固结系数

按下述方法求固结系数 C_v，以百分表读数 d（mm）为纵坐标，时间平方根 $\sqrt{t}$（min）为横坐标，作 $d\text{-}\sqrt{t}$ 曲线，延长 $d\text{-}\sqrt{t}$ 曲线开始断的直线，交纵坐标于 d_s（理论零点）。过 d_s 做另外一条直线，令其横坐标为前一直线横坐标的 1.15 倍，则后一直线与 $d\text{-}\sqrt{t}$ 曲线交点所对应的时间平方即为固结度达到 90% 所需时间 t_{90}，C_v 按式（4.2-6）计算：

$$C_v=\frac{0.848\overline{h}^2}{t_{90}}\tag{4.2-6}$$

$$\overline{h}=\frac{h_1+h_2}{4}\tag{4.2-7}$$

式中　C_v——固结系数（cm/s），计算至三位有效数字；

$\overline{h}$ 即等于某一荷载下试样初始与终了高度的平均值的一半，精确至 0.01。

采用上述时间平方根法得到的三种不同试样各高度处的固结系数如表 4.2-6 所示。

三种不同试样各高度处的固结系数　　　　　表 4.2-6

试样名称	高度(cm)	不同固结压力所对应的固结系数($10^{-3}\text{cm}^2/\text{s}$)				
		50kPa	100kPa	200kPa	300kPa	400kPa
$SWR=30\%,IWC=200\%$	0~16	0.82	2.93	3.11	2.80	0.82
	20~36	1.36	0.85	2.56	2.45	2.34
	40~56	1.11	0.80	2.48	2.78	2.56
$SWR=30\%,IWC=150\%$	0~16	1.20	0.79	2.48	2.74	2.90
	20~36	1.05	0.76	2.46	2.94	2.72
	40~56	1.17	0.82	2.28	2.70	2.56
	60~76	1.36	0.81	1.81	1.77	1.65
$SWR=30\%,IWC=100\%$	0~16	1.25	0.74	2.49	2.66	2.20
	20~36	1.27	0.95	2.69	2.89	2.95
	40~56	1.04	0.66	2.39	2.38	2.20
	60~76	1.08	0.86	2.34	2.78	2.56
	80~96	1.32	0.93	2.86	3.17	3.24

固结系数是固结理论中反映土体固结快慢的最重要参数之一，表 4.2-6 中提供了 5 种不同压力下，沉降柱不同高度处的固结系数，从表可以看出：

1）同一高度处的试验固结系数并非为随着固结压力的增大而增大，而是有个最大值，一般出现在 200kPa～300kPa 时；

2）由于上述试验中的试样均是在自重沉积固结形成，各高度处的试样，在不同的固结压力下，其固结系数的变化规律也较为复杂，如 $SWR=30\%$，$IWC=200\%$ 试样，在固结压力为 50kPa 时，中部（20cm～36cm）处的固结系数最大，而当固结压力升至100kPa、200kPa、300kPa 时，固结系数是下部（0cm～16cm）处最大，而进一步提高固结压力为 400kPa 时，上部（40cm～56cm）的固结系数又为最大；

3）总体来说，当含砂比较大（30%）时，而初始含水率不同时，初始含水率较大的自重沉降固结试样沉降最快，在低固结压力时（50kPa～200kPa 时），固结系数相对较大。

4.2.2　高含水流态淤泥吹填土的固结特性

1. 试验土样

前期勘察资料显示，试验取样场地主要地层从上至下依次为回填砂、淤泥（吹填）、粗砂（吹填）、粉细砂（吹填）、淤泥—淤泥质土（吹填）、黏土—粉质黏土、淤泥质土—黏土，典型地质剖面见图 4.2-3。所取土样主要位于淤泥分布区，由于此带地面平坦而较低，吹填水流速变得极慢，泥水中小于 0.05mm 的粉粒开始沉淀，形成高含水淤泥，现场共在三处位置取样，主要土层为淤泥（吹填）和淤泥—淤泥质土（吹填），标高－16m～＋3m。

基于本次试验对原状淤泥有扰动要求，结合最近一次现场勘察资料，决定采用钻探设备配合取土器进行取样，取样间距 1m。取样时该吹填场地已完成吹填工作，且静置时间

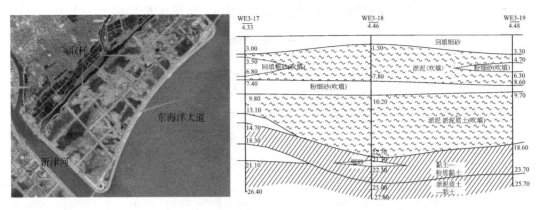

图 4.2-3　取样区域位置和典型地质剖面

有 3a～4a，下伏软土层已基本形成土体结构，但为减少对原状土样的扰动，采用 φ75mm 敞口式薄壁取土器静压法取样，见图 4.2-4。由于上覆及中部夹有砂层，为防止砂层垮塌，在取样过程中采用套筒进行护壁。待土样取完后立即用保鲜膜进行严密包裹，防止水分丢失，然后用包样铁盒包裹以防扰动，对多余的土样进行含水率和密度现场测试。

定制木箱进行装样，见图 4.2-5，并通过物流公司运回试验室，装样时用包装真空袋塞密实，防止在运输过程中颠簸扰

图 4.2-4　现场取样

动土体。由于试验周期较长，试样运回后立即放入标准恒温恒湿养护箱进行养护，见图 4.2-6。

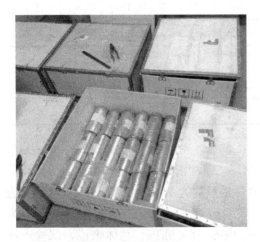

图 4.2-5　土样装箱

图 4.2-6　标准恒温恒湿养护箱

土样取自不同吹填部位及深度，属于海积淤泥吹填土，深灰色，滑腻—光滑，含有机

质，稍具臭味。试验前对土样的基本物理指标进行测试，结果见表4.2-7。

土样基本物理指标 表 4. 2-7

序号	含水率 (室内) (%)	含水率 (现场) (%)	密度(室内) (g/cm³)	密度(现场) (g/cm³)	初始 孔隙比	塑限 (%)	液限 (%)	塑性指数 (%)	液性指数
1	55.00	55.60	1.76	1.74	1.39	22.67	40.13	10~17	1.85
2	60.00	60.40	1.62	1.61	1.69	30.36	63.78	35	0.9
3	55.00	55.50	1.68	1.69	1.54	29.79	56.36	25	1.01
4	68.45	68.90	1.56	1.56	1.94	34.13	71.34	37.21	0.92
5	43.84	44.20	1.72	1.70	1.27	32.9	47.8	14.9	0.73
6	47.49	47.90	1.78	1.79	1.25	25.5	49.2	23.7	0.93
7	50.27	50.80	1.73	1.72	1.36	41.5	60	18.5	0.47
8	54.35	54.80	1.7	1.71	1.47	22.46	42.67	20.21	1.58
9	65.05	65.90	1.62	1.60	1.77	21.30	61.20	39.90	1.10
10	70.85	71.60	1.60	1.58	1.90	19.60	59.60	40.00	1.28
11	52.88	53.20	1.66	1.64	1.51	25.68	40.38	14.9	1.83
12	47.01	47.60	1.75	1.76	1.28	32.3	48.2	15.9	0.93
13	50.96	51.30	1.68	1.66	1.44	35.8	57.9	22.1	0.69
14	48.49	49.10	1.70	1.69	1.38	27.40	57.90	30.50	0.69
15	49.71	50.30	1.71	1.69	1.38	35	66.4	31.4	0.47
16	43.28	44.00	1.8	1.78	1.17	20.3	53.1	32.8	0.7
17	54.28	55.00	1.76	1.77	1.38	33.6	52.4	18.8	1.1
18	53.10	53.90	1.72	1.70	1.42	26.9	46.3	16.4	1.35
平均值	53.89	54.44	1.70	1.69	1.47	28.73	54.15	25.72	1.03
最大值	70.85	71.6	1.8	1.79	1.94	41.5	71.34	40	1.85
最小值	43.28	44	1.56	1.56	1.17	19.6	40.13	14.9	0.47

根据测试结果，土样的含水率为 43.28%～70.85%，密度为 1.56g/cm³～1.8g/cm³，塑限为 19.6%～41.5%，液限为 40.13%～71.34%，塑性指数为 14.9～40.0，初始孔隙比为 1.17～1.94。根据前期勘察资料，软土垂直渗透系数为 1.03×10^{-7} cm/s，水平渗透系数为 1.03×10^{-7} cm/s，灵敏度 S_t 为 3.99，压缩模量 E_{s1-2} 为 1.949MPa，黏聚力为 14.7kPa，内摩擦角为 4.4°，先期固结压力为 30.4kPa～89.9kPa。总体来说，试验土样具有典型的软土工程地质特征，表现为含水率高、孔隙比大、强度指标低、压缩性高。从土样物理指标可知，该吹填土含水率覆盖区间广，塑性指数变化大，符合本次固结试验分

组要求。

塑性是反映黏性土黏粒与水相互作用程度的指标，根据《工程地质手册》（第五版）的岩土分类标准，对细粒土按塑性图进行分类。如图 4.2-7 所示，有低塑性黏土、高塑限黏土、低塑限粉土和高塑限粉土。

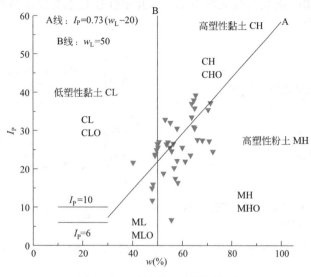

图 4.2-7　吹填软土土样塑性图

比较现场和室内测试的土样含水率和密度指标，室内测试的含水率普遍比现场测试略低，但两者相差不大，失水率约为 1%，密度指标有轻微波动，鉴于此，为保证固结试验与土样的对应性，本次试验的含水率及指标均以室内测试为准。

采用 GSL-3000 激光颗粒分布测量仪进行颗粒分析。通过测试可知，该吹填土的砂粒（0.075mm～2mm）含量很少，仅占总质量的 10% 左右；粉粒（0.005mm～0.075mm）含量次之，占总质量的 30% 左右；黏粒（<0.005mm）含量最多，占总质量的 60% 左右，因此该吹填土属于不良级配土。粒度分布见图 4.2-8。

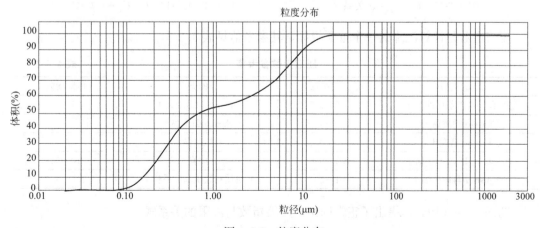

图 4.2-8　粒度分布

2. 压缩指数 C_c 和回弹指数 C_e 与物理指标之间的关系

由图 4.2-9 可知孔隙比与含水率符合线性关系，相关系数 $R^2 = 0.93$。如图 4.2-10～图 4.2-12 所示，压缩指数与回弹指数、压缩指数（或回弹指数）与含水率（或孔隙比）的关系，有较大的离散性。其主要原因，原状土样分别取自不同地点，且吹填土本身具有不均匀性，表现在塑性指数有较大的差别。因此塑性指数也是影响压缩指数（或回弹指数）的一个重要因素。

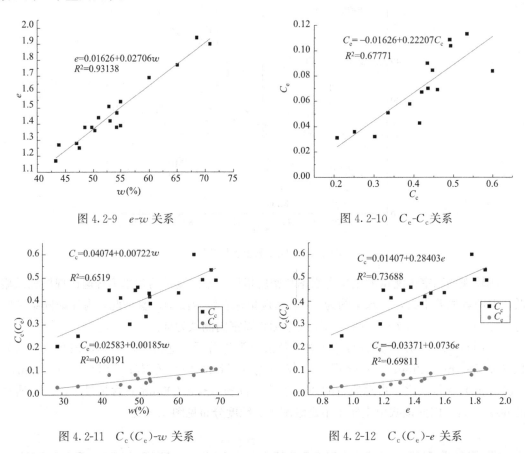

图 4.2-9　e-w 关系　　　　　　　图 4.2-10　C_e-C_c 关系

图 4.2-11　$C_c(C_e)$-w 关系　　　　图 4.2-12　$C_c(C_e)$-e 关系

压缩指数是计算沉降的一个重要指标，其参考值见表 4.2-8。

压缩指数参考值

表 4.2-8

土的类型	压缩指数	土的类型	压缩指数
正常固结中等敏感的黏土	0.2～0.5	Canadian Leda 黏土	1～4
Chicago 粉质黏土	0.15～0.3	Mexico City 黏土	7～10
Boston 蓝黏土	0.3～0.5	有机质黏土	≥4
Vicksburg Buckshot 黏土	0.5～0.6	泥炭	10～15
Swedish 中等敏感黏土	1～3	有机质粉黏土和黏质粉土	1.5～5.0

Skempton（1944）提出了正常固结土压缩指数与液限的关系式：

$$C_c = 0.007(w_L - 10) \tag{4.2-8}$$

Terzaghi 和 Peck（1967）对中等灵敏黏土提出了相似的关系式：

$$C_c = 0.009(w_L - 10) \tag{4.2-9}$$

这个关系式的可靠性范围为±30%，并且适用于灵敏度不大于 4 和液限不大于 100 的无机黏土。

Worth 和 Wood（1979）给出重塑土的压缩指数与塑限之间的关系式：

$$C_c = \frac{1}{2} w_p \cdot G_s \tag{4.2-10}$$

式中　G_s——土粒密度。

表 4.2-9 列出了一些已经发表的压缩指数关系式摘要。

压缩指数关系式　　　　　　　　　　　　　　　　表 4.2-9

序号	关系式	适用范围
1	$C_c = 0.007(w_L - 10)$	正常固结土
2	$C_c = 0.009(w_L - 10)$	低中灵敏黏土
3	$C_c = 0.007(w_L - 7)$	重塑黏土
4	$C_c = \frac{1}{2} w_p G_s$	重塑黏土
5	$C_{c\varepsilon} = 0.208 e_0 + 0.0083$	Chicago 黏土
6	$C_c = 17.66 \times 10^{-5} w_n^2 + 5.93 \times 10^{-3} w_n - 1.35 \times 10^{-1}$	Chicago 黏土
7	$C_c = 1.15(e_0 - 0.35)$	所有黏土
8	$C_c = 0.30(e_0 - 0.27)$	无机黏土、黏质粉土、黏土
9	$C_c = 1.15 \times 10^{-2} w_n$	泥炭、有机质粉黏土、黏土
10	$C_c = 0.75(e_0 - 0.50)$	非常低塑性土
11	$C_{c\varepsilon} = 0.156(e_0 + 0.0107)$	所有黏土
12	$C_c = 0.01 w_n$	Chicago 黏土

注：1. w_n 为含水率；

　　2. 该表来源于 Azzouz，Krizek 与 Corotis 的总结工作；

　　3. $C_{c\varepsilon}$ 为修正压缩指数或压缩比，$C_c = C_{c\varepsilon}(1 + e_1)$。

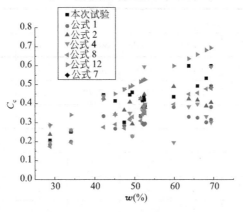

图 4.2-13　压缩指数对比图

由图 4.2-13 可以看出，本次试验的压缩指数在表 4.2-9 中公式 8 和公式 12 之间，其结果比公式 12 计算的结果小，比公式 8 计算的结果大。

再压缩指数（或回弹指数）对应于固结试验中的卸荷阶段。其参考值范围为 $0.015\sim$ 0.35，本次试验结果为 $0.0313\sim0.1132$，平均值为 0.0704。

深圳海相淤泥主要指标（平均值）如表 4.2-10 所示。

深圳海相淤泥主要指标（平均值） 表 4.2-10

工程名称	$w(\%)$	γ (kN/m^3)	e	w_L $(\%)$	I_P	I_L	C_c	C_r	C_a	C_v $(\times10^{-4}cm^2/s)$
福田保税区（1.7km²）	61.1	16.3	1.67	38.2	14.3	2.58	0.47	—	0.012	6.21
黄田机场跑道	84.5	15.1	2.32	58.8	27.4	2.05	0.73	0.05	0.0114	4.72
滨海大道Ⅱ₁区	91.5	14.9	2.51	63.1	28.3	2.00	0.75	—	0.0284	4.72
深港西部通道（1.5km²）	91.0	14.8	2.46	50.5	19.5	3.37	0.78	—	0.030	4.43
后海湾填海（4.2km²）	83.7	15.0	2.33	46.9	17.4	3.10	0.67	0.06	—	4.20
前海湾填海（10.0km²）	79.6	15.3	2.21	48.8	20.3	2.54	0.72	—	—	5.30
机场飞行扩建区（12km²）	92.4	14.7	2.51	55.5	22.7	2.70	—	—	0.026	5.10

注：垂直固结系数为 100kPa 和 200kPa 的平均值。

3. 固结系数与预压荷载的关系

固结系数反映饱和软黏土沉降的速度。固结系数的大小受两个因素的影响：土中排出水量以及水流出的速率。土中排水量与体积压缩系数 m_v 有关，排水速率则与渗透系数 k 有关。即有：

$$C_v = \frac{k}{m_v \gamma_w} \tag{4.2-11}$$

式中 γ_w——水的重度。

表 4.2-11 为试验土样不同压力段对应固结系数。表 4.2-12 为固结系数参考值。

不同压力段对应的固结系数（cm²/s） 表 4.2-11

土样编号	荷载								
	25kPa	50kPa	100kPa	200kPa	300kPa	400kPa	600kPa	800kPa	1200kPa
1-4	11.4	10.4	9.76	8.87	8.21	7.79	7.42	6.69	6.63
1-6	14.8	14	12.7	11.1	9.79	8.98	6.59	6.13	5.65
2-3-4	8.34	7.53	6.76	5.74	—	4.64	4.05	3.73	3.42
2-4	8.33	7.69	7.06	6.31	5.69	5.31	5.02	4.31	4.01
2-5	8.48	8	7.39	7.02	—	6.23	5.71	—	5.04
3-6	8.59	7.86	7.37	6.98	—	6.03	5.48	6.7	4.85
5-1	8.46	8.04	7.73	7.32	—	6.68	6.23	—	—
3-7	8.52	7.89	7.33	6.7	—	5.97	5.55	5.26	4.97
3-1	8.39	7.8	7.38	6.85	—	5.92	5.36	4.52	4.68

固结系数参考表　　　　　　　　　　　表 4.2-12

土的类别		竖向固结系数	
Boston 蓝黏土		$(40\pm20)\times10^{-4}\,cm^2/s$	$(12\pm6)\,m^2/a$
有机质淤泥		$(2\sim10)\times10^{-4}\,cm^2/s$	$(0.6\sim3)\,m^2/a$
冰川湖泊黏土		$(6.5\sim8.7)\times10^{-4}\,cm^2/s$	$(2.0\sim2.7)\,m^2/a$
Chicago 粉质黏土		$8.5\times10^{-4}\,cm^2/s$	$2.7\,m^2/a$
Swedish 中等敏感黏土	试验室数据	$(0.4\sim0.7)\times10^{-4}\,cm^2/s$	$(0.1\sim0.2)\,m^2/a$
	原位数据	$(0.7\sim3.0)\times10^{-4}\,cm^2/s$	$(0.2\sim1.0)\,m^2/a$

固结系数与固结压力呈指数关系，拟合公式为：

$$C_v = A_1\exp\left(-\frac{p_e}{t_1}\right)+y_0 \qquad (4.2-12)$$

式中　A_1，t_1，y_0——拟合参数，见表 4.2-13；

　　　p_e——土样预固结压力。

由表 4.2-13 可知，除土样 2-4 外，其他土样的相关系数的平方均大于 0.97，相关性高。

C_v-p_e 曲线拟合常数　　　　　　　　表 4.2-13

土样编号	C_v	y_0	A_1	t_1	R^2
1-4	0.33275	3.50991	5.09941	246.63	0.9922
1-6	0.56121	4.03264	4.39369	317.58974	0.9828
2-3-4	0.5604	4.96712	3.53526	364.15129	0.97873
2-4	0.55526	5.52708	3.11384	236.46224	0.75737
2-5	0.39835	5.05763	3.55363	268.63043	0.98348
3-6	0.33437	5.88861	2.65173	310.10032	0.98106
5-1	0.33883	4.35482	4.10141	385.19182	0.97568
3-7	0.29514	6.65044	4.84738	261.20768	0.97895
3-1	0.37873	5.0307	10.32114	373.27413	0.99187

固结系数与固结压力的对数呈直线关系，拟合公式为：

$$C_v = a - b\log p_e \qquad (4.2-13)$$

式中　a，b——拟合参数，见表 4.2-14。

由表 4.2-14 可知，除土样 2-5 外，其他土样的相关系数的平方均大于 0.95，相关性高。

C_v-$\log p_e$ 曲线拟合常数　　　　　　　表 4.2-14

土样编号	C_v	a	b	R^2
1-1	0.45044	14.9317	3.00698	0.99233
1-4	0.33275	24.03432	5.95968	0.95874
1-6	0.56121	12.73885	3.07567	0.9949

土样编号	C_v	a	b	R^2
2-3-4	0.5604	12.17733	2.63053	0.98936
2-4	0.55526	11.47482	2.04661	0.98534
2-5	0.39835	11.20363	1.90662	0.83088
3-6	0.33437	10.74107	1.56411	0.97037
5-1	0.33883	11.57439	2.15374	0.99808
3-7	0.29514	11.93357	2.37567	0.9573
3-1	0.37873	15.5074	2.93803	0.99136

由图 4.2-14 和图 4.2-15 可知，固结系数随着预压荷载的增加，按指数衰减；或随着预压荷载对数的增加，固结系数以拟合直线关系下降。

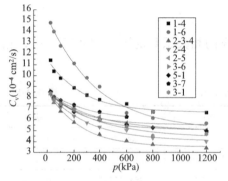

图 4.2-14　C_v-p_e 关系曲线

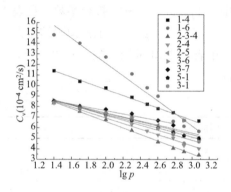

图 4.2-15　C_v-$\lg p_e$ 关系曲线

4. 土样指标一定，土样预压-回弹-再压缩次固结系数

土样的密度为 $1.66\mathrm{g/cm^3}$，含水率为 52.88%，塑性指数为 14.9，液性指数为 1.83，孔隙比为 1.51，压缩指数为 0.45044，回弹指数与压缩指数之比为 0.1687。e-$\lg p$ 曲线如图 4.2-16 所示；各级压力 e-t 曲线如图 4.2-17 所示。

土样 1-1、1-2、1-3 的 e-t 曲线和 e-$\lg p$ 曲线。如图 4.2-18~图 4.2-20 所示。

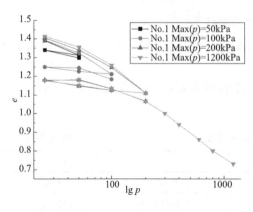

图 4.2-16　e-$\lg p$ 曲线

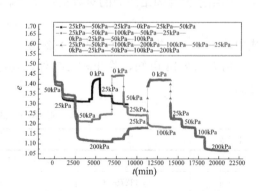

图 4.2-17　各级压力下 e-t 曲线

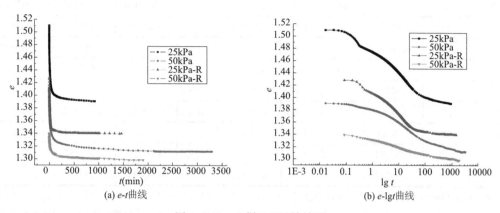

图 4.2-18 土样 1-1 试验结果

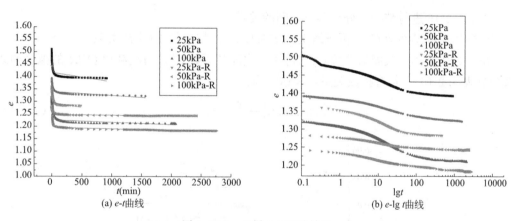

图 4.2-19 土样 1-2 试验结果

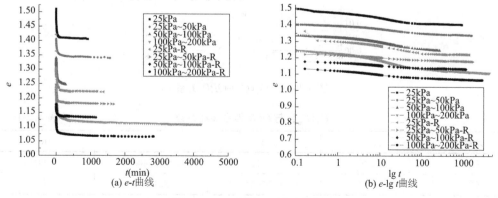

图 4.2-20 土样 1-3 试验结果

第 1 组土样的次固结系数与回弹次固结系数计算结果，如表 4.2-15 所示。

土样 No.1 的次固结系数与回弹次固结系数 表 4.2-15

土样编号	p_e (kPa)	C_a	p_r (kPa)	OPR	C_a'	p_b (kPa)	C_{ab}	C_a'/C_a	C_a/C_c
1-1-1	25	0.00807	25	2.0	0.00183	25	5.5150E-4	0.226766	0.017916
1-1-2	50	0.01875	50	1.0	0.00846	50	0.02340	0.451200	0.041626
1-2-1	25	0.00538	25	4.0	0.00492	50	0.00145	0.914498	0.010923
1-2-2	50	0.01374	50	2.0	0.00836	75	0.00519	0.608443	0.018560
1-2-3	100	0.01891	100	1.0	0.01816	100	0.01002	0.960338	0.040316
1-3-1	25	0.0051	25	8.0	0.00309	100	0.00053	0.605882	0.011322
1-3-2	50	0.0130	50	4.0	0.00873	150	0.00184	0.671538	0.028861
1-3-3	100	0.03384	100	2.0	0.01361	175	0.00291	0.402187	0.075127
1-3-4	200	0.05204	200	1.0	0.02244	200	0.00695	0.431207	0.115531

注：p_e 为预固结压力；C_a 为预压阶段的次固结系数；p_r 为卸荷后的恒载压力；OPR 为预固结压力与卸荷后的恒载压力之比，即超载比；C_a' 为卸荷后恒载压力的次固结系数；p_b 为卸荷回弹荷载；C_{ab} 为卸荷回弹次固结系数。

对表 4.2-15 进行整理，分析参数之间的关系：

① 预压次固结系数 C_a（再压缩次固结系数 C_a'）与超载比 OPR 关系

图 4.2-21 为预压次固结系数 C_a（再压缩次固结系数 C_a'）与超载比 OPR 的拟合曲线（系数见表 4.2-16），符合指数关系，表达式为：

$$y = A\exp\left(-\frac{x}{t}\right) + y_0 \tag{4.2-14}$$

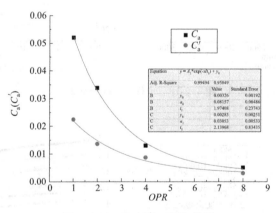

图 4.2-21 $C_a(C_a')$-OPR 关系

$C_a(C_a')$ 与 OPR 拟合曲线系数 表 4.2-16

系数	y_0	A	t	R^2
C_a	0.00326	0.08157	1.97408	0.99494
C_a'	0.00283	0.03053	2.13968	0.95049

图 4.2-22 为预压次固结系数与再压缩次固结系数之比与超载比的拟合曲线，符合指数关系，表达式为：

$$C_a = A \exp\left(-\frac{OPR}{t}\right) + y_0 \quad C_a' = A \exp\left(-\frac{OPR}{t}\right) + y_0 \tag{4.2-15}$$

式中 A，t，y_0——拟合系数。

C_a/C_a' 与 OPR 拟合曲线，符合指数关系，表达式为：

$$\frac{C_a}{C_a'} = A \exp\left(-\frac{OPR}{t}\right) + y_0 \tag{4.2-16}$$

式中 A，t，y_0——拟合系数，见表4.2-17。

C_a/C_a' 与 OPR 拟合曲线系数 表 4.2-17

荷载	y_0	A	t	R^2
25kPa	−0.09822	0.2765	−4.33869	0.9955
50kPa	−0.25037	0.70483	−4.33874	0.9955
100kPa	−0.65169	1.83469	−4.33872	0.9955
200kPa	−1.00218	2.82143	−4.33871	0.9955

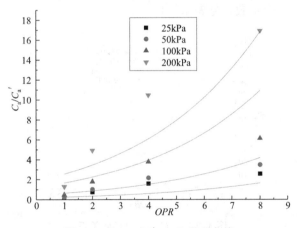

图 4.2-22 C_a/C_a'-OPR 关系曲线

② 预压次固结系数与再压缩次固结系数之比与预压荷载、超载比有关，符合双指数关系，如图4.2-23所示。表达式为：

$$\frac{C_a}{C_a'} = C_1 \exp\left(-\frac{OPR}{t_1} - \frac{p_e}{t_2}\right) + C_2 \exp\left(0 - \frac{OPR}{t_1}\right) + C_3 \exp\left(0 - \frac{p_e}{t_2}\right) + C_4 \tag{4.2-17}$$

式中 $C_1 \sim C_4$，t_1，t_2——拟合系数，具体见表4.2-18。

双指数函数拟合系数 表 4.2-18

C_1	C_2	C_3	C_4	t_1	t_2
−4.34287	3.82234	1.54260	−1.35771	−4.33871	134.63061

图4.2-23为试验云图和拟合函数云图。

③ C_a/C_{ab} 与 OBR（预固结压力与卸荷回弹荷载之比）呈指数关系，C_a/C_{ab} 与 p_e 和 OBR 呈双指数关系。

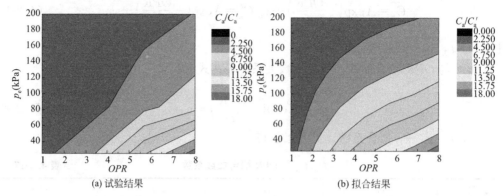

(a) 试验结果　　　　　　　　　　　(b) 拟合结果

图 4.2-23　C_a/C_a'-p_e 和 OPR 关系

如图 4.2-24 所示，C_a/C_{ab} 与 OBR 呈指数关系：

$$\frac{C_a}{C_{ab}} = A\exp\left(-\frac{OBR}{t}\right) + y_0 \tag{4.2-18}$$

式中　A，t，y_0——拟合系数，见表 4.2-19。

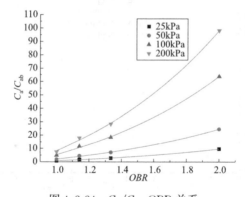

图 4.2-24　C_a/C_{ab}-OBR 关系

指数函数拟合系数表　　　　　　　　　　　　表 4.2-19

荷载	y_0	A	t	R^2
25kPa	−4.34283	1.90476	−1.00402	0.99788
50kPa	−11.06993	4.85526	−1.00402	0.99788
100kPa	−28.81571	12.63852	−1.00402	0.99788
200kPa	−44.31354	19.43585	−1.00402	0.99788

C_a/C_{ab} 与 p_e 和 OBR 呈双指数关系式为：

$$\frac{C_a}{C_{ab}} = C_1\exp\left(-\frac{OBR}{t_1} - \frac{p_e}{t_2}\right) + C_2\exp\left(0 - \frac{OBR}{t_1}\right) + C_3\exp\left(0 - \frac{p_e}{t_2}\right) + C_4 \tag{4.2-19}$$

式中　$C_1 \sim C_4$，t_1，t_2——拟合系数，见表 4.2-20。

双指数函数拟合系数表　　　　　　　　　表 4.2-20

C_1	C_2	C_3	C_4	t_1	t_2
−29.91619	26.33171	68.20802	−60.03592	−1.00401	134.64749

图 4.2-25 为试验云图和拟合曲线云图。

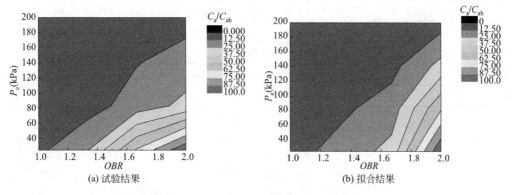

(a) 试验结果　　　　　　　　　　　　　(b) 拟合结果

图 4.2-25　C_a/C_{ab}-p_e 和 OBR 关系

5. 次固结系数与物理性质指标

为了更系统的研究预压蠕变、再加荷蠕变的规律，取 16 个土样，进行分级加载。

预压荷载取 200kPa，分级加荷 0→25kPa→50kPa→100kPa→200kPa，每级预固结作用时间 4h，然后卸荷回弹 24h。

蠕变方案：0→37kPa（蠕变）→50kPa（蠕变）→62.5kPa（蠕变）→100kPa（蠕变）→200kPa（蠕变）每级蠕变时间 2d～3d，稳定的条件时变形速率小于 0.01m/d。

数据采集：为了方便陈氏法数据整理，时间间隔均按 5min 记录。

该组试验土样指标如表 4.2-21 和图 4.2-26 所示。

第 9 组土样基本参数　　　　　　　　　表 4.2-21

土样编号	$w(\%)$	$\rho(g/cm^3)$	$w_P(\%)$	$w_L(\%)$	I_P	I_L	e	C_c	C_e	C_e/C_c
9-1	47.41	1.85	35.10	50.60	15.50	0.79	1.17	0.3021	0.0322	0.1065
9-2	34.06	1.90	19.20	38.60	19.40	0.77	0.92	0.2512	0.0359	0.1428
9-3	42.19	1.77	32.30	57.70	25.40	0.39	1.19	0.4465	0.0846	0.1894
9-4	69.33	1.60	22.10	55.10	33.00	1.43	1.87	0.4902	0.1087	0.2217
9-5	48.82	1.74	25.70	55.30	29.60	0.78	1.32	0.4465	0.0846	0.1894
9-6	68.12	1.60	24.40	53.10	28.70	1.52	1.86	0.5338	0.1132	0.2120
9-7	28.80	1.89	20.90	36.40	15.50	0.51	0.85	0.2075	0.0313	0.1507
9-8	65.88	1.62	29.20	56.50	27.30	1.34	1.79	0.4924	0.1038	0.2108
9-9	59.85	1.68	14.40	64.50	50.10	0.91	1.59	0.4353	0.0702	0.1613
9-10	52.30	1.66	28.20	51.30	23.10	1.04	1.50	0.4336	0.0902	0.2081
9-11	63.64	1.61	28.20	57.20	29.00	1.22	1.77	0.5995	0.0841	0.1403

续表

土样编号	$w(\%)$	$\rho(\text{g/cm}^3)$	$w_P(\%)$	$w_L(\%)$	I_P	I_L	e	C_c	C_e	C_e/C_c
9-12	52.64	1.70	29.20	52.10	22.90	1.02	1.44	0.3895	0.0579	0.1485
9-13	49.40	1.72	16.90	42.60	25.70	1.26	1.37	0.4592	0.0692	0.1506
9-14	51.50	1.79	31.30	57.40	26.10	0.77	1.30	0.3349	0.051	0.1523
9-15	45.14	1.76	25.10	48.30	23.20	0.86	1.24	0.4141	0.0429	0.1035
9-16	52.44	1.68	43.70	59.90	16.20	0.54	1.46	0.4193	0.0672	0.1603
平均值	51.97	1.72	26.62	52.29	25.67	0.95	1.41	0.4160	0.0704	0.1655
最大值	69.33	1.90	43.70	64.50	50.10	1.52	1.87	0.5995	0.1132	0.2217
最小值	28.80	1.60	14.40	36.40	15.50	0.39	0.85	0.2075	0.0313	0.1035

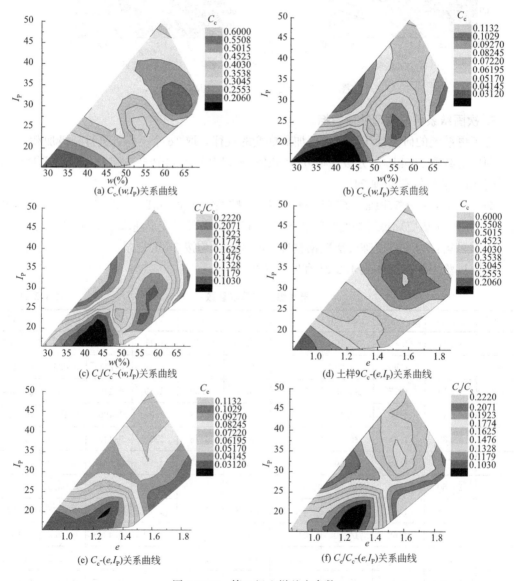

(a) $C_c\text{-}(w,I_P)$关系曲线

(b) $C_c\text{-}(w,I_P)$关系曲线

(c) $C_e/C_c\sim(w,I_P)$关系曲线

(d) 土样9$C_c\text{-}(e,I_P)$关系曲线

(e) $C_c\text{-}(e,I_P)$关系曲线

(f) $C_e/C_c\text{-}(e,I_P)$关系曲线

图 4.2-26　第 9 组土样基本参数

由表 4.2-21 可知，该组试验试样含水率在 28.80%～69.33%，密度在 1.60g/cm³～1.90g/cm³，塑限为 14.40%～43.37%，液限为 36.40%～64.50%，塑性指数为 15.0～50.10，液性指数为 0.39～1.52，压缩指数为 0.2075～0.5995，回弹指数为 0.0313～0.1132，回弹指数与压缩指数的比值为 0.1035～0.2217。压缩指数和再压缩指数主要受含水率和塑性指数影响较大。

第 9 组土样在不同预压荷载下的次固结系数　　　　　　表 4.2-22

土样编号	$w(\%)$	I_P	e	C_c	C_e	次固结系数 C_a			
						25kPa	50kPa	100kPa	200kPa
9-1	47.41	15.50	1.17	0.3021	0.0322	0.0073	0.0158	0.0272	0.0390
9-2	34.06	19.40	0.92	0.2512	0.0359	0.0065	0.0156	0.0264	0.0369
9-3	42.19	25.40	1.19	0.4465	0.0846	0.0078	0.0184	0.0312	0.0436
9-4	69.33	33.00	1.87	0.4902	0.1087	0.0237	0.0407	0.0618	0.0764
9-5	48.82	29.60	1.32	0.4465	0.0846	0.0108	0.0216	0.0370	0.0504
9-6	68.12	28.70	1.86	0.5338	0.1132	0.0129	0.0292	0.0476	0.0640
9-7	28.80	15.50	0.85	0.2075	0.0313	0.0237	0.0407	0.0618	0.0764
9-8	65.88	27.30	1.79	0.4924	0.1038	0.0108	0.0216	0.0370	0.0504
9-9	59.85	50.10	1.59	0.4353	0.0702	0.0129	0.0292	0.0476	0.0640
9-10	52.30	23.10	1.50	0.4336	0.0902	0.0047	0.0097	0.0150	0.0205
9-11	63.64	29.00	1.77	0.5995	0.0841	0.0087	0.0215	0.0268	0.0493
9-12	52.64	22.90	1.44	0.3895	0.0579	0.0055	0.0132	0.0268	0.0401
9-13	49.40	25.70	1.37	0.4592	0.0692	0.0067	0.0144	0.0242	0.0386
9-14	51.50	26.10	1.30	0.3349	0.051	0.0062	0.0124	0.0248	0.0354
9-15	45.14	23.20	1.24	0.4141	0.0429	0.0065	0.0140	0.0218	0.0298
9-16	52.44	16.20	1.46	0.4193	0.0672	0.0075	0.0181	0.0375	0.0571
平均值	51.97	25.67	1.41	0.4160	0.0704	0.0101	0.0210	0.0346	0.0482
最大值	69.33	50.10	1.87	0.5995	0.1132	0.0237	0.0407	0.0618	0.0764
最小值	28.80	15.50	0.85	0.2075	0.0313	0.0047	0.0097	0.0150	0.0205

表 4.2-22 为试样 9 在不同预压荷载下的次固结系数，图 4.2-27 为试样 9 在不同预压荷载下次固结系数与含水率（w）和塑性指数（I_P）的云图。试样 9 在预压荷载分别为 25、50、100 和 200kPa 下，次固结系数的平均值分别为 0.0101，0.0210，0.0618 和 0.0764。随预压荷载的增加而增加。

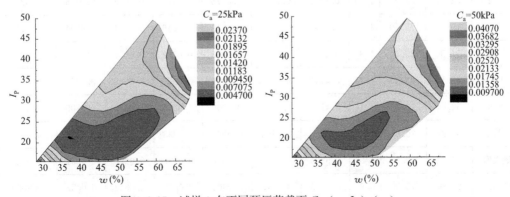

图 4.2-27　试样 9 在不同预压荷载下 C_a-(w, I_P)（一）

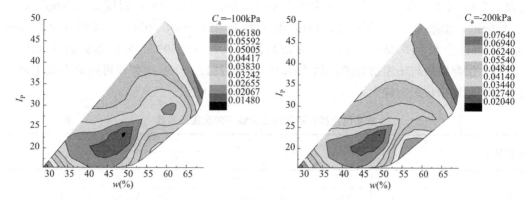

图 4.2-27　试样 9 在不同预压荷载下 C_a-(w, I_p)（二）

试样 9 在不同再加荷下的次固结系数 $C_b(C_a')$

表 4.2-23

土样编号	$w(\%)$	I_p	e	C_c	C_e	C_b	C_a'			
							37.5kPa	50kPa	100kPa	200kPa
9-1	47.41	15.50	1.17	0.3021	0.0322	0.0004	0.0019	0.0037	0.0064	0.0128
9-2	34.06	19.40	0.92	0.2512	0.0359	0.0005	0.0024	0.0043	0.0102	0.0160
9-3	42.19	25.40	1.19	0.4465	0.0846	0.0083	0.0028	0.0050	0.0117	0.0177
9-4	69.33	33.00	1.87	0.4902	0.1087	0.0054	0.0034	0.0087	0.0107	0.0188
9-5	48.82	29.60	1.32	0.4465	0.0846	0.0004	0.0039	0.0077	0.0158	0.0236
9-6	68.12	28.70	1.86	0.5338	0.1132	0.0302	0.0129	0.0292	0.0331	0.0424
9-7	28.80	15.50	0.85	0.2075	0.0313	0.0064	0.0012	0.0022	0.0052	0.0083
9-8	65.88	27.30	1.79	0.4924	0.1038	0.0012	0.0012	0.0046	0.0133	0.0257
9-9	59.85	50.10	1.59	0.4353	0.0702	0.0022	0.0016	0.0035	0.0072	0.0147
9-10	52.30	23.10	1.50	0.4336	0.0902	0.0120	0.0025	0.0047	0.0083	0.0165
9-11	63.64	29.00	1.77	0.5995	0.0841	0.0201	0.0046	0.0088	0.0157	0.0312
9-12	52.64	22.90	1.44	0.3895	0.0579	0.0070	0.0029	0.0053	0.0154	0.0230
9-13	49.40	25.70	1.37	0.4592	0.0692	0.0219	0.0019	0.0041	0.0061	0.0142
9-14	51.50	26.10	1.30	0.3349	0.051	0.0073	0.0032	0.0056	0.0146	0.0213
9-15	45.14	23.20	1.24	0.4141	0.0429	0.0061	0.0021	0.0043	0.0070	0.0135
9-16	52.44	16.20	1.46	0.4193	0.0672	0.0009	0.0045	0.0075	0.0209	0.0320
平均值	51.97	25.67	1.41	0.4160	0.0704	0.0081	0.0033	0.0068	0.0126	0.0207
最大值	69.33	50.10	1.87	0.5995	0.1132	0.0302	0.0129	0.0292	0.0331	0.0424
最小值	28.80	15.50	0.85	0.2075	0.0313	0.0004	0.0012	0.0022	0.0052	0.0083

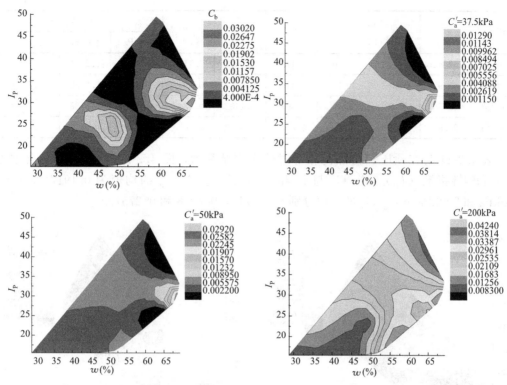

图 4.2-28　试样 9 预压下 $C_b(C_a')$-(w, I_p)

试样 9 在预压和再加荷相等时次固结系数的关系　　　　　表 4.2-24

土样编号	$w(\%)$	I_P	e	C_c	C_e	C_b/C_a	C_a'/C_a		
							50kPa	100kPa	200kPa
9-1	47.41	15.50	1.17	0.3021	0.0322	0.0516	0.1195	0.1367	0.1628
9-2	34.06	19.40	0.92	0.2512	0.0359	0.0700	0.1559	0.1619	0.2753
9-3	42.19	25.40	1.19	0.4465	0.0846	1.0693	0.1536	0.1611	0.2689
9-4	69.33	33.00	1.87	0.4902	0.1087	0.2262	0.0843	0.1410	0.1398
9-5	48.82	29.60	1.32	0.4465	0.0846	0.0375	0.1785	0.2080	0.3140
9-6	68.12	28.70	1.86	0.5338	0.1132	2.3421	0.4417	0.6135	0.5170
9-7	28.80	15.50	0.85	0.2075	0.0313	0.2713	0.0300	0.0353	0.0679
9-8	65.88	27.30	1.79	0.4924	0.1038	0.1138	0.0564	0.1234	0.2638
9-9	59.85	50.10	1.59	0.4353	0.0702	0.1738	0.0531	0.0725	0.1126
9-10	52.30	23.10	1.50	0.4336	0.0902	2.5675	0.2583	0.3151	0.4066
9-11	63.64	29.00	1.77	0.5995	0.0841	2.3065	0.2137	0.3299	0.3187
9-12	52.64	22.90	1.44	0.3895	0.0579	1.2899	0.2195	0.1990	0.3825
9-13	49.40	25.70	1.37	0.4592	0.0692	3.2789	0.1300	0.1689	0.1589
9-14	51.50	26.10	1.30	0.3349	0.051	1.1818	0.2603	0.2247	0.4125
9-15	45.14	23.20	1.24	0.4141	0.0429	0.9312	0.1475	0.1972	0.2344

续表

土样编号	$w(\%)$	I_P	e	C_c	C_e	C_b/C_a	C_a'/C_a		
							50kPa	100kPa	200kPa
9-16	52.44	16.20	1.46	0.4193	0.0672	0.1189	0.2475	0.2011	0.3658
平均值	51.97	25.67	1.41	0.4160	0.0704	0.1917	0.1719	0.2056	0.2751
最大值	69.33	50.10	1.87	0.5995	0.1132	0.5846	0.4417	0.6135	0.5170
最小值	28.80	15.50	0.85	0.2075	0.0313	0.0080	0.0300	0.0353	0.0679

表 4.2-24 为在预压和再加荷相等时的次固结系数，图 4.2-29 为 C_b/C_a 与含水率（w）和塑性指数（I_P）、C_a'/C_a 与 w 和 I_P 的云图。C_b/C_a 的均值为 0.1917，50kPa、100kPa 和 200kPa 下 C_a'/C_a 的均值分别为 0.1719，0.2056 和 0.2751。

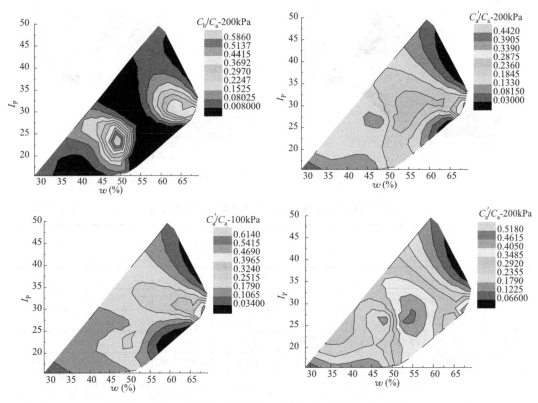

图 4.2-29　第 9 组试样预压下 $C_b/C_a (C_a'/C_a)$-(w, I_P)

4.3　非均质吹填土的一维流变模型

4.3.1　吹填软土流变方程的建立

1. 含含水率的 Singh-Mitchell 经验模型

大量试验证明，饱和软黏土在恒荷载下的沉降和时间存在着一定的关系，且这种关系可以用经验公式拟合。Buisman 根据试验结果得出结论，在半对数坐标上沉降与时间呈直线关系。之后，Singh. A 和 Mitchell. J. K 等人在大量的试验数据的基础上总结得出规律：无论正常固结土，还是超固结土，无论排水还是不排水，其应变速率和时间在双对数坐标上呈直线关系，且其应力-应变等时曲线呈非线性关系。

选取某含水率为 34.06%、42.19%、45.14%、49.40%、52.30%、59.85%、63.64%、65.88%、68.12%、69.33% 的土样（具体指标见表 4.3-1），按照分级加载的方式分别进行 37.5kPa、50kPa、62.5kPa、100kPa、200kPa、400kPa 的加载，每级荷载加载 3d。

原状吹填软土物理指标

表 4.3-1

土样编号	$w(\%)$	$\rho(\mathrm{g/cm^3})$	e	$w_L(\%)$	$w_P(\%)$	I_P	I_L
1	55.00	1.76	1.39	40.13	22.67	17.46	1.85
2	60.00	1.62	1.69	63.78	30.36	33.42	0.90
3	55.00	1.68	1.54	56.36	29.79	26.57	1.01
4	68.45	1.56	1.94	71.34	34.13	37.21	0.92
5	43.84	1.72	1.27	47.80	32.90	14.90	0.73
6	47.49	1.78	1.25	49.20	25.50	23.70	0.93
7	50.27	1.73	1.36	60.00	41.50	18.50	0.47
8	54.35	1.70	1.47	42.67	22.46	20.21	1.58
9	65.05	1.62	1.77	61.20	21.30	39.90	1.10
10	70.85	1.60	1.90	59.60	19.60	40.00	1.28
11	52.88	1.66	1.51	40.38	25.68	14.90	1.83
12	47.01	1.75	1.28	48.20	32.30	15.90	0.93
13	50.96	1.68	1.44	57.90	35.80	22.10	0.69
14	48.49	1.70	1.38	57.90	27.40	30.50	0.69
15	49.71	1.71	1.38	66.40	35.00	31.40	0.47
16	43.28	1.80	1.17	53.10	20.3	32.80	0.70
17	54.28	1.76	1.38	52.40	33.6	18.80	1.10
18	53.10	1.72	1.42	46.30	26.90	16.40	1.35
19	47.41	1.85	1.17	50.60	35.10	15.50	0.79
20	34.06	1.90	0.92	38.60	19.20	19.40	0.77
21	42.19	1.77	1.19	57.70	32.30	25.40	0.39
22	69.33	1.60	1.87	55.10	22.10	33.00	1.43
23	48.82	1.74	1.32	55.30	25.70	29.60	0.78
24	68.12	1.60	1.86	53.10	24.40	28.70	1.52
25	28.80	1.89	0.85	36.40	20.90	15.50	0.51
26	65.88	1.62	1.79	56.50	29.20	27.30	1.34
27	59.85	1.68	1.59	64.50	25.40	39.10	0.91
28	52.30	1.66	1.50	51.30	28.20	23.10	1.04

土样编号	$w(\%)$	$\rho(\text{g/cm}^3)$	e	$w_L(\%)$	$w_P(\%)$	I_P	I_L
29	63.64	1.61	1.77	57.20	28.20	29.00	1.22
30	52.64	1.70	1.44	52.10	29.20	22.90	1.02
31	49.40	1.72	1.37	42.60	16.90	25.70	1.26
32	51.50	1.79	1.30	57.40	31.30	26.10	0.77
33	45.14	1.76	1.24	48.30	25.10	23.20	0.86
34	52.44	1.68	1.46	59.90	43.70	16.20	0.54
最大值	70.85	1.90	1.94	71.34	43.70	40.00	1.85
最小值	28.80	1.56	0.85	36.40	14.40	14.90	0.39
平均值	52.99	1.71	1.45	53.27	27.74	24.45	0.99

图 4.3-1~图 4.3-10 为不同含水率下土样的应力-应变等时关系曲线。可以看出，应力-应变关系曲线均为非线性，随着时间的增长，应变速率逐渐减小，土样的应变越来越趋于稳定。

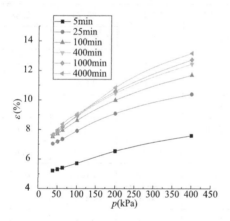

图 4.3-1 $w=34.06\%$应力-应变等时曲线

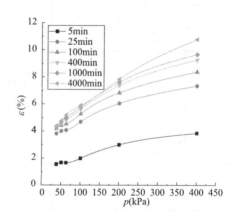

图 4.3-2 $w=42.19\%$应力-应变等时曲线

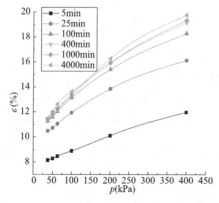

图 4.3-3 $w=69.33\%$应力-应变等时曲线

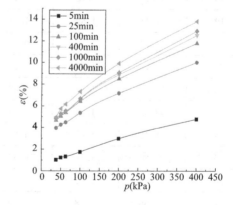

图 4.3-4 $w=68.12\%$应力-应变等时曲线

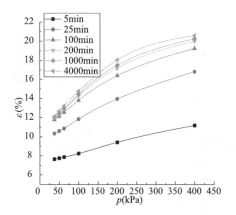

图 4.3-5　$w=65.88\%$ 应力-应变等时曲线

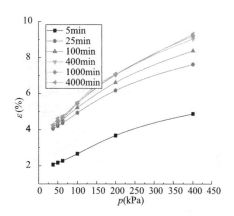

图 4.3-6　$w=59.85\%$ 应力-应变等时曲线

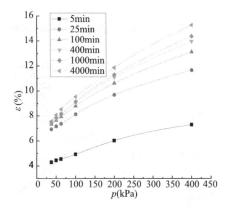

图 4.3-7　$w=52.30\%$ 应力-应变等时曲线

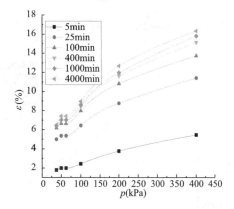

图 4.3-8　$w=63.64\%$ 应力-应变等时曲线

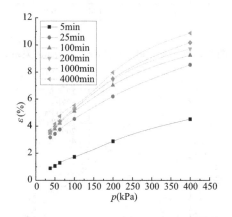

图 4.3-9　$w=49.40\%$ 应力-应变等时曲线

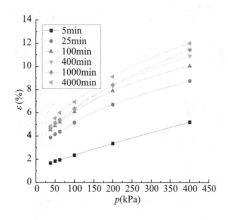

图 4.3-10　$w=45.14\%$ 应力-应变等时曲线

　　将应变速率与时间的关系绘制在双对数坐标曲线上，如图 4.3-11～图 4.3-20 所示。可见二者之间的关系呈现出很强的规律性，曲线均呈直线关系。因此，可建立以下关系式：

$$\ln(\varepsilon/t)=a\ln t+b \tag{4.3-1}$$

式中　a——应变速率与时间双对数曲线的斜率；

　　　b——应变速率与时间双对数曲线的截距。

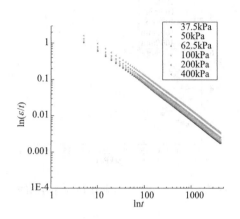

图 4.3-11　$w=34.06\%\ln(\varepsilon/t)$ 与 $\ln t$ 关系

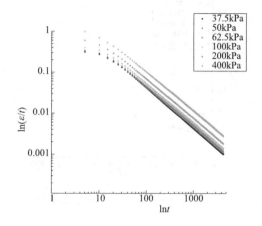

图 4.3-12　$w=42.19\%\ln(\varepsilon/t)$ 与 $\ln t$ 关系

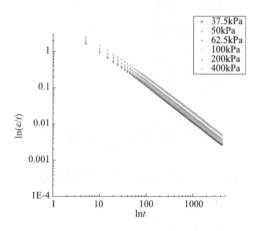

图 4.3-13　$w=69.33\%\ln(\varepsilon/t)$ 与 $\ln t$ 关系

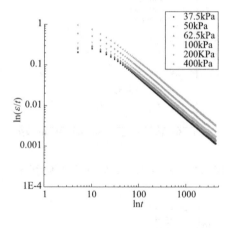

图 4.3-14　$w=68.12\%\ln(\varepsilon/t)$ 与 $\ln t$ 关系

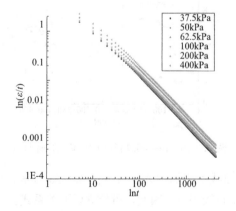

图 4.3-15　$w=65.88\%\ln(\varepsilon/t)$ 与 $\ln t$ 关系

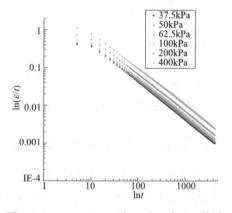

图 4.3-16　$w=59.85\%\ln(\varepsilon/t)$ 与 $\ln t$ 关系

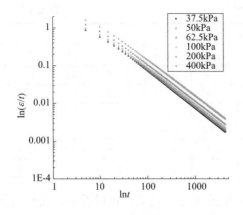

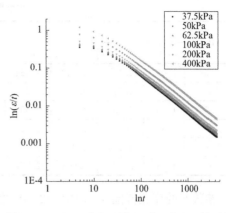

图 4.3-17　$w＝52.30\%\ln(\varepsilon/t)$ 与 $\ln t$ 关系　　　　图 4.3-18　$w＝63.64\%\ln(\varepsilon/t)$ 与 $\ln t$ 关系

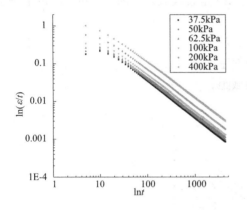

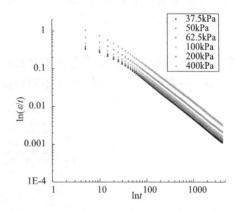

图 4.3-19　$w＝49.40\%\ln(\varepsilon/t)$ 与 $\ln t$ 关系　　　　图 4.3-20　$w＝45.14\%\ln(\varepsilon/t)$ 与 $\ln t$ 关系

拟合参数 a、b，如表 4.3-2 和表 4.3-3 所示。

参数 a 拟合值　　　　　　　　　　　　　　　表 4.3-2

p(kPa)	$w(\%)$									
	34.06	42.19	69.33	68.12	65.88	59.85	52.30	63.64	49.40	45.14
37.5	−0.995	−0.976	−0.993	−0.981	−0.991	−0.994	−0.991	−0.983	−0.982	−0.979
50	−0.990	−0.971	−0.989	−0.960	−0.987	−0.984	−0.983	−0.967	−0.973	−0.962
62.5	−0.986	−0.965	−0.985	−0.956	−0.985	−0.995	−0.978	−0.963	−0.965	−0.954
100	−0.988	−0.973	−0.990	−0.959	−0.982	−0.991	−0.977	−0.964	−0.977	−0.962
200	−0.979	−0.966	−0.986	−0.954	−0.974	−0.988	−0.969	−0.955	−0.966	−0.959
400	−0.972	−0.961	−0.982	−0.956	−0.982	−0.980	−0.961	−0.953	−0.958	−0.953

参数 a 在不同含水率和不同固结压力下无明显变化，其值范围在 −0.953～−0.995 之间，平均值为 −0.975。这表明，试验土样在不同含水率和不同固结压力下应变速率和时间的双对数曲线的斜率基本相同，即所有曲线近似平行。

参数 b 拟合值   表 4.3-3

$p(\mathrm{kPa})$	$w(\%)$									
	34.06	42.19	69.33	68.12	65.88	59.85	52.30	63.64	49.40	45.14
37.5	1.431	1.482	1.662	1.654	1.639	1.599	1.549	1.624	1.530	1.501
50	1.480	1.543	1.769	1.759	1.741	1.690	1.627	1.722	1.603	1.568
62.5	1.568	1.654	1.964	1.950	1.925	1.856	1.770	1.899	1.737	1.688
100	1.647	1.755	2.139	2.122	2.090	2.005	1.898	2.059	1.857	1.857
200	1.732	1.862	2.317	2.306	2.268	2.164	2.035	2.229	1.985	1.912
400	1.857	2.020	2.603	2.577	2.529	2.400	2.237	2.481	2.175	2.084

参数 b 的变化范围在 $1.431\sim2.603$ 之间，其值波动范围较大，可以看出，在相同含水率条件下，随着固结压力的增大，参数 b 也逐渐增大。如图 4.3-21 所示，将参数 b 和固结压力 p 绘制在半对数坐标曲线上，可见 b 与 $\ln p$ 呈直线关系。因此，可建立以下关系式：

$$b = c\ln p + d \tag{4.3-2}$$

式中 c——参数 b 与固结压力 p 半对数曲线的斜率；

       d——参数 b 与固结压力 p 半对数曲线的截距。

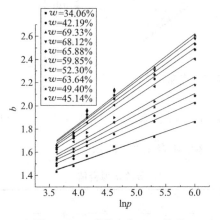

图 4.3-21 参数 b 与 $\ln p$ 关系

将参数 c 和 d 分别与含水率 w 绘制在直角坐标系上，如图 4.3-22 和图 4.3-23 所示。可见参数 c 和 d 都和含水率 w 呈线性关系，其关系式分别为：

$$c = 0.00587w - 0.03452 \tag{4.3-3}$$

$$d = -0.01345w + 1.31976 \tag{4.3-4}$$

联立式(4.3-1)~式(4.3-4) 并整理，得出吹填软土经验流变本构模型：

$$\varepsilon = P^{0.00587w-0.03452}\exp(-0.01345w+1.31976)t^{0.024894} \tag{4.3-5}$$

式中 ε——土样任意时刻的应变值；

       p——固结应力；

       t——流变时间；

       w——土样含水率。

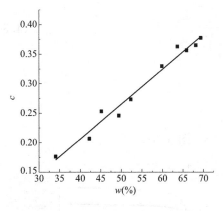
图 4.3-22　参数 c 与含水率关系

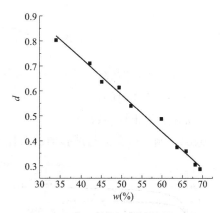
图 4.3-23　参数 d 与含水率关系

根据推导出的经验流变本构模型，选取含水率为 69.33％、68.12％、65.88％和 52.30％土样的沉降-时间试验数据与经验模型拟合值进行比对，结果如图 4.3-24～图 4.3-27 所示。

可以看出，由吹填软土一维流变经验本构模型在不同含水率和各级荷载下得出的试验值与经验值均具有较好的对应性，因此，可以作为参考在工程上使用。

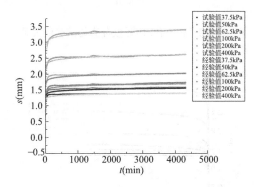
图 4.3-24　$w=69.33％$试验值与经验值对比

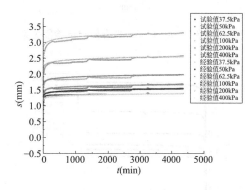
图 4.3-25　$w=68.12％$试验值与经验值对比

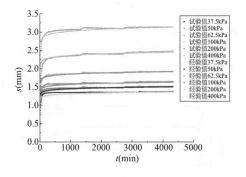
图 4.3-26　$w=65.88％$试验值与经验值对比

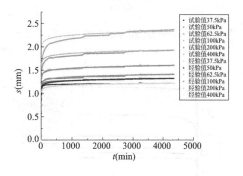
图 4.3-27　$w=52.30％$试验值与经验值对比

2. Logistic 经验模型

通过对所有土样沉降-时间曲线的反复拟合，发现所有土样的试验曲线均可用 Logistic 函数进行描述：

$$s = h - \frac{h}{1 + \left(\dfrac{t}{m}\right)^n}$$ (4.3-6)

式中 s——土样沉降；

t——流变时间；

h、m、n——为土样参数。

Logistic 函数拟合值与试验值的对比如图 4.3-28～图 4.3-37 所示。

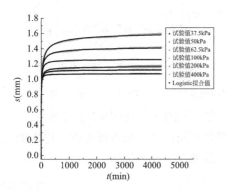

图 4.3-28 $w=34.06\%$ 拟合值与试验值关系

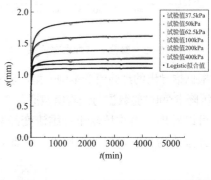

图 4.3-29 $w=42.19\%$ 拟合值与试验值关系

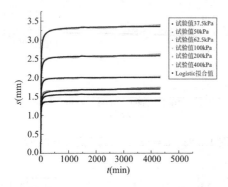

图 4.3-30 $w=69.33\%$ 拟合值与试验值关系

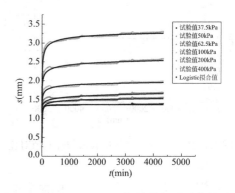

图 4.3-31 $w=68.12\%$ 拟合值与试验值关系

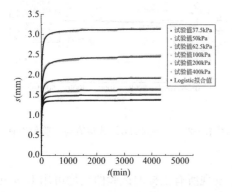

图 4.3-32 $w=65.88\%$ 拟合值与试验值关系

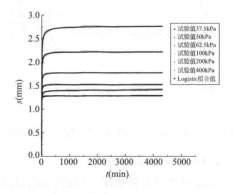

图 4.3-33 $w=59.85\%$ 拟合值与试验值关系

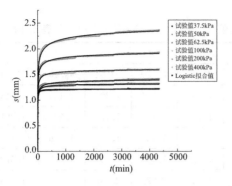

图 4.3-34　w＝52.30％拟合值与试验值关系

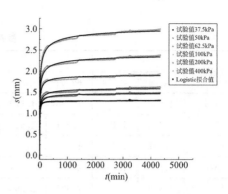

图 4.3-35　w＝63.64％拟合值与试验值关系

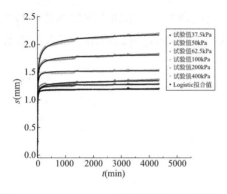

图 4.3-36　w＝49.40％拟合值与试验值关系

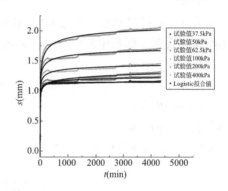

图 4.3-37　w＝45.14％拟合值与试验值关系

由图可见，Logistic 函数拟合值的精度很高，各参数值如表 4.3-4～表 4.3-6 所示。

参数 m 拟合值　　　　　　　　　　　　　　表 4.3-4

p(kPa)	w(%)									
	34.06	42.19	69.33	68.12	65.88	59.85	52.30	63.64	49.40	45.14
37.5	4.354	4.233	4.446	8.846	9.050	3.338	3.395	9.153	3.507	4.473
50	3.773	4.137	3.443	2.987	8.209	0.949	1.679	6.343	2.073	1.349
62.5	3.206	2.366	2.076	7.495	8.018	2.579	0.652	5.399	0.347	1.948
100	4.657	3.923	4.123	2.200	8.621	1.947	1.250	6.557	2.997	1.116
200	5.194	4.574	3.799	2.747	8.590	1.562	0.995	7.605	2.152	2.699
400	10.204	9.133	4.494	3.589	6.287	1.454	1.412	12.938	6.430	10.834

参数 n 拟合值　　　　　　　　　　　　　　表 4.3-5

p(kPa)	w(%)									
	34.06	42.19	69.33	68.12	65.88	59.85	52.30	63.64	49.40	45.14
37.5	1.168	0.888	1.0715	1.225	1.187	1.803	1.091	1.215	1.053	0.886
50	0.907	1.117	0.8137	0.393	0.981	0.710	0.639	0.681	0.668	0.350
62.5	0.714	0.510	0.5845	0.086	0.916	1.310	0.411	0.581	0.321	0.682
100	0.847	0.694	0.9318	0.318	0.859	0.991	0.487	0.647	0.803	0.272
200	0.625	0.584	0.8029	0.247	0.693	0.813	0.360	0.473	0.482	0.303
400	0.571	0.556	0.7405	0.388	0.818	0.630	0.299	0.497	0.452	0.375

参数 h 拟合值   表 4.3-6

p (kPa)	w(%)									
	34.06	42.19	69.33	68.12	65.88	59.85	52.30	63.64	49.40	45.14
37.5	1.068	1.103	1.386	1.370	1.363	1.287	1.214	1.294	1.189	1.148
50	1.120	1.170	1.571	1.593	1.502	1.417	1.322	1.478	1.282	1.291
62.5	1.167	1.281	1.719	3.229	1.629	1.522	1.437	1.614	1.406	1.462
100	1.259	1.401	2.009	2.084	1.923	1.778	1.628	1.924	1.525	1.579
200	1.429	1.644	2.585	2.855	2.477	2.221	2.025	2.457	1.855	1.855
400	1.633	1.940	3.375	3.437	3.139	2.783	2.637	3.120	2.287	2.238

由表 4.3-6 可以看出，参数 h 随固结应力的增大而增大。将不同土样的参数 h 与固结应力绘制在直角坐标系中并拟合二者关系，如图 4.3-38 所示，可以看出，二者呈指数关系，拟合方程为：

$$h = k p^j \qquad (4.3-7)$$

式中 p——固结压力；

     k、j——土样参数。

参数 k、j 拟合值如表 4.3-7 所示。

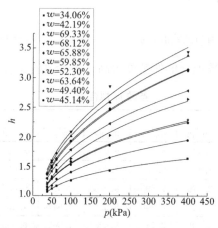

图 4.3-38 参数 h 与固结压力关系

参数 k、j 拟合值   表 4.3-7

参数	w(%)									
	34.6	42.19	69.33	68.12	65.88	59.85	52.30	63.64	49.40	45.14
k	0.553	0.472	0.367	0.367	0.377	0.397	0.362	0.359	0.441	0.444
j	0.179	0.235	0.369	0.377	0.353	0.324	0.329	0.361	0.273	0.270

联立式(4.3-6)、式(4.3-7)，得到吹填软土 Logistic 经验流变模型：

$$s = k p^j - \frac{k p^j}{1 + (t/m)^n} \qquad (4.3-8)$$

式中　　　　　s——土样沉降；

　　　　　　　p——固结压力；

　k、j、m、n——土样参数，均可通过试验测得。

3. 元件模型

（1）Burgers 体模型

基本流变元件在串联或并联的条件下可以组合成更为复杂的组合元件模型。串联时，基本流变元件各组件的应力相等，应变叠加；并联时，基本流变元件各组件的应变相等，应力叠加。较为常见的有 Maxwell 模型和 Kelvin 模型。

Maxwell 模型由一个虎克弹簧和牛顿黏壶串联组成，模拟恒定应变下，应力随时间逐渐减小的力学模型，故又称为松弛模型。其流变方程为：

$$\varepsilon = \frac{\sigma_0}{E} + \frac{\sigma_0}{\eta}t = \varepsilon_0 + \frac{\sigma_0}{\eta}t \tag{4.3-9}$$

式中　ε——任意时刻的应变；

　　　ε_0——瞬时应变；

　　　σ_0——应力常量；

　　　E——弹性模量；

　　　η——牛顿黏性系数；

　　　t——任意时刻。

Kelvin 模型由一个虎克弹簧和牛顿黏壶并联组成，模拟应力不变时，应变随时间增加且应力卸去后应变逐渐恢复的变形滞后效应，故又称黏弹性模型。其流变方程为：

$$\varepsilon = \frac{\sigma_0}{E}\left[1 - \exp\left(-\frac{E}{\eta}t\right)\right] \tag{4.3-10}$$

Burgers 体模型由一个 Maxwell 模型和一个 Kelvin 模型串联组成，其流变方程为：

$$\varepsilon = \frac{\sigma_0}{E_1} + \frac{\sigma_0}{\eta_1}t + \frac{\sigma_0}{E_2}\left[1 - \exp\left(-\frac{E_2}{\eta_2}t\right)\right] \tag{4.3-11}$$

式中　E_1、E_2——弹性模量；

　　　η_1、η_2——牛顿黏性系数。

Burgers 体模型的变形过程如图 4.3-39 所示。在 $t=0$ 时刻，施加荷载 σ_0，土样产生瞬时变形 ε_0。保持 σ_0 不变，t 由 0 到 t_0，土样的变形为衰减变形阶段。此阶段孔隙水不断排出，土骨架内孔隙逐渐变小，导致土样应变速率逐渐减小。继续施加荷载 σ_0 到 t_1，此时土样内孔隙水完全排出，土骨架变形速率恒定但不为 0，为等速变形阶段。在 t_1 时刻卸载 σ_0 至 0，土样会产生瞬时弹性变形恢复，但不会完全恢复，之后由于黏性滞后效应，随时间逐渐恢复一部分变形、留下永久变形。

由以上对 Burgers 体模型的分析可知，Burgers 体土样流变过程符合吹填软土一维流变试验曲线的变化过程。故选用 Burgers 体模型描述试验土样。

（2）Burgers 体模型参数

当 $t=0$ 时，由 Burgers 体模型可以得到：

$$\varepsilon_0 = \frac{\sigma_0}{E_1} \tag{4.3-12}$$

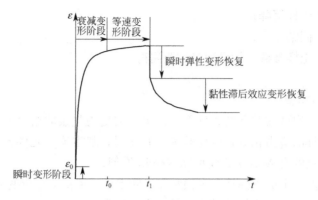

图 4.3-39　Burgers 体土样流变过程图

因此，可由各个固结压力下应力与应变的比值测得 E_1，结果如表 4.3-8 所示。

参数 E_1 拟合值（kPa）　　　　　　　　　　表 4.3-8

p(kPa)	w(%)									
	34.06	42.19	69.33	68.12	65.88	59.85	52.30	63.64	49.40	45.14
37.5	105.66	112.52	275.27	198.56	156.68	198.37	198.27	180.54	19.62	24.08
50	152.34	168.23	124.53	245.32	137.56	258.67	205.75	152.27	25.20	36.58
62.5	220.10	305.45	234.28	283.42	235.75	345.87	342.75	160.66	31.81	49.18
100	185.14	76.95	52.95	254.68	255.75	259.84	259.91	256.31	270.31	275.30
200	252.36	132.64	85.53	284.67	88.51	95.51	113.01	92.51	119.51	129.11
400	673.32	430.25	427.52	433.58	135.65	155.56	217.11	148.11	205.11	216.11

由土样的变形曲线可知，在等速变形阶段，随着时间的增长，土样的变形越来越接近直线。由 Burgers 体模型的流变方程可知，等速变形阶段由 $\dfrac{\sigma_0}{E_2}\exp\left(-\dfrac{E_2}{\eta_2}t\right)$ 部分产生的变形可以忽略。拟合直线得到斜率，设斜率为 A，由 Burgers 体模型流变方程可以得到：

$$A=\frac{\sigma_0}{\eta_1} \tag{4.3-13}$$

参数 η_1 如表 4.3-9 所示。

参数 η_1 拟合值（10^7 kPa·min）　　　　　表 4.3-9

p(kPa)	w(%)									
	34.06	42.19	69.33	68.12	65.88	59.85	52.30	63.64	49.40	45.14
37.5	0.410	0.440	0.350	0.380	0.387	0.400	0.435	0.394	0.435	0.443
50	0.512	0.552	0.419	0.456	0.466	0.486	0.536	0.476	0.539	0.553
62.5	0.598	0.658	0.482	0.526	0.539	0.566	0.631	0.552	0.636	0.657
100	1.080	0.952	0.648	0.341	0.630	0.781	0.388	0.753	0.903	0.943
200	1.940	0.164	1.000	0.350	0.441	1.250	0.430	1.190	1.510	1.610
400	3.510	0.283	1.050	0.490	1.090	2.010	0.503	1.880	2.530	2.740

由 Burgers 体模型流变方程可知，土样在衰减变形阶段的最终变形量 ε_1 为方程中 $\dfrac{\sigma_0}{E_2}$ 部分，因此：

$$E_2 = \frac{\sigma_0}{\varepsilon_1} \tag{4.3-14}$$

由试验测得 ε_1 即可得出 E_2，如表 4.3-10 所示。

参数 E_2 拟合值（kPa） 表 4.3-10

p(kPa)	w(%)									
	34.06	42.19	69.33	68.12	65.88	59.85	52.30	63.64	49.40	45.14
37.5	35.71	32.84	27.58	28.09	28.26	29.38	31.63	29.96	32.26	33.89
50	46.26	47.52	33.16	35.08	34.86	36.36	40.04	36.96	40.98	44.56
62.5	56.65	54.64	38.51	40.52	40.42	41.59	47.88	42.81	49.11	53.73
100	83.83	77.85	50.70	53.61	53.92	57.52	66.67	57.43	67.71	76.20
200	156.76	138.63	79.01	86.04	87.24	93.23	114.55	98.55	119.43	133.81
400	297.07	251.68	123.88	132.02	133.47	152.98	194.05	163.00	213.46	238.10

由 Burgers 体模型流变方程可知，土样在衰减变形阶段的变形量由 $\dfrac{\sigma_0}{E_2}\exp\left(-\dfrac{E_2}{\eta_2}t\right)$ 部分控制，取衰减变形阶段任意时刻的变形量 ε_2，则：

$$\eta_2 = -\frac{E_2 t}{\ln\left(1 - \dfrac{E_2 \varepsilon_2}{\sigma_0}\right)} \tag{4.3-15}$$

计算时，取各个计算点的平均值，得出参数 η_2，结果如表 4.3-11 所示

参数 η_2 拟合值（10^3 kPa · min） 表 4.3-11

p(kPa)	w(%)									
	34.06	42.19	69.33	68.12	65.88	59.85	52.30	63.64	49.40	45.14
37.5	2.488	2.262	1.913	1.934	1.948	2.057	2.185	2.044	2.222	2.319
50	3.167	3.219	2.271	2.337	2.357	2.504	2.693	2.424	2.776	2.924
62.5	3.813	3.538	2.613	2.709	2.792	2.906	3.199	2.808	3.319	3.567
100	5.648	5.106	3.547	3.637	3.694	3.973	4.457	3.711	4.643	5.013
200	10.033	8.802	5.589	5.650	5.802	6.302	7.474	6.149	7.866	8.589
400	18.041	15.107	8.542	8.768	9.060	10.241	12.560	9.795	13.178	14.251

将拟合出的各参数带入到 Burgers 体模型的流变方程中，得到不同含水率各个固结压力下的理论曲线，选取含水率为 69.33%、68.12%、65.88% 和 52.30% 土样 100kPa、200kPa 和 400kPa 的沉降-时间关系试验数据进行比对，结果如图 4.3-40～图 4.3-43

所示。

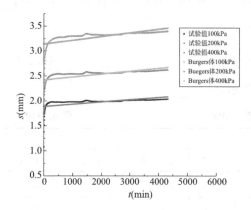

图 4.3-40　$w=69.33\%$ 拟合值与试验值对比

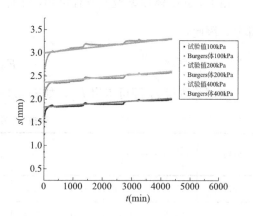

图 4.3-41　$w=68.12\%$ 拟合值与试验值对比

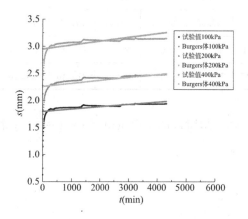

图 4.3-42　$w=65.88\%$ 拟合值与试验值对比

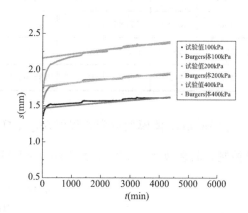

图 4.3-43　$w=52.30\%$ 拟合值与试验值对比

由图可知，Burgers 体模型流变方程可以很好地描述试验土样在等速变形阶段的变形，但在瞬时弹性变形阶段和衰减变形阶段，由 Burgers 体模型流变方程拟合出的计算值与试验值差别很大，且 Burgers 体模型流变方程的计算值沉降均大于试验值沉降，具体原因如下：

在 Burgers 体模型流变方程中，σ_0 是作为恒定应力来作用在试验土样上，且此恒定应力指的是作用在土骨架上的有效应力。而实际上，对于饱和土体，由于土中孔隙水压力的存在，在衰减变形阶段，施加在土样上的外荷载并不等于土骨架上的有效应力，而是小于土骨架上的有效应力，待土样中孔隙水完全排出后，土样变形进入等速变形阶段，施加在土样上的外荷载才完全转化为土骨架上的有效应力。

（3）修正 Burgers 体模型

由 Terzaghi 饱和土体一维固结方程可得到孔隙水压力 u、时间 t 和深度 z 的关系：

$$C_v \frac{\partial^2 u}{\partial z^2} = \frac{\partial u}{\partial t} \tag{4.3-16}$$

式中　C_v——固结系数。

如图 4.3-44 所示，土样为饱和土样，土层厚度为 $2H$，固结系数为 C_V，荷载为 p，上下两面双面排水，则固结微分方程的边界条件为：

$$\begin{cases} z=0, u=0(t>0) \\ z=2H, u=0(t>0) \end{cases}$$ (4.3-17)

初始条件为：

$$t=0, u=p$$ (4.3-18)

结合上述边界条件和初始条件，采用分离变量法，求解式(4.3-16) 得：

$$u(z,t)=p\sum_{m=1}^{\infty}\frac{4}{(2m-1)\pi}\sin\frac{(2m-1)\pi z}{2H}\exp\left[-\frac{(2m-1)^2\pi^2}{4H^2}C_V t\right]$$ (4.3-19)

式中　$m=1$，2，3……。

由式(4.3-19) 可以得出任意时间 t 任意深度 z 处的孔隙水压力 $u(z,t)$。则任意时间总的孔隙水压力 u 为：

$$u=\int_0^{2H}u\,\mathrm{d}z=P\sum_{m=1}^{\infty}\frac{8H}{(2m-1)^2\pi^2}\exp\left[-\frac{(2m-1)^2\pi^2 C_V}{4H^2}t\right]\frac{1}{2}$$ (4.3-20)

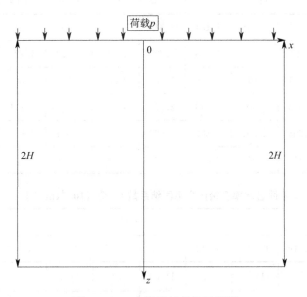

图 4.3-44　土样固结条件示意图

又由饱和土的有效应力原理，得到引起土骨架变形的有效应力 σ' 为：

$$\sigma'=\sigma_0-u$$ (4.3-21)

用有效应力替换原 Burgers 体模型流变方程中瞬时弹性变形阶段和衰减变形阶段的常应力，得到饱和土样修正 Burgers 体模型：

$$\varepsilon=\frac{\sigma_0-u}{E_1}+\frac{\sigma_0}{\eta_1}t+\frac{(\sigma_0-u)}{E_2}\left[1-\exp\left(-\frac{E_2}{\eta_2}t\right)\right]$$

$$= p \left\langle \frac{t}{\eta_1} + \frac{\left\{ 1 - \sum_{m=1}^{\infty} \frac{8H}{(2m-1)^2 \pi^2} \exp\left[-\frac{(2m-1)^2 \pi^2 C_V}{4H^2} t \right] \right\}}{E_2} \left[1 - \exp\left(-\frac{E_2}{\eta_2} t \right) \right] \right\rangle \quad (4.3\text{-}22)$$

式中　p——固结压力；

　　η_1、η_2——牛顿黏性系数；

　　E_2——弹性模量；

　　C_v——土样固结系数；

　　H——土样竖向排水距离。

式(4.3-22)中的级数是收敛级数，当 m 取到 30 时，即可满足工程精度。

由于衰减变形阶段应力的替换，重新拟合牛顿黏性系数 η_2' 如表 4.3-12 所示。拟合不同含水率各级固结压力下土样的固结系数 C_v，如表 4.3-13 所示。

参数 η_2' 拟合值（10^3 kPa·min）　　　　表 4.3-12

p(kPa)	w(%)									
	34.06	42.19	69.33	68.12	65.88	59.85	52.30	63.64	49.40	45.14
37.5	2.858	1.859	0.535	1.134	1.348	1.356	0.859	1.044	0.822	1.119
50	3.029	2.19	0.771	1.308	1.675	1.722	1.093	1.724	1.074	1.454
62.5	3.851	2.811	1.014	1.579	1.788	2.036	1.592	2.008	1.319	1.507
100	4.488	3.815	1.400	2.046	2.375	3.194	2.302	3.841	2.843	2.873
200	5.333	4.905	2.991	3.300	3.987	4.302	4.001	4.519	4.706	4.569
400	7.510	6.514	4.901	3.657	4.526	5.641	6.068	5.505	6.358	6.751

不同含水率各级压力下固结系数 C_v 值（10^{-4} cm^3/s）　　　　表 4.3-13

p(kPa)	w(%)									
	34.06	42.19	69.33	68.12	65.88	59.85	52.30	63.64	49.40	45.14
37.5	14.8	20.9	14.8	8.34	11.80	8.46	17.2	9.45	17.20	14.26
50	13.7	20.1	14.2	7.53	10.86	8.04	16.7	8.88	16.92	13.89
62.5	13.9	19.5	12.7	6.76	9.98	7.73	15.2	8.02	16.20	12.99
100	12.5	18.4	11.1	5.74	6.98	7.05	13.6	7.02	14.52	11.25
200	10.1	16.2	9.79	5.30	6.57	6.68	10.5	6.23	13.62	10.58
400	9.44	8.98	8.77	4.64	5.43	6.23	8.85	5.04	10.26	8.55

用修正 Burgers 体模型拟合试验数据，以含水率为 69.33%、68.12%、65.88% 和 52.30% 的试验数据为例，结果如图 4.3-45～图 4.3-48 所示。

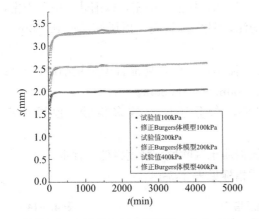

图 4.3-45　$w=69.33\%$拟合值与试验值对比

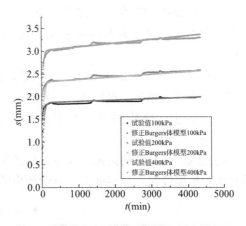

图 4.3-46　$w=68.12\%$拟合值与试验值对比

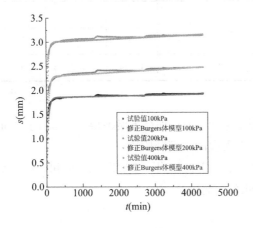

图 4.3-47　$w=65.88\%$拟合值与试验值对比

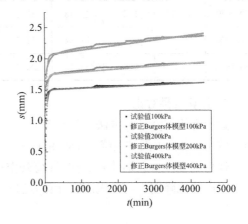

图 4.3-48　$w=52.30\%$拟合值与试验值对比

从图可以看出，用修正 Burgers 体模型拟合出的理论值与试验值吻合程度较高。且作为理论模型，修正 Burgers 体模型可以很好地描述土体流变变形的内部机理，总的来说，修正 Burgers 体模型可以用来描述吹填软土的一维流变过程。

4.3.2　工程实例

1. 试验土样选取

选取广东汕头某吹填淤泥场地中具有代表性的 WE3-18 号钻孔进行取样。根据前期勘察资料显示，该钻孔区域主要地层从上至下依次为：回填砂、淤泥（吹填）、粉细砂（吹填）、淤泥—淤泥质土（吹填）、黏土—粉质黏土，地层简单描述如下：

（1）回填砂：黄灰色，稍湿—饱和，以中砂为主，松散，颗粒级配良好，混少量含贝壳类碎片及少量细砾，有少量黏土团块。顶层标高＋3.00m～＋4.46m。

（2）淤泥（吹填）：灰色—灰黑色，饱和，流动—流塑状，混少量腐殖质，贝壳碎片，为人工回填土。顶层标高－8.10m～＋3.00m。

（3）粉细砂（吹填）：灰黄色—灰色，稍湿—饱和，松散—中密，以细砂—中砂为主，颗粒级配不良，局部夹有少量的淤泥团块或淤泥，混少量贝壳。顶层标高－10.30m～－8.10m。

（4）淤泥—淤泥质土（吹填）：灰色，饱和，流塑，滑腻，局部含少量粗细砂，混贝壳碎，含少量腐殖质，有腥臭味。顶层标高－16.00m～－10.30m。

（5）黏土—粉质黏土：灰色，饱和，可塑，部分层段混较多粗砂。顶层标高－20.30m～－16.00m。

场地内广泛分布的淤泥（吹填）和淤泥—淤泥质土（吹填）强度极低、含水率高、孔隙比大、压缩性高，且厚度大。其物理力学性质指标见表 4.3-14。

物理力学性质指标 表 4.3-14

指标	w (%)	e	I_L	I_P	k (cm/s)	S_t	E_s (MPa)	c_{uu} (kPa)	φ_{uu} (°)
最小值	40.06	1.25	40.13	20.3	—	—	—	—	—
最大值	90.33	1.94	71.34	41.5	—	—	—	—	—
平均值	69.60	1.89	49.15	28.73	1.03×10^{-7}	3.99	1.949	14.7	4.4

2. 计算结果对比

运用常规沉降计算方法，计算 WE3-18 号钻孔在 200kPa 加荷下淤泥层于 550d 时主固结完成 100%，主固结沉降为 780.95mm，之后进入次固结沉降阶段。

运用流变模型分别计算 200kPa 荷载作用 2 年、5 年、10 年、20 年、30 年和 50 年吹填淤泥层的沉降值，与常规沉降计算方法对比如图 4.3-49 所示。

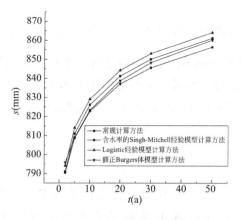

图 4.3-49　常规计算方法与流变模型计算方法对比

由图可以看出，由流变模型计算方法得出的沉降变化规律与常规计算方法得出的规律基本一致。以加载时间为 50 年时各计算方法得出的沉降为例，含含水率的 Singh-Mitchell 经验模型计算方法、Logistic 经验模型计算方法、修正 Burgers 体模型计算方法与常规计算方法的计算沉降误差分别为 0.5%、0.3%、0.1%。

4.4　非均质吹填场地地基沉降计算

4.4.1　沉降计算分区

　　吹填场地由原状土层和吹填土层构成，吹填土覆盖于原状土层之上，构成典型的二元结构。原状土层为沉积土层，呈正常固结或超固结状态；吹填土层多为新近未固结或欠固结状态，原状土和吹填土固结特性差异较大。吹填场地具有含水率大、压缩性大、强度低等特点，且经过多次吹填的堆积土在横纵方向上变化较大，呈现出明显的不均匀性特征。为了确保非均质吹填场地沉降计算的精确度和克服场地的差异沉降，必须根据非均质吹填场地的地表形态、物质组成、粒度成分、地下水状态、自重固结沉降完成后的土的物理力学性质，并结合场地规划的建筑物平面布置进行沉降计算分区，以提供不同范围的施工沉降量、工后沉降量及承载力值。如图4.4-1 所示，非均质吹填场地一般分为四个沉降计算区。

沉降计算分区 $\begin{cases} \text{吹填管口扇形区} \begin{cases} \text{粉细砂—粗砂区} \\ \text{土团块区} \end{cases} \\ \text{吹填管口扇形边缘区} \begin{cases} \text{相邻管口间连续段砂混淤泥区} \\ \text{扇形边缘砂混淤泥或土团块混淤泥区} \end{cases} \\ \text{吹填管口扇形外缘区（高含水淤泥混砂区）} \\ \text{吹填场地出水口回水范围高含水流态淤泥区} \end{cases}$

图 4.4-1　沉降计算分区

4.4.2　沉降计算

1. 沉降计算组成

　　非均质吹填场地松软地基的沉降计算是一个极其复杂的技术难题。它包含了非均质吹填松软土的沉降与压缩变形，以及吹填场地原状软土的压缩变形，二者必须同步重视。

　　非均质吹填场地的总沉降主要包括地基的瞬时沉降、主固结沉降以及次固结沉降。公式如下：

$$s = s_d + s_c + s_s \tag{4.4-1}$$

式中　s——总沉降量（m）；

　　　s_d——瞬时沉降量（m）；

　　　s_c——主固结沉降量（m）；

　　　s_s——次固结沉降量（m）。

　　任意时刻的地基沉降 s_t 应考虑主固结随时间的变化过程，可按下式计算：

$$s_t = s_d + s_c U + s_s \tag{4.4-2}$$

式中　U——地基平均固结度，可采用太沙基一维固结理论计算；对于砂井、塑料排水板
　　　　　等竖向排水体处理的地基，固结度可按泰安哈吉-伦杜立克固结理论轴对称
　　　　　条件固结方程在等应变条件下的解答来计算。

2. 主固结沉降

　　非均质吹填场地松软地基的主固结沉降是在荷载作用下沉降变形的主要部分，其沉降变形包括吹填土层沉降和原状软土层沉降。

吹填土层的沉降包括：（1）高含水吹填土的自重固结沉降；（2）外荷载作用下的压缩固结沉降量。自重固结沉降量为与吹填土的初始含水率、初始孔隙比、颗粒粒度组成、吹填厚度相关的变量。初始含水率、初始孔隙比，颗粒粒径越大，自重固结沉降量越大。

原状软土层的沉降包括：（1）原状软土层如果是欠固结土层，原状土软土层自重产生的沉降量；（2）场地吹填过程与吹填土自重沉降过程的填土附加荷载的压缩固结沉降量；（3）场地吹填后在使用荷载作用下的压缩固结沉降量。

非均质吹填场地松软地基沉降的主要计算方法有：（1）用 e-p 曲线计算；（2）用压缩模量 E_s 计算；（3）压缩系数 a_v 法；（4）用 e-$\lg p$ 曲线计算。

压缩模量、压缩系数和孔隙比可以相互关系推导。因此前三种方法本质上是一致的，不能考虑应力历史。吹填场地的吹填土层在自重作用下固结一般没有完成，因此在计算固结沉降时，采用 e-$\lg p$ 曲线法较为合适。因此要求在进行压缩试验时，完成压缩—回弹—再压缩过程。

3. 次固结沉降

次固结沉降被认为是有效应力基本上不变、但土的体积仍然随时间增长而发生的压缩。次固结沉降对于淤泥及淤泥质有机土具有特殊的意义。室内和现场量测都表明，次固结的大小与时间的关系如图 4.4-2 所示。

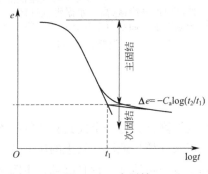

图 4.4-2　次固结

次固结系数的定义为：

$$C_a = \frac{-\Delta e}{\lg(t_2/t_1)} \tag{4.4-3}$$

式中　C_a——半对数曲线上直线段的斜率，称为次固结系数；

$\quad$ t_1——相当于主固结达到 100% 的时间；

$\quad$ t_2——需要计算次固结的时间。

在时间 t_2 时的次固结沉降为：

$$s_s = \sum \frac{H_i}{1+e_{1i}} C_a \lg\left(\frac{t_2}{t_1}\right) \tag{4.4-4}$$

式中　s_s——次固结变形量；

$\quad$ C_a——半对数曲线上直线段的斜率，称为次固结系数；

$\quad$ t_1——相当于主固结达到 100% 的时间；

$\quad$ t_2——需要计算次固结的时间；

H_i——第 i 土层的原始厚度；

e_{1i}——第 i 土层的初始孔隙比。

次固结系数 C_a 的大小主要视土的种类而定。在缺乏试验资料时，可以按表 4.4-1 确定。C_a 也可以按天然含水率来估算：

$$C_a = 0.018w \tag{4.4-5}$$

式中　w——土的天然含水率，以小数计。

次固结系数值　　　　　　　　　　　　　　　表 4.4-1

土类	次固结系数
正常固结黏性土	$0.005 \sim 0.02$
塑性大的土；有机土	$\geqslant 0.03$
超固结土（超固结比>2）	<0.01

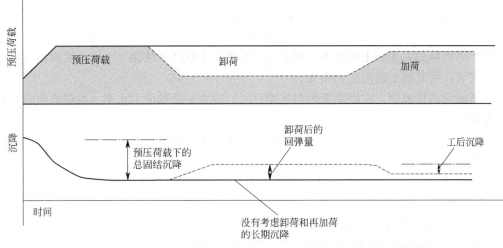

图 4.4-3　堆载预压期间荷载（或沉降）随时间变化的示意图

如图 4.4-3 所示，卸荷后试样的回弹可分为主回弹阶段和次回弹阶段，此后才出现次固结压缩变形。主回弹阶段的时间较短，而次固结回弹则需要很长时间方能完成，次固结回弹时间 t_s 往往是主回弹时间 t_{pr} 的几十倍，而超载预压导致的次固结延后时间 t_1 在 t_s 和 t_{pr} 之间。

主回弹时间 t_{pr} 可以用压缩固结理论计算，回弹固结系数为：

$$C_{vs} = \frac{k_v}{\gamma_w m_{vs}} \tag{4.4-6}$$

式中　C_{vs}——软土的回弹固结系数；

　　　k_v——软土的渗透系数；

　　　m_{vs}——体积回弹系数；

　　　γ_w——水的重度。

回弹系数计算：

$$C_r = -\frac{\Delta e}{\Delta \log p} \tag{4.4-7}$$

回弹量：

$$s_{回弹} = \sum \frac{C_r H_i}{1+e_{1i}} \lg \frac{p_{1i} + \Delta p}{p_{1i}} \qquad (4.4\text{-}8)$$

次固结延后时间按下式计算：

$$t_1 = 100 R_s'^{1.7} \cdot t_{pr} \qquad (4.4\text{-}9)$$

$$R_s' = \frac{\sigma_{vc}'}{\sigma_{vf}'} \qquad (4.4\text{-}10)$$

式中 σ_{vc}'——超载作用下的最大有效应力；

$\qquad \sigma_{vf}'$——最终有效应力；

$\qquad t_{pr}$——主回弹时间；

$\qquad R_s'$——超载比。

次固结沉降按下式计算：

$$s_s = \sum \frac{H_i}{1+e_{1i}} C_a' \lg\left(\frac{t_2}{t_1}\right) \qquad (4.4\text{-}11)$$

次固结沉降的大小和土性有关。泥炭土、有机质土或高塑性黏土土层，次固结沉降占的比例较大，而其他土所占比例不大。

最新研究结果表明，次固结变形与压缩时间、应力历史和应力水平（堆载或超载）有关，并提出：

$$C_a'/C_a = 1.823 - 1.094\log(AAOS\%) \qquad (4.4\text{-}12)$$

超载的相对改变量：

$$AAOS = \frac{\sigma_{vs}' - \sigma_{vf}'}{\sigma_{vf}'} \qquad (4.4\text{-}13)$$

式中 σ_{vs}'——超载下的有效应力；

$\qquad \sigma_{vf}'$——卸除超载后最后施加的荷载下的有效应力。

张惠明、喻伟选通过对深圳机场、福田保税区、深圳湾等工程淤泥的研究，认为超载预压对深圳滨海淤泥的次固结变形的影响明显，提出：

$$C_a' = C_a - \beta(OCR - 1) \qquad (4.4\text{-}14)$$

$$OCR = \frac{\sigma_{vc}'}{\sigma_{vf}'} \qquad (4.4\text{-}15)$$

式中 C_a'——超载预压后的次固结系数；

$\qquad C_a$——天然软土的次固结系数；

$\qquad \sigma_{vc}'$——超载作用下的最大有效应力；

$\qquad \sigma_{vf}'$——最终有效应力；

$\qquad OCR$——超固结比；

$\qquad \beta$——折减系数，深圳淤泥可取 0.0086。

本书 4.2.2 节提出预压次固结系数 C_a（再压缩次固结系数 C_a'）与预压荷载 p_e、超载比 OPR 有关，符合双指数关系。

根据许多学者的研究，一旦孔隙水排尽，主固结沉降随之结束，此后发生的次固结沉降受次固结系数 C_a 的影响，而 C_a 的值可以基于当前含水率确定，对于一些土，根据

Anon 编写的手册有：

$$C_a = 0.0002w \qquad (4.4\text{-}16)$$

根据国内有关资料介绍，对于一些黏土：

$$C_a = 0.018w \qquad (4.4\text{-}17)$$

式中　w——土的天然含水率。

对于重塑土，C_a 对应的含水率为 $20\% \sim 50\%$，在再压缩期间，其含水率实际上大于 50%。Mesri 通过大量的黏土试验提出，对于黏性土 $C_a/C_c = 0.025 \sim 0.10$，其平均值为 0.05。然而对于高压缩性的黏土，其比值通常为 0.01。表 4.4-2 给出了 C_a/C_c 的部分参考值。

C_a/C_c 参考值

表 4.4-2

土的类型	C_a/C_c	土的类型	C_a/C_c
有机质淤泥	$0.035 \sim 0.06$	软蓝黏土	0.026
无定形泥炭和纤维泥煤	$0.035 \sim 0.085$	有机黏土以及淤泥	$0.04 \sim 0.06$
Canadian 厚苔沼	$0.09 \sim 0.10$	敏感黏土	$0.025 \sim 0.055$
Leda 黏土	$0.03 \sim 0.06$		

4.5　非均质吹填场地的扰动沉降

4.5.1　插板扰动沉降的基本规律

图 4.5-1 为某吹填场地插打排水板 5d 后产生的扰动沉降。由图可见，插打排水板施工对吹填场地产生的扰动影响较大。插板扰动沉降技术和现场观测资料见表 4.5-1。

图 4.5-1　某吹填场地插打排水板 5d 后产生的扰动沉降

软土插板扰动沉降资料　　　　表 4.5-1

工程名称		软土的物理力学指标		软土厚度(m)	填土厚度(m)	排水板布设(m×m)	排水板长度(m)	插打方式	软土类型	沉降量(mm)	观测时间(d)	单位厚度沉降(mm/m)	每米排水板沉降量(mm/m)
		$w(\%)$	e										
华润广州南沙热电厂一期		52.5	1.420	16.0	1.5	1.2×1.2	17	振动	淤泥	270	30	16.9	15.9
福安鑫茂工程	一车间	69.0	1.766	15.9	0.7	1×1	19	振动	淤泥	270	30	17.0	14.2
	二车间	59.5	1.655	17.9	1.2	1×1	21	振动	淤泥	280	20	15.6	13.3
	三车间	57.8	1.710	24.0	1.0	1×1	26	液压	淤泥	360	20	15.0	13.8
	酸洗车间	59.2	1.700	25.0	1.4	1×1	27	液压	淤泥	390	25	15.6	14.4
温州某项目				4.6	1.0	1×1	10	人工	淤泥	346	25	75.2	34.6
霞浦某皮革厂		85.0	2.150	25.0	1.5	0.8×0.8	25	振动	流泥状淤泥	600	20	24.0	24.0
温州瓯江口污水处理厂		58.8	1.710	25.0	1.2	1×1	25	液压	淤泥	200	20	8.0	8.0
汕头东部新城项目	试验二区	58.6	1.537	8.0	3.1	1×1	18	振动	淤泥	220	28	27.5	12.2
	试验三区	57.1	1.616	8.4	4.5	1×1	19	振动	淤泥	272	30	32.2	14.3
	试验四区	61.1	1.619	7.9		1×1	12	振动	淤泥	310	30	39.1	25.8
	滨海大道北段	58.6	1.537	9.4	6.5	1×1	18	振动	淤泥	263	19	28	14.6
	滨海大道南段	55.7	1.548	16.2	3.5	1×1	14	振动	淤泥质土	195	20	12	13.9
	滨江大道南段	60.2	1.580	6.5	6.4	1×1	25	振动	淤泥质土	194	15	29.8	7.8
	SN10路	53.7	1.467	12.0	3.7	1×1	15	振动	淤泥	206	20	17.2	13.7
	WE3路	53.2	1.475	13.0	3.0	1×1	17	振动	淤泥质土	125	20	9.6	7.4
	沿河路	53.8	1.490	16.0		1×1	23	振动	淤泥	225	20	14.1	9.8
	纬六路	55.1	1.544	14.2	4.7	1×1	20	振动	淤泥	201	15	14.2	10.1
	新津滨江大道	51.0	1.400	10.0		砂桩1.6×1.6	10	振动	淤泥质土	193	20	19.3	19.3

工程名称		软土的物理力学指标		软土厚度(m)	填土厚度(m)	排水板布设(m×m)	排水板长度(m)	插打方式	软土类型	沉降量(mm)	观测时间(d)	单位厚度沉降(mm/m)	每米排水板沉降量(mm/m)
		$w(\%)$	e										
珠海横琴项目	香江路西段	77.9	2.035	20.5	2.5	1.1×1.1	25	液压	淤泥	243	15	11.9	9.7
	香江路东段	79.0	2.048	24.2	2.5	1.1×1.1	25	振动	淤泥	268	15	11.1	10.7

从表 4.5-1 中所列资料发现，扰动沉降存在下述基本规律：

(1) 扰动沉降发生于软土扰动后的较短时间内，一般为 15d～20d 内完成，如不加荷载沉降将会停止。

(2) 扰动沉降量与被扰动软土的物理力学性质有关，软土含水率越高，孔隙比越大，液性指数越大，沉降量越大。

(3) 扰动沉降量与施工方式有关，振动插板大于液压插板。

(4) 扰动沉降量与软土上的砂垫层（填土）厚度有关。砂垫层厚度越大扰动沉降量越大，是因为砂垫层起了加载的作用。

(5) 扰动沉降量与竖向排水体的性能有关：SPB150 ＞SPB100，SPB-C＞ SPB-B＞ SPB-A。

(6) 扰动沉降量与软土厚度关系不明显，但与有机质含量的多少、软土结构类型及灵敏度有关。

4.5.2　扰动沉降产生的机理分析

既往的室内试验和工程研究认为，软土扰动使土体内部结构和应力状态发生变化，导致压缩性增大和强度降低，重新固结后反映为附加沉降。而且认为这种扰动对后期的预压会加大固结沉降量，并提出以扰动度 I_D 来衡量对固结沉降的影响程度。还据此提出在堆载预压中尽量减少扰动，尽可能发挥结构强度作用的建议。

国内曾对原状软土与重塑软土的压缩特征进行了大量室内试验，表明扰动后的重塑土的孔隙比远小于未扰动天然土的孔隙比，证明扰动后的重塑导致了土的结构固结。

对软土体的扰动（无论是插排水板，钻探，打止水墙施工）使软土原结构受到局部改变或破坏是肯定的，但并未反映软土产生扰动沉降的全过程。作者认为插板的瞬时作用除使软土结构破坏外，产生的孔隙水压力的快速升高并随即由插入的排水板消散，使软土重塑固结更是主要因素。

4.5.3　软土扰动产生的基本条件

通过试验与现场研究发现，软土的扰动沉降会在下述条件下才产生：

(1) 必须有竖向排水通道。竖向排水通道（即塑料排水板）是消散超孔隙水压力和软土触变液化排水的必备条件，表现为插打塑料排水板（或砂桩）＞钻探取土＞静力触探。

(2) 扰动沉降在竖向排水体施工完后很快产生，而且竖向排水体排水性能越好，产生的速度越快。

(3) 扰动沉降在未固结、欠固结和正常固结软土场地均会产生。

（4）产生扰动沉降的软土起始条件为 $e>0.9$，$I_L>0.75$，$w_0>30\%$。

4.5.4 软土扰动沉降产生的过程

插打塑料排水板引起的软土扰动沉降产生的过程为：软土施工挤土加压→土体结构受压冲切→原状结构破坏强度下降→孔隙冲切受压而孔隙水压力升高→土粒外层薄膜水受剪转化为受压自由水→土体液化→插入体上提软土压力解除→高压力孔隙水和自由水沿竖向排水通道向上排出→软土排水固结重塑→软土产生扰动沉降。当为振动插排水板时，除对软土挤土加压还叠加振动增加，使软土快速增压而触变排水固结，因振动时横向变形影响大而使扰动沉降更大。

据现场观测，上述过程一般历时不超过 20d，多发生在插排水板后的 1d～10d 之内，产生进程快，沉降明显是扰动沉降的一大特征。因此扰动沉降量的测定应在插排水板之后的 15d～20d 内进行，其方法是平整场地后进行高程测量，求得总平均沉降量。

根据现场与试验研究，影响软土扰动沉降的因素，分为三大类，即软土的性质与结构，对软土产生扰动的方式及有无排水通道与排水通道的强弱。

1. 软土的性质

（1）软土的物理性质：包含含水率 w，孔隙比 e，液性指数 I_L，塑性指数 I_P。w、e、I_L 越大，扰动沉降反应越快，沉降量越大；粉类土的扰动沉降量大于黏性土，因粉类土极易振动液化。

（2）软土的水理性质：亲水性高的软土扰动沉降大于亲水性低的土。

（3）软土的力学强度：力学强度越高，扰动沉降量越小，强度越低扰动沉降量越大，因强度高的土往往含水率、孔隙比低。

2. 软土结构性

软土结构性越强，扰动沉降量越大，表现出絮状结构＞海绵状结构＞蜂窝状结构。

3. 软土的有机质含量

扰动沉降量随软土的有机质含量而改变，表现为泥炭土＞有机质土＞非有机质土。

4. 软土扰动的方式

对软土产生扰动的方式包括静力加压式、振动加压式、回转加压取土式。液压插排水板和静力触探为静力加压方式，振动加压方式为振动插排水板和振动砂桩施工，钻探取土为回转加压式。扰动沉降的大小表现为振动＞回转＞静压。

5. 排水通道

排水通道是产生软土扰动沉降的必备条件，有无排水通道和排水通道的排水性能影响到扰动沉降产生的时效与大小。一般表现为有排水通道大于无排水通道，排水通道排水性能好的大于排水性能差的，具体为：砂桩＞塑料排水板＞钻孔孔道＞静力触探，振动砂桩＞挤密砂桩，SPB150＞SPB100，SPB-C＞SPB-B＞SPB-A。

4.6 工程实例

4.6.1 工程概况

新加坡某填海工程的堆场区，场地地貌如图 4.6-1 所示，地基处理交工标高＋6.3m。主要包含疏浚土的自重固结沉降计算、挖填后地基（交工标高＋6.3m 以下原状土、疏浚土及填土）在附加荷载下的沉降与固结计算、堆载过程中的稳定分析及地基交工后的残余沉降分析。回填区域现标高最深为−28m 左右，施工区域内钻孔揭示的需处理的主要土层如下：

吹填砂：密实程度变化范围较大，非常松散，标贯击数最低值为 0 击，多位于浅层，随着深度增加逐渐密实。

吹填土：多位于揭示钻孔的浅层，标贯击数一般小于 10 击，平均重度为 14.7kN/m³，孔隙比平均为 0.82，含水率均值为 31%，压缩指数平均为 0.22。

海相软土：软硬程度由非常软至坚硬状态，表层海相软土标贯击数最小为 0 击，随着深度增加软土强度逐渐增高，孔隙比平均为 1.32，压缩指数约为 0.63；硬软土孔隙比平均为 0.82，压缩指数平均值约 0.32。

残积土：残积土按软硬程度（SPT）分为 SPT<10、10<SPT<30、30<SPT<50、50<SPT<100、SPT>100，考虑塑料排水板插板机的机械性能，沉降计算以 30 击为界限，30 击以上土层不进行插板处理。

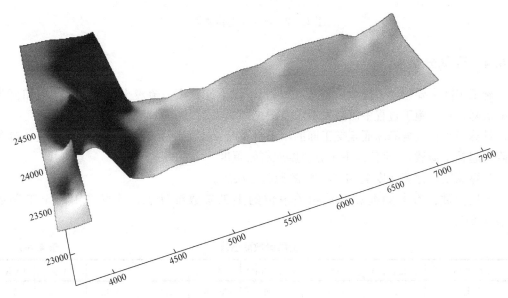

图 4.6-1　场地地貌示意图（单位：m）

4.6.2　地基处理要求

本项目地基处理要求如下：

（1）预压荷载及固结度要求：在预压荷载 180kPa 的地基主固结度达到 90%；

（2）残余沉降要求：60 年残余沉降不超过 4cm；差异沉降 20m 跨度的差异沉降不超过 1:500；

（3）地基处理交工面以下 3m 回填砂盖层压实度达到 95%（施工过程完成数米的沉降将导致交工面以下 3m 下沉至更深，要保证压实度则需在卸载后进行压实处理）。

4.6.3　地基处理设计

根据招标文件，恒载期需保证在交工面以上不小于设计填土荷载，由于本施工场地回填土多为疏浚土，沉降量较大，沉降计算中需进行迭代计算。

施工工艺流程图如图 4.6-2 所示。

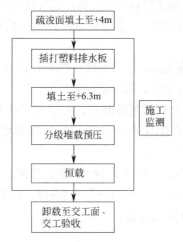

图 4.6-2 施工工艺流程图

4.6.4 沉降分析

施工沉降主要包含：挖填后地基（＋6.3m 以下原状土、疏浚土及填土）在附加荷载下的沉降计算。施工过程中沉降发展示意图见图 4.4-2。

计算荷载：包含海床面至交工面的填土自重及交工面以上的 180kPa 填土荷载（包含沉降引起补土荷载），水位以下土方重度取有效重度。

计算深度：计算深度至 SPT≥30 的原状土层底。

土层参数：参考勘查资料及相关单位的土工参数统计表，计算采用的土工参数见表 4.6-1。

土层参数取值表　　　　　　　　　　　　　　表 4.6-1

土层名称	γ(kN/m³)	γ_{sat}(kN/m³)	γ'(kN/m³)	C_c	C_r	e	C_a	OCR
填土	19	20	9.9	0.06	0.01	0.91		1
疏浚土	18.55	19	8.9	0.25	0.05	1.01	0.0025	1
吹填土	17.6	17.6	7.5	0.63	0.15	1.32	0.0154	1
冲积砂	18.5	18.5	8.4	0.06	0.01	0.71	0.0008	1
冲积土	19.2	19.2	9.1	0.63	0.15	1.32	0.0154	1
残积土(N<10)	19	19	8.9	0.34	0.07	0.93	0.0025	2.5
残积土(10≤N≤30)	20	20	9.9	0.24	0.05	0.74	0.002	2.5
残积土(30<N≤50)	20.5	20.5	10.4	0.18	0.04	0.61	0.0016	2.5

以 BH-F3-09 孔为例计算沉降：

BH-F3-09 孔的计算参数见表 4.6-2。该钻孔地下水位在＋1.8m，排水板三角形布置，间距 1.4m，排水板尺寸 100mm×3.5mm，预压荷载 180kPa，预压时间 5 个月，交付使用时地面＋6.3m。

BH-F3-09 孔的计算参数　　　　　　　　　　　　表 4.6-2

土层名称	厚度(m)	层底(m)	$C_v(m^2/a)$	$C_h(m^2/a)$	排水路径
填土	3	3	10000	30000	Utsm
疏浚土	24.4	27.4	10	10	Utsm
吹填土	1.00	28.4	1	6	Utsm
填土	4.70	33.1	1	6	Utsm
残积土($N<10$)	1.75	43.85	165	72	Utsm
残积土($10 \leqslant N \leqslant 30$)	1.55	36.4	165	72	Utsm
残积土($30<N<50$)	6.4	42.8	165	495	Uv

采用 e-$\lg p$ 曲线法计算固结沉降，采用改进的高木俊介法时，计算多级等速加载条件下的地基平均固结度。预压期间的计算结果见表 4.6-3。

预压期间的沉降计算结果　　　　　　　　　　表 4.6-3

土层名称	总沉降(m)	实际完成的沉降(m)	固结度(%)
填土	0.081	0.081	100
疏浚土	0.885	0.858	97
吹填土	0.598	0.544	91
填土	1.684	1.532	91
残积土($N<10$)	0.199	0.199	100
残积土($10 \leqslant N \leqslant 30$)	0.115	0.115	100
残积土($30<N<50$)	0.248	0.243	98
合计	3.811	3.492	92

预压荷载卸除后，场地回弹沉降的计算。回弹时间为 6 个月。计算结果见表 4.6-4。

回弹期间的沉降计算结果　　　　　　　　　　表 4.6-4

土层名称	总沉降(m)	实际完成的沉降(m)	固结度(%)
填土	−0.018	−0.018	100
疏浚土	−0.198	−0.198	100
吹填土	−0.008	−0.0075	94
填土	−0.035	−0.033	94
残积土($N<10$)	−0.010	−0.010	100
残积土($10 \leqslant N \leqslant 30$)	−0.007	−0.007	100
残积土($30<N<50$)	−0.007	−0.0066	99
合计	−0.284	−0.281	99

场地使用荷载为路面荷载，路面厚度为 0.441m，路面材料重度为 $25kN/m^3$，因此使用荷载为 11kPa。交付使用 60 年后的残余沉降（工后沉降）计算结果见表 4.6-5。

工后沉降的计算结果

表 4.6-5

土层名称	总固结沉降(mm)	实际沉降(mm)	固结度(%)	60年蠕变(mm)	总工后沉降(mm)
填土	3.3	3.3	100	0.1	3.4
疏浚土	17.7	17.7	100	0.2	17.9
吹填土	0.3	0.3	100	0.1	0.4
填土	0.9	0.9	100	0.6	1.6
残积土($N<10$)	0.7	0.7	100	0.4	1.2
残积土($10\leqslant N\leqslant30$)	0.5	0.5	100	0.3	0.9
残积土($30<N<50$)	0.4	0.4	100	0	0.4
合计	23.9	23.9	100	1.9	25.7

第 5 章　非均质吹填场地地基处理设计

5.1　非均质吹填场地地基处理设计的基本原则

为适应非均质吹填场地软土地基的前述特性，地基处理设计应遵循以下基本原则：

（1）不同性状吹填土的精确处理分区；

（2）不同处理分区的分区沉降计算；

（3）不同处理分区的处理方法设计与处理指标确定；

（4）不同处理分区的处理施工监测设计；

（5）根据场地的非均质特征，结合选用"以静为主、以动为辅、以静为本、以动为促、无静莫动"的原则，选取适宜的不同静动排水固结处理模式，力图达到技术最佳、经济指标合理和处理工期缩短的目的。

5.2　非均质吹填场地地基处理的岩土工程勘察

非均质吹填场地软土地基岩土工程勘察因其非均质性而有别于均质场地的岩土工程勘察。

5.2.1　岩土工程勘察特点

（1）取土难度大：非均质吹填场地表层吹填淤泥多呈流动状态，其原状土试样难以取得。

（2）多种勘察方法相结合：勘察时对流动淤泥除采用适宜的取土器取土外，还需结合静力触探、十字板剪切、工程物探等测试方法，评价非均质吹填土的性质。

（3）静探钻孔多：由吹填场管口位置和吹填次数的影响，导致场地内吹填土层厚度相差较大，为更好地反映土层的变化，需尽量多地进行静探钻孔，以获得详细的土层地质剖面图。

（4）采用均匀布设勘察点的方式不能反映场地的非均质特性。

5.2.2　岩土工程勘察要求

（1）现场工作要求

勘察点平面布置应适应场地非均质特性，不同性状岩性区均应布设勘察点（满足初设或施工图设计），孔的深度应穿过吹填土层进入下伏硬土层不小于 3m～5m。原位测试孔（静探、十字板孔）初勘时不小于 1/3，详勘时不小于 1/2。取土间隔为 2.0m，每个场地应有不小于 6 个钻孔对软土层进行全部取样。取样必须用压入式厚壁取土器。当相邻孔的软土底板厚度差大于 20% 时，应在现场及时补孔以确定土层的厚度。

（2）试验工作要求

土工试验除提供常规的物理力学性质指标外，应提供前期固结压力、压缩指数、次固结沉降系数、有机质含量、固结系数及渗透系数等指标。

勘察成果应提供场地土层厚度变化与厚度图、地质剖面图及静力触探、十字板剪切的原始数据、每个孔的土工试验资料数据。

5.3 非均质吹填场地地基处理的设计要求

一般的建筑物应根据其功能特点、使用要求进行设计，常用的地基处理要求如表5.3-1 所示。

常用的地基处理要求

表 5.3-1

使用功能	工后沉降(m)		差异沉降	稳定性	基底承载力
高速公路、一级公路	桥台与路堤相邻处	≤0.1	0.5%	1.2～1.3(考虑地震时,安全系数折减 0.1)	大于基底的压应力(与路基高度、荷载等有关)
	涵洞、箱涵、通道处	≤0.2			
	一般路段	≤0.3			
二级公路(作为干线公路时)	桥台与路堤相邻处	≤0.2	0.5%	1.15～1.2(考虑地震时,安全系数折减 0.1)	大于基底的压应力(与路基高度、荷载等有关)
	涵洞、箱涵、通道处	≤0.3			
	一般路段	≤0.5			
砌体承重结构基础局部倾斜	—		0.2%(高压缩性土为 0.3%)	经常受水平荷载作用的高层建筑、高耸结构和挡土墙,以及建造在斜坡上或附近的建筑物和构筑物应进行稳定性验算,安全系数参考响应规范取值	大于基底的压应力(与基底的附加应力有关)
单层排架结构(柱距 6m)	0.12(高压缩性土为 0.2)		—		
桥式吊车轨面的倾斜(按不调整轨道考虑)	—		纵向 0.4% 横向 0.3%		
多层和高层建筑的整体倾斜(高度小于 24m)	—		0.4%		
体形简单的高层建筑基础	0.2		—		
高耸结构基础(小于 100m)	0.4		0.5%～0.8%		

注：差异沉降为道路任意两点间在单位时间内的沉降差值与两点间的距离比；建筑物倾斜为基础倾斜方向两点的沉降差值与两点间的距离比，意义与道路的差异沉降相同。局部倾斜为 6m～10m 内基础两点的沉降差。

对于大面积非均质吹填场地地基处理，除以上要求外，根据工程特点，还有交工标高、回弹模量、有效加固深度等要求。

5.4 非均质吹填场地地基处理的初步设计

5.4.1 分区设计原则

非均质吹填场地的土层特性相差较大，采用同一方法进行处理后，将导致部分场地的处理效果难以达到使用要求，因此，需进行分区设计与施工。分区设计原则如下：

（1）填土性状基本相同；

（2）地下水性状及土体含水率大体相同；

（3）施工总沉降量与补土厚度大体相同；

（4）施工方法相同。

按场地条件可分为一次性处理和两次性处理的大区，然后再按分区原则划分施工小区：

（1）一次性处理区：场地表层具机械施工条件的场地为一次性处理区，可同步进行填土层与下覆软土的加固处理；

（2）两次性处理区：场地表层稀软，不具备机械施工条件的范围，先进行表层加固处理，而后实施填土层与下覆软土加固处理；

（3）施工小区划分：将场地按处理难易程度、补土厚度、施工沉降大小、垂向排水体的打设密度与深度、降水性质与降水预压时间等划分若干小区。

为消除同一片区内的差异沉降，基于精确分区的理念，需对不同小区进行参数差异设计。

5.4.2　精细化分区方法

吹填场地精细化分区的目的在于为设计消除差异沉降的非均质吹填场地地基处理方法提供理论依据。具体应用时，在吹填场地详细勘察的基础上，首先分析吹填场地的地层特征，可分为淤泥层、砂层、粉土层、淤泥混砂或砂混淤泥土层、粉土夹淤层等沿地层深度方向的相对位置关系，划分不同加固方法的施工片区；其次在确定场地类别的基础上，考虑沉降量差异、地层差异、土性差异等因素，应用精细化消除不均匀沉降技术进行参数设计与精细化施工，划分不同工艺参数的施工亚区，达到消除沉降的目的，具体分区流程图如图 5.4-1 所示。

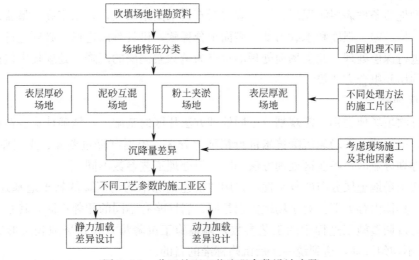

图 5.4-1　分区处理工艺流程参数设计步骤

1. 片区划分

根据吹填场地的类别和地层分布特征，确定其处理重点，提出与之相适应的地基处理方法，具体如表 5.4-1 所示。

各类场地适用方法 表 5.4-1

场地类别	处理重点	适用方法
表层厚砂	消除表层厚砂层的砂土液化	动力排水固结法,包括振动增压法、振冲置换法、振冲挤密法、降水强夯法
泥砂互层	消除浅层吹填砂土液化、完成深层淤泥或淤泥质土排水固结	最为复杂,通常采用组合处理方法,如"排水板＋挤密砂桩＋堆载"和"排水板＋降水预压＋强夯＋堆载"
粉土夹淤	粉土夹淤层的排水固结	立体式组合排水方法
表层厚泥	完成淤泥的排水固结	浅层预处理方法包括土工格栅、荆笆、无砂真空预压及竹排预处理技术等;深层处理宜采用静力排水固结,包括真空预压、堆载预压、覆水真空预压法及真空-堆载联合预压法等

（1）表层厚砂

该类型地质条件砂层较厚，下卧淤泥质土埋藏较深且较薄，淤泥层不处理或强夯置换，工后沉降仍满足要求地基处理的重点为消除砂土液化，可以采用振动增压法、动力排水固结法、振冲置换法、振冲挤密法、降水强夯法等。

（2）泥砂互层

该类型地质条件砂层、软土层均不厚，地层较复杂，地基处理的重点为消除浅层吹填砂土液化和完成深层淤泥质土排水固结，在场地表层形成硬壳层。该类地质条件的地基宜采用组合处理方法，如"排水板＋挤密砂桩＋堆载"和"排水板＋降水预压＋强夯＋堆载"等。

（3）粉土夹淤

该类型地质条件粉土与淤泥互混，因粉土与淤泥的渗透性差异较大，故场地处理的重点为排水固结。一般采用立体式组合排水固结的方法。

（4）表层厚泥

该类型地质条件表层淤泥层较厚，表层为新近未固结软土，含水率高、呈流动状、压缩性大、结构性差、强度和承载力低、表面十分稀软，机具难以进场，必须进行浅表层处理后才能进行深层处理。此类场地处理的重点为消除淤泥层的沉降，处理技术包括真空预压、堆载预压和组合方法等。

2. 亚区划分

在划分吹填场地类别、宏观划分不同处理方法片区的基础上，精确计算各钻孔位置场地沉降量，采用消除不均匀沉降技术进行精细化分区，根据沉降量差异、土层厚度差异、土性差异等划分亚区。各亚区处理方法相同，但处理工艺参数不同。

针对吹填场地土层分布的复杂性，采用"快速消除不均匀沉降的软土地基处理方法"专利技术，具体内容如下：对于场地类别相同、岩性略有不同的相邻小区，其总沉降量不尽相同，通过调整施工过程中的工艺参数，调整施工沉降量，并在场地表层形成"硬壳层"，消除不均匀沉降，达到统一工后沉降标准的目的。

如对于不同土质的 A、B、C、D 四个相邻小区，通过计算得到 A、B、C、D 区的总沉降量分别为：

$$s_{A} = \sum \zeta_{Ai} s_{Ai} \tag{5.4-1}$$

$$s_{B} = \sum \zeta_{Bi} s_{Bi} \tag{5.4-2}$$

$$s_{C} = \sum \zeta_{Ci} s_{Ci} \tag{5.4-3}$$

$$s_{D} = \sum \zeta_{Di} s_{Di} \tag{5.4-4}$$

式中　s_{A}、s_{B}、s_{C}、s_{D}——A、B、C、D 区的总沉降量（mm）；

ζ_{Ai}、ζ_{Bi}、ζ_{Ci}、ζ_{Di}——A、B、C、D 区第 i 层土的沉降系数；

s_{Ai}、s_{Bi}、s_{Ci}、s_{Di}——A、B、C、D 区第 i 层土沉降量（mm）。

为了达到差异沉降和工后沉降小于设计要求，对各小区施工过程中采用不同的工艺参数，施工需要完成的沉降量分别为：

$$s_{Af} = \sum \zeta_{Ai} s_{Ai} - s_{p} \tag{5.4-5}$$

$$s_{Bf} = \sum \zeta_{Bi} s_{Bi} - s_{p} \tag{5.4-6}$$

$$s_{Cf} = \sum \zeta_{Ci} s_{Ci} - s_{p} \tag{5.4-7}$$

$$s_{Df} = \sum \zeta_{Di} s_{Di} - s_{p} \tag{5.4-8}$$

式中　s_{Af}、s_{Bf}、s_{Cf}、s_{Df}——A、B、C、D 区的施工需要完成的沉降量（mm）；

s_{p}——工后沉降量（mm）。

5.4.3　分区处理参数设计

吹填场地地基处理一般采用排水固结的方法。排水固结法按加荷类型分为静力排水固结法、动力排水固结法和静动组合排水固结法。不同亚区的不同处理方案一般包括由排水系统、加压系统和止水系统三部分组合而成。

（1）排水系统主要用于改变地基原有的排水边界条件，增加孔隙水排出途径，缩短排水距离，包括竖向排水系统、水平向排水系统。

（2）止水系统主要指施加在处理区域周围的边界条件，主要采用止水墙方式进行边界止水。

（3）加压系统，是施加起固结作用的荷载，使软土中的孔隙水产生压差而渗流，进而使软土固结，包括静力加压系统、动力加压系统。

分区处理参数差异设计的影响因素如表 5.4-2 所示。

差异设计参数影响因素　　　　　　　　　　　　　　　　表 5.4-2

项目	参数	影响因素
排水板	间距	工期、淤泥层渗透系数、附加荷载，一般为 0.8m～1.2m
	深度	土层分布，一般达处理深度范围内底层淤泥层底＋0.5m
	型号	分 A、B、C 三种类型，根据设计深度和排水量选用
真空预压	面积	单块处理面积一般为 900m^2～1100m^2
	时间	土层加固效果
	真空泵数量	地基处理面积、单块地基处理面积、单泵抽真空效果

项目	参数	影响因素
止水墙	厚度	止水墙材料、渗透压力差、渗透性
	深度	土层分布、取决于待处理淤泥层深度
降水井	间距	工期、砂层的渗透系数和厚度、外围水补给量
	深度	土层分布、一般井底进入淤泥层1m、井口高出堆载面0.3m
	直径	地下水储量、出水速率
堆载	厚度	所需附加荷载、堆载料重度、边坡变形量
	时间	土层加固效果
强夯	总夯击能	工期、需补充附加荷载
	单点夯击能	土性、地下水位
	点夯间距	夯锤直径、落距、影响范围
	夯击遍数	总夯击能、土体加固效果、相邻两击沉降量差值
	土层抗力	单点夯击能、夯锤底面积、夯沉量
振动增压	激振力	偏心块重量、振动器外壳重量、偏心块偏心距、转动的角速度
	加固范围	加固土层的固有频率、激振器的间距

1. 静力荷载参数设计

静力荷载指对拟处理的软土地基施加静荷载。静力加压的方法有堆载预压、真空预压、降水预压及其联合预压。荷载大小是以减小场地工后沉降为目的,力求在施工期间最大限度产生沉降。荷载大小设计的主要步骤如下:

(1) 了解场地的使用功能及特点,明确场地正常使用期的荷载要求及地基处理要求,尤其是变形的要求。

(2) 分析场区内的岩土工程勘察资料,如吹填软土、原状软土层的状态、厚度,上覆砂层的厚度等。

(3) 根据第4章沉降计算方法计算沉降量。

(4) 沉降计算完成后,取计算沉降的10%作为工后沉降,判断是否满足工后沉降及不均匀沉降要求(一般排水固结法处理后地基固结度可达90%,更高则要求预压时间较长)。然后进行沉降分析,确定施工预压荷载强度。

(5) 为消除沉降及差异沉降,施工过程中的预压荷载需大于等于正常使用荷载。预压荷载的方式常采用:堆载预压、降水预压、真空预压以及组合预压。但加载方式对地层也有适用性,各方式的优缺点如表5.4-3所示。

常见静力加载方式适用性　　　　　　　　　　　　　　　　表 5.4-3

静力加载方式	荷载强度	适用范围	缺点
堆载预压	$p_{tt}=\gamma_s \cdot h_{tt}$	适用于各类地基	需填土量大、预压时间长
真空预压	80kPa	适用于泥砂互层、粉土夹淤及表层厚泥场区	荷载强度限制大,提供的强度约 80kPa
降水预压	$p_j=\gamma_w \cdot h_{hs}$	适用于表层厚砂、粉土夹淤、粉土夹淤类场区	荷载强度与降水深度相关,受场地条件限制明显

注：γ_s 为堆载料的重度；h_{tt} 为堆载高度；γ_w 为水的重度；h_{hs} 为地下水位降低的深度。

由表 5.4-3 可知，荷载强度设计时需综合考虑成本、场地条件的特点。

2. 低能量动力加压参数设计

夯击前，保证吹填软土顶面有一定厚度的覆盖预压层（作为静力荷载及施压垫层），土层利用适量的静力荷载、冲击荷载及其覆盖层与冲击力共同作用在地基中产生的后效力作为加载系统。

动力设计的内容有：夯击能；有效加固深度；夯点布置形式和夯点间距；夯击击数；夯击遍数；间歇时间及夯沉量、土层抗力等。设计参数可参考表 5.4-4。为了验证设计参数并符合预定目标，在正式大面积施工之前一般先进行试夯，对不同方案的地基处理现象和效果做出定量评价，然后反馈回来修改原设计，以校正各设计、施工参数。

采用多遍夯击逐步提高夯击能的方法，即"夯击能由低至高、加固由浅入深"，使末级点夯的单夯夯击能影响深度达到要求，而每遍单夯夯击能的确定原则上由横向变形及夯点周围上的隆起量控制：

（1）夯沉量控制：当满足 $\dfrac{s_{n+1}-s_n}{s_n-s_{n-1}}>R$，即当夯沉量的发展速度比大于某一数值时，则停夯；如果取 $R=1$，则表明第 $n+1$ 遍的夯击增量大于第 n 遍的夯击增量，则夯击次数取 n。一般地，根据实际情况，当 R 较大时（如 $R=0.9$）即可停夯。另外，软土之上的静力（覆盖）层厚度 H 较小时，一般控制每遍得到夯坑总夯沉量在 $(1/20\sim3/10)H$ 之内。

（2）孔压控制：当第 n 次夯击时，孔隙水压力增加 Δs_n 突然较小或趋于零，则夯击次数取 n。

（3）变形控制：第 n 次夯击时夯点周围的水平方向（径向）应变累积值 ε^n 达到一定的量而该次径向应变增量 $\Delta\varepsilon^n$ 趋于零，则夯击次数取 n。

（4）地表控制：当夯点周围土体明显隆起或夯坑附近地面产生明显振动且振动持续时间较长时，应停止。

（5）不同吹填场地基本强夯参数如表 3.4-6 所示。

3. 止水系统参数设计

止水系统主要用于隔绝待处理的吹填场地外部水的流入。吹填场地的止水系统多采用水泥搅拌桩或泥浆搅拌桩连接成止水墙的形式。

泥浆搅拌桩常作为隔水隔气的措施广泛应用于真空预压的非均质场地。泥浆搅拌桩成墙的厚度一般不宜小于 1.2m，采用双轴搅拌桩工法施工，搅拌桩直径不宜小于 700mm，搭接宽度不宜小于 200mm。拌和后墙体的黏粒含量大于 15%，渗透系数小于 $1×10^{-5}$ cm/s。泥浆搅拌桩的深度应穿过渗透性较好的土层进入黏性土层。

除了真空预压，在降水预压区（特别是表层厚砂区的管井降水）布置止水墙拦截外界水的流入，有效地控制场区的地下水，减少开泵数量，节省成本。降水预压区的止水墙可采用水泥搅拌桩和泥浆搅拌桩形式。水泥搅拌桩强度较高，一般也采用双轴搅拌，桩深要求穿过含水层进入不含水层。可通过设计水泥掺量来满足不同使用要求，当场区周边存在结构设施，对地基横向变形要求较高时，宜采用该方法。

4. 水平排水系统参数设计

水平向排水主要包括砂垫层、设于砂垫层间的盲沟、设于砂垫层周围的排水沟以及真空预压中的水平排水管。

（1）砂垫层设计

砂垫层宜采用中、粗砂，黏粒含量不宜大于 5%，砂料中可混有不超过总重量 10%、粒径小于 50mm 的砾石；砂垫层的干密度应不小于 $1.5g/cm^3$，渗透系数不小于 $5×10^{-3}$ cm/s。砂垫层厚度一般不小于 0.5m。

（2）排水沟设计

排水沟分为明沟和盲沟两种，常常与其他排水方式联合使用。

盲沟一般适用于低渗透性的场地类型，对于渗透性极低的场地则需要真空进行主动排水。盲沟沟底铺设一定厚粗砂或碎石（含泥量小于 5%），其上覆盖无纺土工布，然后用含水率低的粉质黏土对横向沟回填形成盲沟，并与场地外侧排水边沟连通。盲沟一般间距为 8m～14m，深度为 2.5m～3m。

明沟常常布置在场地外侧，坑底采用压实等措施加固后再铺设土工布，其截面形式一般设置成倒梯形。坡度根据场地浅层土质的情况确定。

5. 竖向排水系统参数设计

竖向排水体中对于渗透性良好的砂类土场地，采用管井；对于渗透性差的黏性土场地，采用砂井、袋装砂井或塑料排水板；对于渗透性介于前述两者之间的粉类土场地，常采用真空井点。

（1）塑料排水板设计

塑料排水板的设计主要包括排水板的布置形式、间距、深度等。

塑料排水板一般采用正方形或正三角形布置形式。排水板型号及性能指标如表 5.4-4 所示。

常用塑料排水板型号及性能指标 表 5.4-4

型号 项目	A 型	B 型	C 型	D 型	条件
打设深度(m)	≤15	≤25	≤35	≤50	
纵向通水量(cm^3/s)	≥15	≥25	≥40	≥55	侧压力 350kPa
滤膜渗透系数(cm/s)	≥5×10^{-4}				试件在水中浸泡 24h
滤膜等效孔径(mm)	0.05～0.12				以 O_{95} 计

型号 项目		A 型	B 型	C 型	D 型	条件
塑料排水板抗拉强度(kN/10cm)		≥1.0	≥1.3	≥1.5	≥1.8	延伸率 10% 时
滤膜抗拉强度(N/m)	干	≥15	≥25	≥30	≥37	延伸率 10% 时
	湿	≥10	≥20	≥25	≥32	延伸率 15% 时,试件在水中浸泡 24h

塑料排水板当量换算直径公式:

$$d_p = \frac{2(b+\delta)}{\pi} \tag{5.4-9}$$

式中　d_p——当量换算直径 (mm);

　　　b——宽度 (mm);

　　　δ——厚度 (mm)。

塑料排水板的等效直径计算:

$$d_e = 1.05l \text{(等边三角形排列)} \tag{5.4-10}$$
$$d_e = 1.128l \text{(正方形排列)} \tag{5.4-11}$$

式中　d_e——等效直径 (mm);

　　　l——排水板间距 (mm)。

井径比计算:

$$n = \frac{d_e}{d_p} \tag{5.4-12}$$

式中　n——井径比,一般按 15~22 选用。

根据式(5.4-9)可以计算得出排水板间距,间距一般为 0.7~1.1m。

竖向排水体的深度应根据地基稳定性、变形要求和工期确定。对以地基抗滑稳定性控制的工程,竖向排水体超过最危险滑动面的深度应大于 2m;对以变形控制的工程,竖向排水体的深度应根据在限定的预压时间内需完成的变形量确定,竖向排水体宜穿透软土层。

一级或多级等速加载条件下,当固结时间为 t 时,对应总荷载的地基平均固结度可按式(5.4-9)计算。

对于竖井未打穿受压土层平均固结度,可按下式计算:

$$\overline{U} = \frac{H_1}{H_1+H_2}\overline{U}_{rz} + (1-\frac{H_1}{H_1+H_2})\overline{U}'_z \tag{5.4-13}$$

式中　H_1——竖井部分土层厚度;

　　　H_2——竖井以下部分压缩范围内土层厚度;

　　　$\overline{U}_{rz}$——竖井部分土层平均固结度;

　　　$\overline{U}'_z$——竖井以下部分土层平均固结度。

由式(5.4-9)可计算出地基的固结度-时间公式,根据公式可求出任意时间点地基的固结度情况,一般情况下加固过程中地基固结度达 90% 可进行卸载,但由于固结度不是地基处理效果的控制指标,控制固结度目的是完成对沉降控制。因此超载预压或对沉降要求不高的地基通过计算来对卸载时的固结度提出要求,能够有效地节省工期和造价。

(2) 竖井设计

渗透性较好的非均质吹填场区常用管井进行降水。其设计内容主要包括管井直径、管井深度、管井间距及布置形式等,通过预估的降水深度来反算管井的参数指标。降水计算包括影响半径、出水量、地下水储量等项目。

当渗透性较差,采用其他方式降水时,排水井类型的选择可根据含水层岩性、地下水位、渗透性和拟降水深度等参数来预估,具体如表 5.4-5 所示。

竖井排水方法使用范围　　　　　　　　　　　　　表 5.4-5

排水方法	适合地层	地下水埋藏深度(m)	渗透系数(m/d)	降水深度(m)
真空点井	黏性土、粉质黏土、粉土砂土	<6	0.1~20	单级<6;多级<20
喷射点井		>6	0.1~20	<20
管井	砂土、碎石土	含水层厚度大于5m	1.0~200	>5
大口井	砂土、碎石土	<15(含水层厚度大于3m)	1.0~200	<20

降水井影响半径与水位降深、潜水含水层厚度、渗透系数有关,具体公式:

$$R = 2S_w \sqrt{Hk} \tag{5.4-14}$$

式中　R——影响半径 (m);

S_w——水位降深 (m);

H——潜水含水层厚度 (m);

k——渗透系数 (m/d)。

潜水完整井的出水量计算采用裘布依稳定流公式,具体公式:

$$Q = 1.336 \frac{k(2H - S_w)S_w}{\lg \dfrac{R}{r_w}} \tag{5.4-15}$$

式中　Q——水井出水量 (m³/d);

r_w——水井半径 (m)。

地下水储量与给水度、软土体积有关,整个场地地下水储水量为多层次软土储水量之和,具体公式:

$$Q_{总} = \sum \mu_i (A_i H_i) \tag{5.4-16}$$

式中　$Q_{总}$——整个场地地下水储水量 (m³);

μ_i——第 i 层土体给水度,取值见表 5.4-6;

A_i——第 i 层土体排水场面积 (m²);

H_i——第 i 层土体的厚度 (m)。

给水度 u 经验取值　　　　　　　　　　　　　　　表 5.4-6

岩性	粗、砾砂	中砂	细砂	粉砂	粉土	粉质黏土	黏土	泥炭土
u	0.25～0.35	0.2～0.25	0.15～0.2	0.1～0.15	0.1～0.12	0.1	0.04～0.07	0.02～0.04

为方便设计，针对不同渗透性条件的排水系统进行优化组合设计，如表 5.4-7 所示。

吹填场地排水组合方式　　　　　　　　　　　　　表 5.4-7

场地类型	排水组合方式	
	无补给水源	有补给水源
强渗透型	$\phi300mm～500mm$ 管井，井深到吹填土底板以下 1m，井距 28m～35m，正方形均匀布置；填土厚度小于 5m 时，采用 $\phi1000mm～2000mm$ 大井，井距 150m～200m	井深低于补给水源底板以下 1.0m～1.5m，井距 24m～30m；截水井距离 8m～15m，排水井也可采用大井
弱渗透型	$\phi300mm～500mm$ 管井，井深到吹填土底板以下 1.5m，井距 18m～28m，正方形均匀布置	$\phi300mm～500mm$ 管井，井深到吹填土底板以下 1.5m，井距 18m～28m，正方形均匀布置，但截水井井距 10m～20m
强、弱相间渗透型	$\phi300mm～500mm$ 管井，非均匀布置，井距 18m～35m	设置截水井，间距视补给强度采用 8m～20m
低渗透型	$\phi300mm$ 管井＋2.5m 深截水盲沟，井距、盲沟间距 8m～14m	外围布设排水明沟截阻外围水补给，明沟深度不小于 2.5m
低、很低渗透性差异变化	立体式排水组合，单层或多层水平真空管或横向塑料排水板＋$\phi300mm$ 管井＋截水盲沟，井深 3m～6m，盲沟深 2.5m～3.0m	外围布设深度 2.5m 排水明沟
极低渗透性	塑料排水板＋水平砂垫层＋集水井＋真空排水系统	无

5.4.4 分区处理过程控制设计

1. 砂垫层过程控制

（1）砂垫层材料检测：含泥量不宜大于 5%，砂料中可混有少量不大于 50mm 的砾石，渗透系数大于 $1×10^{-2}$ cm/s。

（2）砂垫层的高度控制：允许偏差为 ±50mm，检验为每 100m² 一个检验点，砂垫层铺设范围为整个软基处理区。

2. 排水板过程控制

（1）塑料排水板定位偏差应小于 30mm；打设机定位时，管靴与板位标记的偏差不大于 50mm。

（2）套管的垂直度偏差不应大于 1.5%，回带长度不超过 500mm，且回带的根数不超过总根数的 5%；塑料排水板在水平排水垫层表面的外露长度不应小于 200mm。

（3）需搭接处理时，每根塑料排水板不得多于 1 个接头，且有接头的塑料排水板根数不应超过总根数的 10%，相邻的塑料排水板不得同时出现接头；接长时，芯板搭接长度不应小于 200mm，且连接牢固。

3. 止水墙过程控制

（1）止水墙的深度要穿透透水层并进入不透水层顶面标高以下 1.0m。

（2）搅拌机钻头直径不小于 70cm。

（3）止水墙黏粒含量不小于 15%，渗透系数 $k < 1 \times 10^{-6}$ cm/s。

4. 堆载预压过程控制

（1）堆载料尽量均匀。

（2）堆载高度偏差控制在 50mm 以内。

（3）软土地基最大竖向变形量不应超过 10mm/d；堆载预压边缘处水平位移不应超过 5mm/d。

5. 真空预压过程控制

（1）压膜沟采用黏土制成，压膜沟深入不透水土层厚度应不小于 0.5m，沟底宽 1.0m～1.5m。

（2）真空预压结束后压膜沟部位处理，应全部开挖后，用中粗砂夯填，压实度要求达到 93%。

（3）正式抽真空前需进行试抽真空，待真空压力稳定在大于 80kPa 以上后稳压。

6. 强夯作用过程控制

（1）夯点测量定位允许偏差±5cm；夯锤就位允许偏差±15cm；满夯后场地整平，平整度允许偏差±10cm。

（2）下一击的强夯需在上一击强夯产生的孔隙水压力消散 70% 的基础上进行。

7. 静动组合排水固结时机的选择设计

静动组合排水固结的荷载组合时机是分区处理过程控制的中心环节，合理的组合时机可充分发挥静动排水固结的耦合作用，达到处理效果最佳、工期最短、成本最低的目的。

（1）在静力排水固结过程中，表现为沉降速率明显下降时，表明软土的有效应力已接近预压荷载，此时即是施加动力加荷的初始时机，实施静动叠加的超载预压，动力荷载的大小应不低于静力荷载的 20%～30%。

（2）当静动超载预压的沉降速率由大变小，并趋于平稳时，再施加第二级荷载，沉降减速后进行第三次动力加荷，每级动荷载能量应比前一级增加不低于 20%。

（3）静动组合加荷的稳压时间，应以软土固结度不低于设计的固结度或不小于设计的施工沉降量为准，并以动力加荷的滞后动力效应时效（2 个～3 个月）为准。

5.4.5 地基表层处理设计

对于非均质吹填超软土场地，因表层吹填土未固结、高含水、呈流动状、结构性差、承载力极低、机具难以进场，故一般需要进行表层处理后再进行深层处理，即进行两次处理。浅层处理的方法有土工格栅、荆笆、真空预压及竹网法等。本节主要介绍竹网法。

竹网法加固吹填超软土表层地基包含四部分，分别为上部覆土（一般为中粗砂）、土工布（位于竹网和上部覆土之间）、竹网和吹填地基表层超软土如图 5.4-2 所示。竹网-土工布-土相互作用、相互协调，构成一个不可分离的整体。

软土地基在上部覆土和施工机械的作用下，产生沉降，荷载周围地基发生侧向挤出和局部隆起变形。在软土地基上铺设竹网、土工布，在荷载作用下，竹网、土工布与地基土融为一体，由于其相互间的抗剪强度作用，限制了地基的变形，同时，竹网具有强大的抗

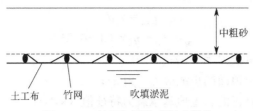

图 5.4-2 竹网加固技术组成部分

拉能力，能起到支撑荷载的作用。此外，竹间网格将上部覆土固定于网格内部，由于土工布的作用，增加了地基的抗剪强度，提高了地基承载力。

土工布在上部荷载的作用下较为均匀地传递到下部竹网和软土，使得竹网和软土共同承受荷载。同时，土工布和上部覆土均具有应力扩散作用，可减少软弱地基的沉降和不均匀沉降。此外，土工布还具有约束软弱地基侧向变形的作用，可有效维持地基的稳定性。

竹网法设计参数主要包括覆土厚度和竹网间距。具体设计过程如下：

（1）确定施工设备参数和表层地基土特征参数：施工设备参数包括设备重量 W、履带接地宽度 B 和履带接地长度 L；地基土特征参数包括黏聚力 c、内摩擦角 φ、地基压缩模量 E_{s2}。

（2）确定上部覆土、竹网和土工布相关参数：上部覆土参数包括重度 γ_t、压缩模量 E_{s1}；竹网参数包括竹子外侧直径 R、内侧直径 r 和竹子抗拉强度 σ_b；土工布参数包括土工布拉力 T_{gc}。

（3）确定竹网间距和上部覆土厚度：竹网、土工布上铺设覆土，施工设备的重力通过上部覆土扩散到软土表层，竹网和土工布相当于横向加筋，增加了吹填超软土的承载力，需要满足强度要求，吹填超软土表层承载力按山内公式计算。

$$\sigma \approx f_a \tag{5.4-17}$$

$$f_a = \frac{1}{F_s}\left(1+\frac{d}{B}\right)\left(cN_c+\frac{2T_a}{B}\sin\beta\right) \tag{5.4-18}$$

$$T_a = \frac{1}{F_t}\left(\frac{\sigma_b}{S}\cdot\frac{\pi(R^2-r^2)}{4}+T_{gc}\right) \tag{5.4-19}$$

式中　σ——设备接地应力（kPa）；

f_a——上部覆土的承载力（kPa）；

d——铺设厚度（m）；

T_a——加固材料容许拉力（kN/m）；

β——加固材料与水平面所成角度（取 $7°$）；

S——竹子间距（m）。

（4）吹填超软土承载力验算

吹填超软土表层在一定厚度的覆土和施工设备的作用下，要满足强度条件和变形条件，设备应力扩散计算简图如图 5.4-3 所示。

吹填超软土满足强度条件：

$$\sigma_{cz}+\sigma_z \leqslant f_{az} \tag{5.4-20}$$

$$\sigma_z = \frac{Wg(1+\alpha)}{2(B+2d\tan\theta)(L+2d\tan\theta)} \tag{5.4-21}$$

$$\sigma_{cz} = \gamma_t d \qquad (5.4-22)$$

$$f_{az} = f_a + \eta_d \gamma_t (d - 0.5) \qquad (5.4-23)$$

式中　σ_{cz}——覆土的自重应力（kPa）；

　　　σ_z——设备在软土顶面的扩散应力（kPa）；

　　　f_{az}——经过深度修正的软土地基承载力特征值（kPa）；

　　　α——冲击系数，如表 5.4-8 所示；

　　　θ——应力分散角，如表 5.4-9 所示；

　　　η_d——深度修正系数（淤泥、淤泥质土和人工填土取 1.0）。

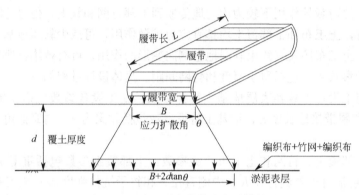

图 5.4-3　施工设备扩散应力计算简图

不同厚度覆土对设备的冲击系数　　　　　　　　　　　　　　表 5.4-8

覆土厚度 d（cm）	冲击系数 α
30 以下	0.3
30～60	0.2
60～90	0.1
以上	0

地基应力分散角 θ　　　　　　　　　　　　　　表 5.4-9

E_{s1}/E_{s2}	z/b	
	0.25	0.5
3	6°	23°
5	10°	25°
10	20°	30°

注：E_{s1} 为上层土压缩模量，E_{s2} 为下层土压缩模量；$z/b < 0.25$ 时，θ 为 0°，$z/b > 0.5$ 时，θ 不变。

竹网间距的选择与覆土高度、软土处理前的不排水强度和接地应力有关。初步设计时可以参考表 5.4-10。

竹网设计参考参数表　　　　　　　　　　　　　　表 5.4-10

规格（m）	覆土高度（m）	不排水强度（kPa）	实测承载力（kPa）	加固前的承载力（kPa）	承载比	山内公式（kPa）	接地压力（kPa）
0.5×0.5	1.00	2.25	35.38	5.98	5.92	88.49	23.03
1.0×1.0	0.95	3.23	35.57	8.53	4.15	52.92	22.34

续表

规格(m)	覆土高度(m)	不排水强度(kPa)	实测承载力(kPa)	加固前的承载力(kPa)	承载比	山内公式(kPa)	接地压力(kPa)
1.0×1.0	1.45	3.23	52.43	8.53	6.12	64.48	31.26
1.0×1.0	1.95	3.23	66.15	8.53	7.72	76.05	54.39
1.3×1.3	0.95	3.63	38.42	9.60	4.00	47.04	22.34
1.3×1.3	1.25	3.63	49.00	9.60	5.10	53.21	28.71
1.0×1.0	1.00	4.51	38.91	11.96	3.25	66.54	18.82
1.0×1.0	0.60	3.04	38.12	8.04	4.74	75.36	23.03
0.7×0.7	0.40	2.65	20.48	7.06	2.92	69.09	17.84
0.7×0.7	1.00	2.65	33.71	7.06	4.81	98.69	23.03

5.4.6　分区处理监测设计

1. 监测目的和内容

监测是软基处理工程的重要组成部分。在地基加固的施工过程中，需进行必要的监测工作，通过埋入地基土中的各种仪器，可反映出地基预压荷载大小、地基的固结、沉降和位移随时间和空间的变化，及时准确地掌握控制软基沉降。这些工作不仅能为填筑计划的制定和执行提供定量的参考数据，以保证填筑过程中的安全；而且能为安排预压期的确切历时、卸载时间等提供理论依据，以便掌握整个施工进度。实现对地基加固施工过程的动态监测、动态检测、指导施工，可为后续工程的施工提供重要的依据，为后续工程的施工、场区的使用提供重要的依据。

另外，沉降速率、最终沉降和工后沉降等预测也是正确客观地评价软基处理方案和准确抉择后期施工措施等的重要依据。第一手的监测数据，对完善、验证现有设计理论和方法，为同类工程提供经验和借鉴，有着深远意义。

非均质吹填场地地基处理具体监测内容有：表层沉降、分层沉降、孔隙水压力、水位、水平水位等。

2. 监测特点

非均质吹填场地的监测具有区域广，路线长，控制面积大，项目种类多，测点数量多，监测时间长，反馈速度要求快等特点。对于软基处理工程而言，监测工作是集体力和智力于一体、专业性很强的工作，要求工作人员具有扎实的软基处理方面的专业基础理论知识、较强的动手能力和操作技能，既会测量，更要懂得如何整理分析测量数据，从而准确把握施工过程中固结变形规律及稳定性。

3. 监测技术

（1）表面沉降观测

表面沉降采用埋入式沉降标（图 5.4-4），利用 DS1 水准仪进行观测。沉降点观测按二等水准测量的要求进行观测，观测精度小于 1mm。

施工期间，应按设计要求进行沉降和稳定的跟踪观测，观测频率应与沉降、稳定的变形速率相适应，每填筑一层应观测一次；如果两次填筑间隔时间较长，每 3d 至少观测一次，填筑完成后，堆载预压期间观测应视地基稳定情况而定，半月或每月观测一次，直至预压期结束。

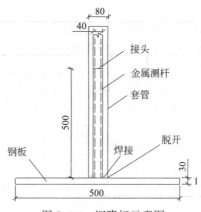

图 5.4-4　沉降标示意图

（2）分层沉降观测

分层沉降是通过钻孔将沉降标埋设于土层中，采用电磁式沉降仪进行观测，具体如图 5.4-5 所示。

分层沉降观测读数分辨率为 1.0mm，综合观测精度为 2.0mm。抽真空预压期，5d 观测一次；真空堆载联合预压期，10d 观测一次；填筑完成后，15d 观测一次；工程交工验收后至缺陷责任期结束，第一年每 2 个月一次，第二年每季度一次。

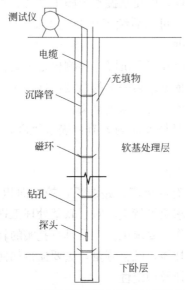

图 5.4-5　分层沉降测量仪组成及埋设示意图

（3）孔隙水压力观测

孔隙水压力采用孔隙水压力计进行观测。孔隙水压力计沿深度方向每种土层埋设一个，埋置深度应及至压缩层底。孔隙水压力计采用钻孔埋设法，每孔埋设一支。抽真空预压期，5d 观测一次；真空堆载联合预压期，10d 观测一次；填筑完成后，15d 观测一次；工程交工验收后至缺陷责任期结束，第一年每 2 个月一次，第二年每季度一次。

（4）地下水位观测

地下水位是在孔隙水压力计附近埋设水位管、采用水位仪进行观测，其观测频率可与孔隙水压力观测同步进行，必要时可单独加测；需用水准仪测定水位管管口高程。

（5）水平位移观测

边桩观测是在地基处理边缘以外设置一个或多个边桩，采用全站仪进行观测。施工前期为 2d 观测一次，之后 3d 观测一次。

4. 监测过程控制

（1）控制流程

非均质吹填场地地基处理监测，应与地基处理过程密切结合，根据面层沉降、水平位移、孔隙水压力变化情况，控制加载速率；根据地下水位变化情况，控制动力加载时间点；根据监测数据，计算软土固结度，并验证设计方案。

（2）控制指标

1）沉降速率＜15mm/d；

2）边桩位移＜5mm/d；

3）孔隙水压力：$\sum \Delta U / \sum \Delta p \leqslant 0.5$；

4）堆载预压卸载标准：按实测沉降曲线推算的固结度不小于设计要求；实测地面沉降连续 10d 平均沉降不大于 1mm/d；

5）强夯控制标准：每遍点夯之间的时间间隔一般为 5d 左右，但应以超孔隙水压力消散 70% 为准。

（3）控制效果

1）安排专职人员负责预警的监报与反馈工作；

2）一般情况下监测频率依照监测方案进行，做好监测及相关特征状态记录并会同有关人员分析安全状态，在达到报警值或遇到不良因素时加密监测；

3）监测数据必须做到及时、准确和完整，发现异常现象，加强监测；

4）监测数据达到或超过监测预警值及时通知有关各方，并采取有效措施。

5.5　非均质吹填场地地基处理施工图设计

5.5.1　施工图设计内容

非均质吹填场地软土地基处理施工图设计的内容有：

（1）地基处理平面布置图：分区、面积、坐标、处理方案；

（2）竖向排水体施工图：排水板平面布置图、打设深度断面图；管井平面布置图、打设深度断面图；

（3）水平排水体施工图：砂垫层厚度、工序；真空管路布置图；集水井、盲沟布置图；

（4）加载设计图；

（5）节点大样图；

（6）监测平面布置图。

5.5.2　非均质吹填场地地基处理方案试验

对于非均质吹填场地，根据场地吹填土性质、土层分布等，划分不同区域，采取不同处理方案，针对不同区域，设计不同的处理方案，正式大面积处理前，一般选定试验区域，进行地基处理方案试验，采集数据，评价处理效果，并对试验方案进行论证，为后期大面积施工提供技术支持。

5.5.3 根据方案试验资料的分区处理方案参数的定量化设计

针对试验区数据采集及数据处理，整理方案参数，为后期大面积施工，相应监测项目可以适当减少，在控制工程质量的基础上，节约工程成本。

根据试验区技术参数整理，后期分区处理方案参数主要包括：

对于厚砂场地、砂夹淤泥场地，确定降水井间距、降水深度、强夯能量、强夯施工间歇时间等；

对于淤泥夹砂场地、深厚淤泥场地，确定排水板间距、加载速率、动力加载时间、动力加载能量、动力加载时间间歇等。

5.6 大面积非均质吹填场地市政路网的路基处理设计

随着我国经济的发展，各级政府对土地的需求量日益增大。限于国家土地红线的控制，利用吹填场地能有效解决经济与土地的需求矛盾。新近吹填场地表现出非均质的超软松散土特征：物质组成复杂而极不均一，含水率高，厚度变化大，强度低。目前国内外对于原状土处理的设计与施工有成套的理论与方法，而对于新近吹填土体还缺乏成熟的计算理论。

同时，出于城市总体规划、土地供需矛盾及经济成本等角度考虑，在新近吹填场地优先施工市政道路的设计理念是各方面优化选择的结果。与之相矛盾的是国内外在大规模吹填软土场地建设高等级带状道路的设计、施工方面经验不足，尤其软弱地基处理宽度方面还没有明确的算法与施工、监控经验。

5.6.1 工程特性

大面积非均质吹填场地市政路网的路基是一种线性结构物。一般情况下该路基工程包括路基排水工程和路基的土层加固处理、碾压密实等内容。其中，路基排水设施是为了拦截地基处理范围外地下水的流入或降低地基处理范围内的水位而设置的。根据路基的使用功能要求、地质水文情况，设置截水管井、降水管井等设施，并与其他排水设施如水平砂垫层、排水明沟等形成良好的排水系统。

大面积非均质吹填场地市政路网的路基工程不但工程量大，而且受气候、地质等自然条件影响极大，如果设计施工不当，容易造成各种隐患。综上所述，路基工程的特点可概括为以下几点：

（1）结构形式简单，但工程量大；

（2）受地形、地质、水文、气象等因素影响较大；

（3）施工范围广，质量要求高。

5.6.2 路基处理宽度的论证与确定

根据相关工程实践验证，大面积非均质吹填场地市政路网路基处理宽度，与相关规范规定，存在较大差异，实际工程中，处理宽度比规范规定要大很多。

（1）处理宽度计算

以某工程为例，将加固后的吹填层视为软弱地基上换填层，换填垫层宽度：

$$b' \geqslant b + 2z\tan\theta \tag{5.6-1}$$

式中　b'——硬层底面宽度（m）；

b——条形基础底边的宽度（m）；

z——条形基础底边的宽度（m）；

θ——压力扩散角，当 $z/b < 0.25$ 时，按 $z/b = 0.25$ 取值。

（2）实际工程处理宽度

根据非均质吹填场地的组成差异较大，针对不同场地条件，采取相适应的处理方法，主要包括：真空预压法、真空联合堆载预压法和动力排水固结法。

吹填淤泥场地，可采用真空预压法，根据大量工程施工经验，处理宽度包括道路宽度、两侧外扩宽度，一般两侧外扩宽度 10m～15m 范围；

厚砂场地、砂夹淤泥场地，可采用动力排水固结法，处理宽度包括道路宽度、两侧外扩宽度，一般两侧外扩宽度 15m～20m 范围；

深厚淤泥场地，处理深度较大区域，可采用真空联合堆载预压法，处理宽度包括道路宽度、两侧外扩宽度，一般两侧外扩宽度 20m～25m 范围。

5.6.3　地基处理方案的差异化设计

大面积吹填场地，由于吹填材料的差异性、吹填管口位置变化，导致吹填场地非均质特性，场地差异性大；市政道路处理长度跨度大；相对于吹填场地道路宽度较小；因此，非均质吹填场地中软基处理，具有典型的场地差异大、处理长度大、长条状特点，处理方法应与场地特性相适应。

设计施工过程中，应根据场地特性，采取不同施工方法，根据不同处理方法，两侧外扩不同的处理范围。

5.6.4　地基处理监测方案设计

非均质吹填场地中条形带状道路软基处理，施工监测项目与常规软基处理监测项目基本相同，主要包括：表面沉降观测、分层沉降观测、孔隙水压力观测、地下水位观测、水平位移观测等，但是监测点布置、监测频率等应与条带状道路特点、场地特征以及施工方法等结合起来。

监测断面、监测项目设计，应该与吹填土性质、采取的地基处理方法相结合：

（1）吹填淤泥区域的监测项目有：表面沉降观测、分层沉降观测、孔隙水压力观测、地下水位观测、水平位移观测，重点监测表层沉降、孔隙水压力变化、深层水平位移等，根据监测数据，控制加载速率、计算固结度；

（2）泥砂互层区域的监测项目有：表面沉降观测、分层沉降观测、孔隙水压力观测、地下水位观测、水平位移观测，其中孔隙水压计埋设于淤泥土中，对于砂土场地，重点监测表层沉降、地下水位变化、深层水平位移。

监测断面间距，根据吹填土性质、地基处理方案布置，一般在 50m～80m。

第6章 广东汕头某吹填场地地基处理
试验段工程

6.1 工程概述

广东汕头某吹填场地地基处理试验段工程以河口治理、海堤建设为切入点，基本平行现状海岸，向东延伸，东西长16km，纵深1.5km～2.5km，规划面积24km²。项目分为三大片区，如图6.1-1所示，三大片区先沿海岸修筑封闭的海堤，然后在封闭海堤范围内进行吹填造地，再进行规划建设。本次设计施工主要对规划设计的市政道路地基进行处理。道路总长度约63km，幅宽度为40m～60m。其中Ⅰ级主干路2条，长14.377km，Ⅰ级次干路3条，长4.081km，Ⅱ级主、次干道路19条，长43.776km。

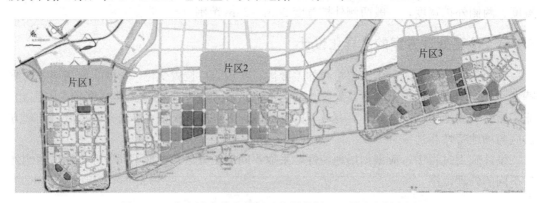

图6.1-1 广东汕头某吹填场地发展规划——用地空间布置

6.2 工程地质与水文地质条件

6.2.1 地形地貌

该工程地处汕头市东南部滩涂及浅海地带，地貌以冲积平原为主，所处地貌单元为三角洲，属于河口、沙嘴、沙岛近潮相地貌类型。其东南部为南海，海岸线呈NE～SW向展布，沿海岸线分布少量海岛或小山包。三角洲平原地面高程约+2m，海岸平缓向南海降低，退潮后一般可露出100m～300m宽的沙滩涂地，高程0m～-1m。

6.2.2 水文地质特征

场区地下水主要为上部孔隙水和下部承压水。上部孔隙水水位标高为-0.47m～

156

1.85m。由于地层总体呈黏性土层和砂层互层结构，而砂层为中—强透水层，黏性土层为相对弱或不透水层，故上部地下水多为孔隙潜水。地下水由大气降水和地表水补给，同时和海水有一定水力联系，冲积层组成的海岸地下水是淡水和咸水交替的地方。下部地下水主要为承压水，主要蕴含在下部砂层中，由于上部有淤泥、淤泥质土、黏性土覆盖（其渗透系数小于 1.1×10^{-7} cm/s），为不透水土层，故该含水层具承压性，该含水层与海水相通，主要接受海水的补给。其径流主要是侧向径流，但受含水层岩性、分布的控制和海水的影响，其速度缓慢，变化小。孔隙承压水的排泄，主要是通过排泄口泄入海中，其次为孔隙承压水向其他侧渗排泄和越流排泄。地下水以水平流动为主，流向为南至东南。

6.2.3　地层分布特征

工程区域地层分布特征如下：

①吹填砂层：黄褐色，稍湿—饱和，松散，吹填物质以中细砂为主，含大量贝壳碎片，局部夹粉土薄层及少量泥质。

①$_1$ 粉细砂层：灰黑色—灰色，稍湿—饱和，松散—中密，矿物成分以长石及石英为主，含贝壳类碎片较多，局部黏粒及腐殖质含量较大，仅在部分钻孔揭露该层。

①$_4$ 淤泥及淤泥质土层：场区内广泛分布，流塑—流泥—浮泥状超软土吹填淤泥，厚度变化较大，在滨海大道呈透镜状分布，而在场内呈大面积分布，厚度为 1m～6m。

②淤泥质黏土层：灰色—深灰色，流塑，含少量贝壳碎片及腐殖质填充有腥臭味，局部夹粉细砂薄层，土质均匀性较差，干强度及韧性中等。

②$_1$ 粉质黏土层：黄褐色—灰褐色，软塑—硬塑，土质较均匀见有少量粉土团块，局部夹薄层细砂，厚度约为 0.1m～0.3m，干强度及韧性高。

③中细砂层：黄褐色—灰褐色，饱和，中密。矿物成分以长石及石英为主，含少量云母，局部黏粒含量较高，部分钻孔含砾石粒径约为 2mm～13mm。

③$_1$ 淤泥质黏土层：灰色，流塑，局部夹薄层粉细砂，整体含砂量较高，仅在部分钻孔揭露该层。

④粉质黏土层：灰色—灰黄色，可塑—硬塑，土质均匀性一般，切面较粗糙，干强度高、韧性一般，局部夹粉细砂薄层，厚度约为 0.1m～0.4m。

④$_1$ 淤泥质黏土层：灰色，软塑—硬塑，土质均匀性较差，切面粗糙，局部夹细砂团块及少量贝壳碎片，干强度及韧性较高，仅在部分钻孔揭露该层。

④$_2$ 中砂层：浅灰色—黄褐色，饱和，中密矿物成分以长石及石英为主，含少量云母，仅在部分钻孔揭露该层。

⑤中细砂层：灰色—浅灰色，饱和，中密—密实，矿物成分以石英及长石为主，含少量贝壳碎片，局部黏粒含量及砾石含量较大，部分孔位见有腐殖质夹层。

⑤$_1$ 黏土层：灰色—灰白色，可塑—硬塑，土质均匀性一般，切面较光滑，干强度及韧性中等，局部夹细砂薄层。

6.2.4　地质条件分析

根据工程可研究阶段的岩土工程勘察报告，对工程条件分析如下：

（1）滨海大道所处位置原地面高程由片区 1 西侧到片区 3 东侧为 −7.58m～+0.89m，

以+5.8m 交工标高计算，①吹填砂层的厚度为 4.91m～15.89m，加上 0m～4.1m 厚的原状①$_1$ 层粉细砂，位于②层淤泥质黏土之上的砂层平均厚度达 10.28m。而地下水位一般为 0.0～+4.0m 标高，平均为+2.0m 标高，即：①和①$_1$ 砂层在地下水位以下的平均厚度为 8.29m。

（2）场地内广泛分布的新吹填流泥—浮泥，强度极低，分布范围广，厚度变化大（1m～6m），是带状道路地基处理施工重难点。

（3）原状②层淤泥质黏土除片区 1 西段 1000m 范围、片区 3 东段 933m 范围无分布外，其余地段均有分布，其厚度为 1.2m～8.7m，平均 4.65m。在填土荷载和使用荷载作用下，滨海大道为差异沉降大的道路，在地基处理中需予以大部分消除。

（4）②层淤泥质黏土之上的①和①$_1$ 砂层为中等—严重液化砂层，在地基处理中需予以消除；③层中细砂为轻微液化砂层。③层中细砂片区 1 西段 1000m 范围、片区 3 东段 933m 范围埋深在 3.39m～11.37m 之下，因直接与①层和①$_1$ 层液化砂相接，需同时进行消除液化处理。其余位置③层中细砂之上有②层淤泥质黏土隔离，而且其层顶埋深均超过 15m，可不做消除液化处理（规范规定）。

（5）①$_1$ 层粉细砂的渗透系数为 4×10^{-3} cm/s，①层吹填砂以中细砂为主，其渗透系数为 5×10^{-3} cm/s，砂层渗透性能良好。

6.3 吹填场地片区划分

结合以上地质条件分析、相关岩土工程地层，依据场地处理目标原则分类，三大片区地质大致可以分为以下三种类型：

A 类（表层厚砂）：主要位于片区 1 西段和片区 3 东段。原地面以上为 3m～8m 厚的①层吹填砂土，原地面以下为 13m～16m 厚的①$_1$ 层粉细砂和③层中细砂，其下为 2m～8m 厚的③$_1$ 层淤泥质土，如图 6.3-1 所示。

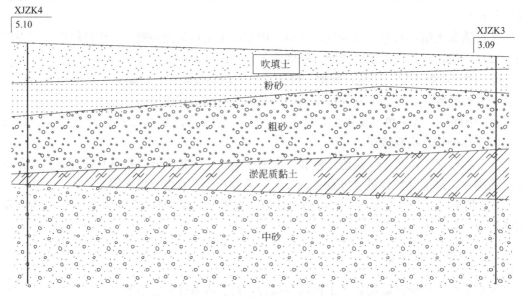

图 6.3-1　A 类典型工程地质剖面图

该类型地质条件砂层较厚，下卧③₁层淤泥质土埋藏较深且较薄，地基处理的重点为消除砂土液化，可以采用"深井降水＋强夯""振冲密实＋管井排水"和"振冲密实法"等方法进行处理。

B 类（表层薄砂、下伏厚淤泥）：主要位于片区 1 东段和片区 2 西段。该类型尚未进行吹填，地面标高较低，原地面以下为 3m～8m 厚的①₁层粉细砂，其下为 13m～16m 厚的②层和③₁层淤泥质土，中间夹薄层或局部呈透镜体状的③层中细砂，如图 6.3-2 所示。

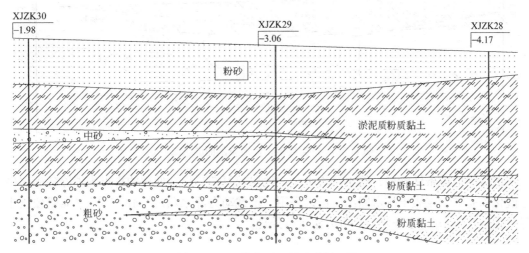

图 6.3-2　B 类典型工程地质剖面图

该类型地质条件砂层较薄，但下卧淤泥质土层较厚，地基处理的重点为消除浅层砂土液化和完成深层淤泥质土排水固结，可以采用"堆载动力降水预压＋强夯法""堆载预压＋振冲密实"方法进行处理。

C 类（泥砂互层）：主要位于片区 2 回淤区。该类型大部分已进行吹填，原地面以上为 3m～8m 的①层吹填砂土，原地面以下为 4m～8m 厚的②层淤泥质土。中间夹③层中细砂，其下又为 4m～8m 厚的③₁层淤泥质土，如图 6.3-3 所示。

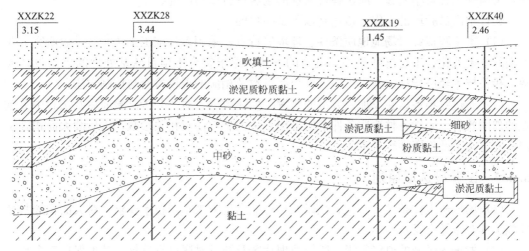

图 6.3-3　C 类典型工程地质剖面图（一）

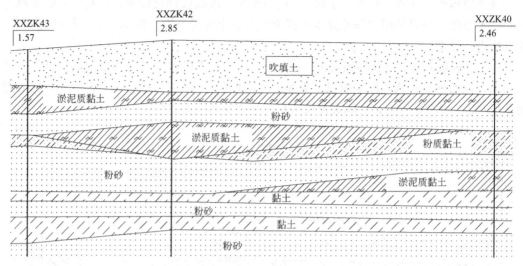

图 6.3-3　C 类典型工程地质剖面图（二）

该类型地质条件砂层、软土层均不厚，地层较复杂，地基处理的重点为消除各砂层砂土液化和完成淤泥质土排水固结，可以采用"堆载动力降水预压＋强夯法""堆载预压＋降水强夯""深井降水＋强夯"等方法进行处理。

6.4　试验段选取

6.4.1　试验段试验的必要性与目的

由于场区内为新近吹填砂造陆，且滨临海岸本身地质条件复杂，物理力学性能较差，对应的地基处理方法还没有成熟的经验可借鉴。根据《建筑地基处理技术规范》JGJ 79—2012 规定，宜对三个片区的主、次干道的软弱地基进行加固处理。在大面积加固处理之前，为确保工程科学实施，应选择代表性的场区进行试验研究。

通过本次试验段的工作，拟达到以下试验目的：

（1）本工程拟针对场地地质条件、环境等特点，采用多种施工工法开展试验研究，获取消除砂土液化、工后沉降和差异沉降的方法，寻求符合本项目软基处理的重要设计参数、相关技术经济指标、施工工序关键控制参数及相应的现场检测与控制方法。

（2）通过收集各试验段加固方案的监测、检测数据，对比分析试验前后及试验中关键点的加固效果，明确各种地质条件下所采用方法的有效性及相关参数，供后续大面积施工图设计、施工及投资预算参考。

6.4.2　试验段选取原则

（1）场地岩土体条件具有代表性以及尽可能满足未来不同技术要求、对大面积地基处理施工具有指导意义；

（2）根据各区域的道路等级、所处地理片区及开发时序进行选择，基本保证三个片区Ⅰ、Ⅱ级主干道均有试验区；

（3）根据工程地质类型及其所能适用的工法进行选取。

6.4.3　试验段选取

根据上述试验目的和选取原则，结合地质条件分析和场地使用要求，选取如图 6.4-1 的试验段进行试验，其中：片区 3 划定试验段一区，在片区 2 划定试验段二区和试验段四区，在片区 1 划定试验段三区和试验段五区。

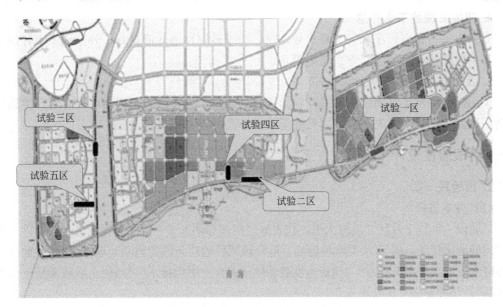

图 6.4-1　试验段各区位置示意图

6.5　试验段方案设计

6.5.1　设计要求

根据场地使用规划，地基处理技术要求有：
（1）工后沉降≤30cm；
（2）交工面的地基承载力特征值 f_{ak}≥120kPa。

6.5.2　总体设计思路

1. 减少工后沉降和差异沉降

场地内广泛分布欠固结软土，且地下水位埋藏深度较浅，由于公路呈条带状分布，场地内各区段吹填砂（土）的完成时间、厚度有差别，①₁ 层砂、② 层淤泥质土分布范围、厚度差异性较大，要达到工后沉降和差异沉降满足均一性要求难度较大。应针对不同类型路段的具体条件和使用要求，选取有效的排水固结工法进行组合，在合理工期内完成地基处理以满足项目开发需求。

2. 消除砂土液化

本场区广泛分布软弱土、液化砂土，属于建筑抗震不利地段。地震基本烈度为Ⅷ度，设计地震分组为第一组，需采取有针对性的地基处理方法进行处理。

3. 避免地基处理施工产生的侧向变形对已完工海堤等结构影响

滨海大道片区 1 西段、片区 3 东段的①和①$_1$两层液化砂层厚度较大，消除其液化需采用较大能量动力固结方式（降水强夯或振冲密实），但滨海大道外侧海堤是重要海防工程，为保证海堤安全不宜采用振动影响大的高能量强夯或大功率振冲，地基处理施工有一定难度。

4. 阻隔外围地下水补给

对软土进行真空预压和管井降水处理时，由于砂层渗透性能良好，外围地下水补给丰富，需采取经济合理的隔离方式予以阻止。

5. 及时对路堤沉降补土

采用任何一种排水固结法对路基软土进行处理时，均会因软土固结度提高而产生路堤和两侧地面下沉，应事先考虑回填补齐至设计标高的土方量。

6.5.3 试验段设计

1. 试验段一区

（1）方案选择

试验段一区位于片区 3 滨海大道，代表地质剖面如图 6.5-1 所示。表现出表层厚砂、下伏淤泥的地质特征，属于 A 类吹填场地。适合该区段地质条件的地基处理方法有："插板＋深井降水＋堆载预压＋强夯""插板＋堆载预压＋强夯＋明沟排水""插板＋堆载预压＋振冲密实法"，几种方法对比见表 6.5-1。

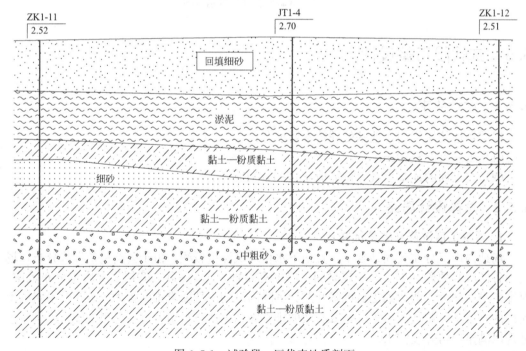

图 6.5-1　试验段一区代表地质剖面

试验段一区地基处理试验适用方案对比表　　　表 6.5-1

序号	处理方法	处理效果	工期	造价
1	插板＋深井降水＋堆载预压＋强夯	1）承载力高；2）可消除砂土液化；3）处理深度大；4）工后沉降小	适中	适中
2	插板＋强夯＋堆载预压＋明沟排水	1）填砂层承载力高；2）可部分消除砂土液化；3）处理深度较浅；4）工后沉降较大	较长	较低
3	插板＋振冲＋堆载预压	1）适用于含泥量低的砂土地基处理；2）填砂层承载力较高；3）可消除砂土液化	适中	适中

实际实施过程中，试验段一区经历了试验段位置变化和方案变化两次调整。

1）试验段位置调整

原计划试验区域路段吹填施工未完成，无法进行详细地质勘察，根据三个片区都进行试验原则，将试验段一区位置调整至片区 3 滨海大道（K12＋584.0～K12＋684.0）具有代表性路段，属于Ⅰ级主干路，处理区域长度 100m，宽度 58m，面积 5800m²。

2）试验方法调整

试验段一区位置调整后进行了施工前的勘察工作。根据地层资料显示，本区域上覆较厚砂层，下卧淤泥土层厚度不大，可以采用"塑料排水板＋振冲＋堆载""堆载动力降水预压＋强夯"两种方法可用于此场地地基处理，考虑经济性原则，试验初期选择"插板＋振冲＋堆载"方案。

施工过程中，振冲完成后，根据中间检测数据分析，振冲施工未能有效解决吹填砂层砂土液化问题，并对下卧淤泥质土层扰动严重，设计对方案进行调整，改为"堆载动力降水预压＋强夯"进行地基处理。

（2）参数设计及工艺流程

试验段实施工艺主要参数见表 6.5-2。

试验段一区主要设计参数　　　表 6.5-2

项目	设计参数	备注
塑料排水板	采用 B 型塑料排水板，间距 1m×1m，板底穿过淤泥质土层土 0.5m	试验段位置调整后实施
振冲	采用 135kW 振冲器，间距 3.5m×3.5m，平均深度 8.7m	
集水井	φ800mm 的开孔混凝土管，共 3 孔，沿中线 30m 等距布设	
降水管井	1）井管材料为 φ300mm 波纹管，降水井场地沿中心线布设，间距 20m，场地北侧（靠吹填场地侧）截水井沿边线内 5m 按照 20m 间距布设，场地南侧（靠海侧）截水井沿边线内 5m 按照 10m 间距布设，井底进入淤泥层 1m，井口高出堆载面 0.3m，平均深度约 13m。管井井身按照间距 20cm 开孔，共 5 排。管井井壁外侧回填 0.1m 厚中粗砂作为滤水层； 2）堆载前开始降水施工，堆载、强夯、恒载期间 24h 持续降水，碾压完成且沉降稳定后停止降水施工	
堆载	回填砂垫层 0.7m，第一级堆载厚度为 1.4m，第二级堆载厚度为 2.3m	方案调整后实施
强夯	第一遍点夯单击能 3000kN·m，每点 8 击～10 击，6m×6m 正方形布设，第二遍点夯单击能 3000kN·m，每点 8 击～10 击，6m×6m 正方形布设，第三遍点夯单击能 2000kN·m，每点 6 击～8 击，在第一、二遍夯点中间补点。满夯单击能 1000kN·m，每点 2 击，1/4 锤印搭接	
卸载	恒载，待沉降稳定后卸载至交工面以上，并预留振动碾压沉降量	
平整场地、振动碾压	平整场地、振动碾压 6 遍～8 遍	

地基处理试验实施节点见表 6.5-3。

试验段一区实施节点 表 6.5-3

实施内容	施工时间(d)
平整场地,测量放线	4
工前原位测试、土工试验	1
塑料排水板施工,高程测量	9
布设集水井,施工前振冲试打	3
振冲施工,高程测量	34
工中原位测试、土工试验	(4)
砂垫层施工,施工前后进行高程测量	23
补插排水板,高程测量	7
管井施工	14
第一级堆载,高程测量	23
强夯施工,高程测量	31
第二级堆载,高程测量	17
恒载	99
工后原位测试、土工试验	2
卸载、平整碾压,卸载及碾压前后进行高程测量	3
检测	3

具体工艺流程如图 6.5-2 所示。详细操作要点如下:

1）施工准备

平整场地,测放施工边线,按照 20m×20m 方格网进行高程测量施工,布设监测设备,进行原位测试试验,本区选取 8 个点位进行了静力触探原位试验。

2）塑料排水板施工

场地平整后进行塑料排水板施工,采用履带式排水板施工机械,施工参数见表 6.5-2。

3）集水井施工

集水井按照场地中线纵向 30m 间距布设,共 3 口,集水井底标高按 0m 控制,井口高出填土标高 0.5m,井径 800mm。

4）振冲施工

采用 75kW 和 135kW 振冲器进行振冲试验,孔位采用等边三角形布置,间距分别为 2.5m、3.5m,根据现场典型试验施工及静探处理效果对比最终选定 135kW 的振冲器,点位间距 3.5m×3.5m。

5）砂垫层施工

方案变更后,采用堆载、降水预压、强夯方案,先在振冲施工后现状面回填 0.7m 砂垫层。

6）插塑料排水板

第一次试验实施方案中原水利工程过渡区域调整为"堆载＋降水预压＋强夯"方案

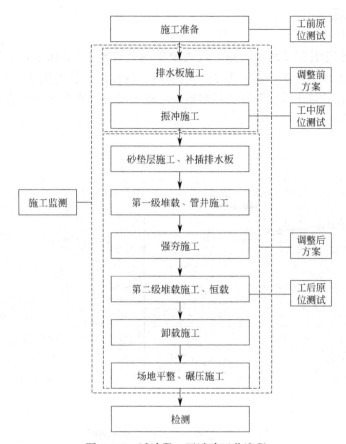

图 6.5-2　试验段一区试验工艺流程

后，考虑减少场地差异沉降影响，补打该区域。

7）截水井、降水井及降水施工

截水井、降水井安装施工采用直径 500mm 孔径机械成井，井管安装前后进行洗井，保证透水性满足要求。管井内放入功率为 0.75kW 的潜水泵形成排水系统进行降水，降水施工在堆载、强夯、恒载、整平碾压及沉降稳定期间进行 24h 不间断抽水，并定期观测场地地下水位。

8）堆载施工分两级进行，第一级堆载厚度为 1.4m，第二级堆载厚度为 2.3m。第一级堆载后进行强夯施工，再进行第二级堆载，采用自卸土方车辆进行转运土方，推土机进行整平施工。

9）强夯施工分为点夯（三遍）、满夯（一遍）。

10）卸载施工

第二级堆载完成，恒载降水至沉降稳定，满足工后沉降要求，进行卸载施工，卸载至交工面，卸载时预留振动碾压沉降量。

11）整平、振动碾压施工

振动碾压采用 20t 振动压路机进行振动碾压施工，碾压 6 遍～8 遍，碾压面搭接宽度 0.5m。

2. 试验段二区

（1）方案选择

试验段二区位于片区 2 滨海大道，代表地质剖面如图 6.5-3 所示，表现出表层薄砂、下伏大厚度淤泥的地质特征，属于 B 类吹填场地。适合该区段地质条件的地基处理方法有"排水板＋挤密砂桩＋堆载"和"排水板＋堆载＋动力降水预压＋强夯"，两种方法的基本情况见表 6.5-4。

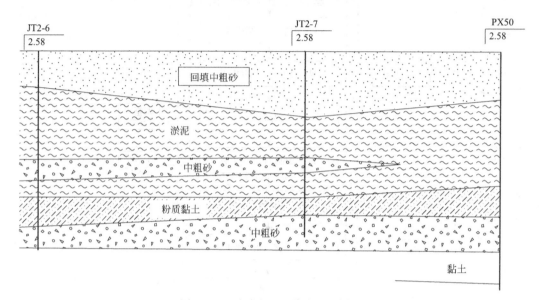

图 6.5-3　试验段二区代表地质剖面

试验段二区地基处理试验适用方案对比表　　　　表 6.5-4

序号	处理方法	处理效果	工期	造价
1	排水板＋挤密砂桩＋堆载	1）承载力高；2）可消除砂土液化；3）处理深度大；4）工后沉降小	较长	较高
2	排水板＋堆载＋动力降水预压＋强夯	1）承载力高；2）可消除砂土液化；3）处理深度大；4）工后沉降小	适中	适中

实际实施过程中，试验段二区经历了试验段位置变化和试验参数两次调整。

1）试验段位置调整

试验二区原计划路段吹填施工未完成，无法进行详细地质勘察，本着地质条件类似、具有代表性的原则，对试验段二区位置进行调整。调整后的试验段二区位于片区 1 滨海大道（桩号 P08＋902.4～P09＋202.4），面积 21000m²。分为 2-1、2-2 两个试验小区，其中东段 150m 为 2-1 区，西段 150m 为 2-2 区。

2）试验段参数调整

试验段二区位置调整后，总体方案仍为 2-1 区采用"塑料排水板＋挤密砂桩＋分级堆载"施工方案；2-2 区采用"塑料排水板＋堆载＋降水预压＋强夯"施工方案。在试验过程中根据处理效果，对原方案的砂桩间距、堆载高度等参数等进行了调整。

（2）参数设计及工艺流程

2-1 区先进行排水板施工,再在试验区外侧开挖排水沟,场地中线设置大口径集水井,之后进行挤密砂桩施工,最后分两级进行堆载预压。根据观测数据,沉降稳定后进行卸载施工,并振动碾压至交工面。主要设计参数见表 6.5-5。

试验段 2-1 主要设计参数　　　　　　　　　　表 6.5-5

项目	设计参数
塑料排水板	采用 B 型塑料排水板,间距 1m×1m,板距穿过淤泥质土层底±0.5m,平均深度为 20m
集水井	井管材料为 φ800 预制混凝土管,间距 30m,长度为 10m,沿场地中心线布置,试验段 2-1 区共 3 口
挤密砂桩	填充材料为中粗砂,直径 0.4m,间距 1.6m×1.6m 正方形布置,桩底穿过吹填砂层,平均深度为 8.5m
堆载	第一级堆载厚度为 1m,第二级堆载厚度为 2m
卸载	恒载,待沉降稳定后卸载至交工面以上,并预留振动碾压沉降量
平整场地、振动碾压	平整场地,振动碾压 4 遍~5 遍

2-2 区先进行排水板施工,再在场地中线打设降水管井,场地四周打设截水管井,之后进行第一级堆载预压、普夯及两遍点夯施工,再进行第二级堆载预压,第二级堆载后两遍点夯及满夯施工,最后振动碾压至交工面。设计参数见表 6.5-6。

试验段 2-2 主要设计参数　　　　　　　　　　表 6.5-6

项目	设计参数
塑料排水板	采用 B 型塑料排水板,间距 1m×1m,板底穿过淤泥质土层底±0.5m,平均深度为 20.5m
降水管井	1）井管材料为 φ300mm 波纹管,降水井场地中心线布设,间距 28m,场地北侧(靠吹填场地侧)截水井沿边线按照 15m 间距布设,场地南侧(靠海侧)截水井沿边线按照 10m 间距布设,井底进入淤泥层 1m,井口高出堆载面 0.3m,长度 8.5m~13m。管井井身按照间距 20cm 开孔,共 5 排。管井井壁回填 0.1m 厚中粗砂作为滤水层。 2）堆载前开始排水施工,截水井及降水井内水位控制在井底处,堆载、强夯、恒载、振动碾压期间 24h 持续降水,碾压完成并且沉降稳定后停止降水施工
堆载	第一级堆载厚度为 1m,第二级堆载厚度为 2m
强夯	普夯单击能 800kN·m~1200kN·m,每点 2 击~3 击;第一遍点夯单击能 1500kN·m~2500kN·m,每点 6 击~8 击,7m×7m 正方形布设;第二遍点夯单击能 2500kN·m~3500kN·m,每点 8 击~10 击,7m×7m 正方形布设;第三、四遍点夯单击能 1500kN·m~2000kN·m,每点 6 击~8 击,7m×7m 正方形布设,与上一遍夯点间隔跳打;满夯单击能 800kN·m~1200kN·m,每点 2 击,1/4 锤印搭接
卸载	恒载,待沉降稳定后卸载至交工面以上,并预留振动碾压沉降量
平整场地、振动碾压	平整场地、振动碾压 4 遍~5 遍

地基处理试验节点见表 6.5-7。

试验段 2-1 区实施节点　　　　　　　　　　表 6.5-7

试验 2-1 区		试验 2-2 区	
实施内容	施工时间(d)	实施内容	施工时间(d)
平整场地,高程测量	4	平整场地施工,高程测量	4
工前原位测试	6	工前原位测试	6

试验 2-1 区		试验 2-2 区	
实施内容	施工时间(d)	实施内容	施工时间(d)
排水板、集水井施工,高程测量	8	排水板、管井施工,高程测量	28
挤密砂桩施工,高程测量	41	第一级堆载施工,高程测量	13
排水边沟施工	1	普夯施工,高程测量	6
第一级堆载施工,高程测量	13	第一遍点夯施工	3
恒载	25	第二遍点夯施工,高程测量	3
第二级堆载施工,施工前后进行高程测量	13	第二级堆载施工,高程测量	14
恒载	86	第三遍点夯施工,高程测量	6
工中原位测试	3	第四遍点夯施工,高程测量	3
卸载施工,施工前后进行高程测量	20	满夯施工,高程测量	4
工后原位测试	3	恒载	14
振动碾压施工,高程测量	5	工中原位测试	3
载荷板试验	2	卸载施工,卸载前后进行高程测量	25
		工后原位测试	2
		振动碾压施工,高程测量	5
		载荷板试验	2

试验段 2-1 区、2-2 区试验流程如图 6.5-4 和图 6.5-5 所示。

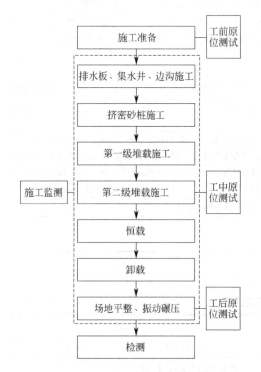

图 6.5-4　试验段 2-1 区试验工艺流程

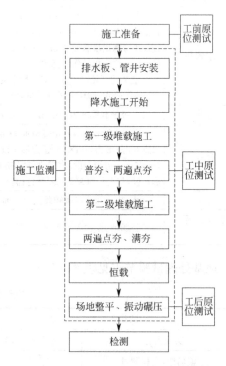

图 6.5-5　试验段 2-2 区试验工艺流程

试验 2-1 区施工操作要点：

1）施工准备

平整场地，测放施工边线，按照 20m×20m 方格网进行高程测量，本场地平整后地面高程平均为 3.35m。布设监测设备，进行原位测试试验。

2）塑料排水板施工

场地平整后，采用履带式排水板施工机械进行塑料排水板施工，振动锤功率 40kW～60kW。

3）集水井及排水边沟施工

集水井在排水板施工完成后进行，采用挖掘机开挖至 0m 标高，通过设备吊装至坑底再回填埋设。混凝土预制管井每节 2m，随着堆载高度增加逐渐加高。在堆载、恒载、振动碾压期间及时排除集水井内积水。沿场区边线开挖深度 1m、顶宽 1.5m、底宽 1m 边沟，作为集水、排水通道。

4）挤密砂桩施工采用振动沉管机械，钢管内直径为 400mm，桩管打设到控制深度后，灌入中粗砂，采用边振动边拔管的方法，灌砂时要连续并灌满至地面，使管内砂料能够连续成桩。

5）堆载施工分两级进行，堆载材料为海砂，采用自卸土方车辆进行运输。第一级堆载填筑厚度 1m，堆载完成进行恒载，根据监测数据分析沉降趋于稳定、孔隙水压力消散 70％后进行第二级堆载施工。第二级堆载填筑厚度为 2m，堆载施工完成后进入恒载阶段，沉降稳定后进行静力触探试验、载荷试验和标贯试验，待工后沉降、承载力特征值及吹填砂土液化值均满足设计要求后进行卸载施工，原设计交工标高为 +5.39m，后规划设计调整交工标高为 +3.2m。

6）卸载完成后进行平整场地、振动碾压施工。振动碾压采用 20t 振动压路机，碾压 4 遍～5 遍，碾压面搭接宽度为 0.5m。碾压施工完成后进行了静力触探原位测试试验、载荷板试验。

试验 2-2 区施工操作要点：

1）施工准备

平整场地，测放施工边线，按照 20m×20m 方格网进行高程测量工作，本场地平整后地面高程平均为 2.97m。布设监测设备，进行静力触探原位试验。

2）塑料排水板施工

施工工艺同 2-1 区。

3）截水井、降水井及降水施工

截水井、降水井安装施工采用直径 500mm 孔径机械成井，管井安装前后进行洗井，保证透水性满足要求。降水施工在堆载、强夯、恒载、整平碾压及沉降稳定期间进行 24h 不间断抽水，并定期观测场地地下水位。

4）堆载施工分两级进行，第一级堆载填筑厚度 1m，第二级堆载厚度为 2m。第二级堆载在普夯及第一、二遍点夯施工后，第三、四遍点夯和满夯前进行。采用自卸土方车辆转运土方，推土机进行整平施工。

5）强夯施工分为普夯（一遍）、点夯（四遍）、满夯（一遍）。普夯和第一、二遍点夯在第一级堆载施工后进行，第三、四遍点夯和满夯在第二级堆载后进行。

6）卸载施工原设计试验段二区交工标高为 +5.39m，2-2 区只进行少量补土、平整。

后因设计调整规划，交工标高调整至＋3.2m，增加卸载施工。

7）整平、振动碾压施工同 2-1 区。

3. 试验段三区

（1）方案选择

试验段三区位于片区 1 滨江大道北部，代表地质剖面如图 6.5-6 所示。表现出表层厚砂的地质特征，属于 A 类吹填场地。适合该区段地质条件的地基处理方法有"排水板＋堆载动力降水预压＋强夯"和"排水板＋井点降水＋强夯"。两种方法的基本参数情况如表 6.5-8 所示。

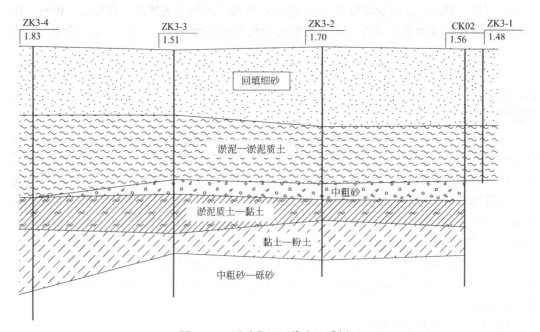

图 6.5-6　试验段三区代表地质剖面

试验三区地基处理试验适用方案对比表　　　　　　　　　　表 6.5-8

序号	处理方法	处理效果	工期	造价
1	排水板＋堆载动力降水预压＋强夯	1）承载力高；2）可消除砂土液化；3）处理深度大；4）工后沉降小	适中	适中
2	排水板＋井点降水＋强夯	1）填砂层承载力高；2）可消除砂土液化；3）处理深度较浅；4）工后沉降较大	较短	较高

试验段三区属于 Ⅱ 级主干路，桩号为 K1＋147.1～K1＋297.1，处理区域长度为 150m，宽度为 60m，面积为 9000m²。根据场地特征分析后，该区采用"排水板＋堆载动力降水预压＋强夯"方法。

（2）参数设计及工艺流程

试验段三区采用"塑料排水板＋堆载＋降水预压＋强夯"方案。先平整场地、回填砂层，再打设塑料排水板并在场地中线布设降水管井、场地四周布设的截水管井。然后进行第一级堆载，第一级堆载完成后进行两遍普夯及两遍点夯，之后第二级堆载，第二级堆载完成后进行第三遍普夯、第三遍点夯及满夯，最后进行振动碾压。如

图 6.5-7 所示，主要设计参数见表 6.5-9。

试验段三区主要设计参数

表 6.5-9

项目	设计参数
塑料排水板	采用 SPD-B 型塑料排水板，间距 1m×1m，排水板长度达②$_1$ 层底板，平均深度为 22m
管井降水	1）管井材料为 ϕ300mm 波纹管，降水井场地中心线两侧距离 12m 布设，纵向间距 18m，场地四周截水井沿边线按照 10m 间距布设，井底穿过吹填砂层进入淤泥层 1m，井口高出堆载面 0.3m。管井井身按照间距 20cm 开孔，共 5 排。管井井壁外侧回填 0.1m 厚中粗砂作为滤水层。 2）堆载前开始降水施工，截水井及降水井内水位控制在井底处，堆载、强夯、恒载、振动碾压期间 24h 持续降水，碾压完成并且沉降稳定后停止降水施工
堆载	第一级堆载厚度为 1.3m，第二级堆载厚度为 2.1m
强夯	普夯三遍，单击能 1000kN·m～1500kN·m，每点 2 击；第一遍点夯单击能 1800kN·m～2000kN·m，每点 5 击～6 击，4.5m×4.5m 正方形布设；第二遍点夯单击能 2400kN·m～2800kN·m，每点 6 击～8 击，4.5m×4.5m 正方形布设，在第一遍夯点间跳打。施工中增加第三遍点夯单击能 2400kN·m～2800kN·m，每点 6 击～8 击，4.5m×4.5m 正方形布设。满夯单击能 1000kN·m～1200kN·m，每点 2 击，1/4 锤印搭接
卸载	恒载，待沉降稳定后卸载至交工面以上，并预留振动碾压沉降量
平整场地、振动碾压	平整场地、振动碾压 4 遍～5 遍

地基处理试验节点见表 6.5-10。

试验段三区实施节点

表 6.5-10

工作内容	施工时间(d)
施工准备，高程测量	4
塑料排水板，截水井、降水井施工，高程测量	11
工前原位测试	1
第一级堆载，高程测量	5
两遍普夯，高程测量	7
第一遍点夯，高程测量	5
第二遍点夯，高程测量	4
第二级堆载，高程测量	20
恒载降水预压	16
第三遍普夯，施工前进行高程测量	2
第三遍点夯，高程测量	3
恒载降水预压	31
满夯，施工前后进行高程测量	4
工后原位测试	2
卸载、碾压施工	21
载荷试验检测	5

试验段三区施工操作要点：

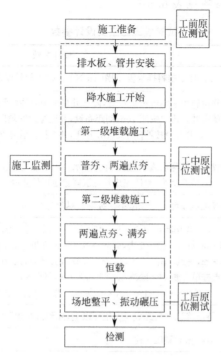

图 6.5-7 试验段三区试验工艺流程图

1）施工准备

平整场地，测放施工边线，按照 20m×20m 方格网进行高程测量，本场地平整后地面高程平均为 1.86m。布设监测设备，进行原位测试试验。

2）塑料排水板施工

场地平整后采用履带式排水板施工机械进行塑料排水板施工，振动锤功率为 40kW。

3）截水井、降水井及降水施工

截水井、降水井安装施工采用直径 500mm 孔径机械成井，井管安装前后洗井，以使透水性满足要求。管井内放入功率为 0.75kW 的潜水泵或连接真空泵形成排水系统进行降水，降水施工在堆载、强夯、恒载、整平碾压及沉降稳定期间进行，24h 不间断抽水，并定期观测场地地下水位。

4）堆载施工

堆载施工分两级进行，第一级堆载填筑厚度 1.3m，第二级堆载厚度为 2.1m，采用自卸土方车辆转运土方，推土机进行整平施工。

5）强夯施工

强夯施工分为普夯（先两遍、后一遍）、点夯（三遍）和满夯（一遍）。第一、二遍点夯在第一级堆载施工后进行，第三遍普夯及第三遍点夯在第二级堆载后进行，点夯完成后立即进行满夯施工。

6）卸载施工

试验段三区交工标高为＋2.3m，卸载完成后进行平整场地、振动碾压至交工标高。振动碾压采用 20t 振动压路机，碾压 4 遍～5 遍，碾压面搭接宽度为 0.5m。

4. 试验段四区

（1）方案选择

试验段四区位于片区 2SN 八路与滨海大道交汇处，代表地质剖面如图 6.5-8 所示。表现出泥砂互层的地质特征，属于 C 类吹填场地。适合该区段地质条件的地基处理方法有"浅表层处理（竹网）＋深层处理（排水板＋堆载＋降水）"和"浅表层处理（真空预压）＋深层处理（深层真空预压＋强夯＋堆载）"，几种方法对比如表 6.5-11 所示。

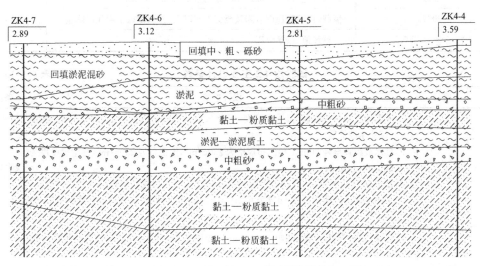

图 6.5-8　试验段四区代表地质剖面

试验四区地基处理试验适用方案对比表　　　　　　　　　　　　表 6.5-11

序号	处理方法	处理效果	工期	造价
1	浅表层处理（竹网）＋深层处理（排水板＋堆载＋降水）	1）承载力较高；2）处理深度大；3）工后沉降较小	长	适中
2	浅表层处理（真空预压）＋深层处理（深层真空预压＋强夯＋堆载）	1）承载力较高；2）处理深度大；3）工后沉降较小	较长	较高

试验段四区属于 Ⅱ 级主干路，桩号为 D1＋60.3～D1＋360.3，长度为 300m，宽度为 60m，面积 18000m²。根据场地特征分析后，分 4-1 和 4-2 两个小区，面积均等。4-1 区采用"浅表层处理（竹网）＋深层处理（排水板＋堆载＋降水）"，4-2 区采用"浅表层处理（真空预压）＋深层处理（深层真空预压＋强夯＋堆载）"。

（2）参数设计及工艺流程

主要设计参数见表 6.5-12 和表 6.5-13。

试验段 4-1 主要设计参数　　　　　　　　　　　　表 6.5-12

项目	设计参数	备注
竹网	竹子采用圆形毛竹，直径 4cm～14cm，长度 7m～8m，间距 0.5m×0.5m 正方形布置，并用 10 号～14 号铁丝绑扎，毛竹粗端与细端连接，搭接长度不小于 1.5m；竹排上下各铺单层编织布，规格为 250g/m²，上层编织布铺设完成后再摊铺 1.1m 中粗砂层作为排水通道	浅表处理
塑料排水板	采用 C 型塑料排水板，间距 1m×1m，板底穿过②₁ 或④₁ 层底±0.5m，平均深度为 18.5m	深层处理

项目	设计参数	备注
降水管井	共打设 8 口管井,北侧 4 口,间距 40m,单根深度 10m,南侧 4 口,间距 30m,单根深度 15m	
土袋围堰	沿 4-1 区纵向边线修筑,围堰底宽 1.5m,顶宽 0.75m,高 1.5m,防止场地下沉,外侧淤泥涌入	深层处理
堆载	分四级进行,每级堆载厚度分别为 1m、1m、1.5m、2m	
卸载	恒载,待沉降稳定后卸载至交工面以上,并预留振动碾压沉降量	
平整场地、振动碾压	平整场地、振动碾压 3 遍~4 遍	

试验段 4-2 主要设计参数　　　　　　　　　　　　　表 6.5-13

分区	项目	设计参数	备注
4-2	浅层真空预压	1)人工插打塑料排水板,型号为 C 型,间距 0.8m×0.8m,深度 3m~5m,外露淤泥面 1m 连接排水波纹管; 2)排水波纹管直径 50mm,编织布规格为 250g/m²,土工布为 250g/m²,真空膜厚度为 0.12mm~0.14mm; 3)真空泵 7.5kW 共 12 台;土袋围堰堰高 0.5m,底宽 1m,顶宽 0.25m; 4)实测地面沉降速率连续 5d 平均≤1mm/d 后停泵卸载,并回填 0.9m 厚砂垫层,为后续施工提供工作面	浅表处理
4-2-1	深层真空预压	塑料排水板:采用 C 型,间距 1m×1m,板底穿过②₁ 或④₁ 层底±0.5m,平均深度为 17m; 止水墙:紧贴预压边界布置,宽度 1m,深度为进入②₁ 层内 2m,采用泥浆搅拌桩(双排)连接成墙; 真空泵:7.5kW,每 900m² 一台,共 5 台; 真空预压时间:4 个月	深层处理
	堆载	真空预压停泵揭膜晾晒后回填 1.45m	
	强夯	场地纵向中心 40m 宽度低能量强夯,普夯一遍,单击能 800kN·m~1200kN·m,每点 2 击~3 击;满夯一遍,单击能 800kN·m,每点 2 击,1/3 锤印搭接。其中 4-2-1 和 4-2-2 区共用密封沟处点夯 2 遍,单击能 1200kN·m,每点 3 击~4 击,间距 4.5m×4.5m 梅花形布设	
	振动碾压	场地纵向边线各 10m 范围采用分层回填碾压 3 遍,18t~20t 压路机;其他区域满夯后振动碾压 4 遍	
4-2-2	深层真空预压	同 4-2-1 区	
	堆载	分两次进行,第一次在真空预压压力稳定在 80kPa 后进行,厚度 0.8m。第二次在沉降稳定后再进行,厚度 0.95m	
	强夯	场地纵向中心 40m,强夯在第二级堆载并沉降稳定后进行,分为普夯、点夯、满夯。普夯一遍,600kN·m~800kN·m,每点 2 击~3 击,夯点连接。点夯两遍,1200kN·m~1500kN·m,每点 3 击~4 击,点距 6m×6m,梅花形布设。满夯一遍,1000kN·m,每点 2 击,1/4 锤印搭接	
	高速液压夯	场地纵向边线各 10m 宽度范围,采用液压夯击设备,夯锤直径 1m,锤重 3t,冲程 1.2m,频率 20 击/min~40 击/min,每点 12 击~15 击,点距 2m,分两遍施工,第二遍在第一遍点间插打	
	振动碾压	采用 18t~20t 振动压路机碾压 2 遍	

地基处理试验节点见表 6.5-14。施工工艺流程见图 6.5-9～图 6.5-11。

试验段 4 区实施节点

表 6.5-14

试验 4-1 区		试验 4-2-1 区		试验 4-2-2 区	
实施内容	施工时间(d)	实施内容	施工时间(d)	实施内容	施工时间(d)
竹网施工,高程测量	30	塑料排水板施工(短板)	11	塑料排水板施工(短板)	11
砂垫层施工,高程测量	15	布置真空预压系统,高程测量	13	布置真空预压系统,高程测量	13
塑料排水板施工,高程测量	17	抽真空,高程测量	43	抽真空,高程测量	43
管井施工	3	砂垫层施工,高程测量	20	砂垫层施工,高程测量	20
第一级堆载,振动碾压,工序前后进行高程测量	20	塑料排水板施工(深层),高程测量	20	塑料排水板施工(深层),高程测量	20
分级堆载回填施工,各级堆载前后进行高程测量	142	止水墙施工	47	止水墙施工	47
恒载	131	布置真空预压系统,高程测量	7	布置真空预压系统,高程测量	7
卸载施工,卸载前后进行高程测量	17	抽真空,工后高程测量	119	抽真空,工后高程测量	119
振动碾压施工,施工前后进行高程测量	7	堆载、管井施工,高程测量	15	抽真空,前后进行高程测量	132
检测	10	强夯施工,高程测量	21	第一级堆载施工,前后进行高程测量	25
		场地平整、振动碾压,施工前后进行高程测量	2	恒载	10
		降水施工结束	—	第二级堆载施工,前后进行高程测量	11
				恒载	29
				普夯施工,前后进行高程测量	4
				降水施工	—
				点夯、满夯施工,高程测量	17
				高速液压夯施工,高程测量	6
				整平场地、振动碾压,施工前后进行高程测量	3

试验 4-1 区操作要点：

1）施工准备

平整场地，测放施工边线，按照 20m×20m 方格网进行高程测量，本场地平整后地面高程平均为 2.76m。

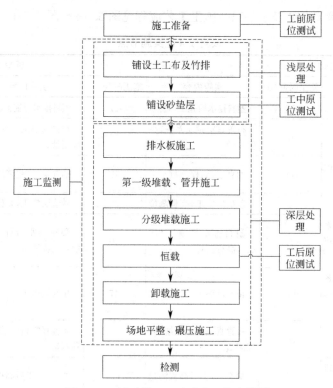

图 6.5-9 试验段 4-1 区试验工艺流程图

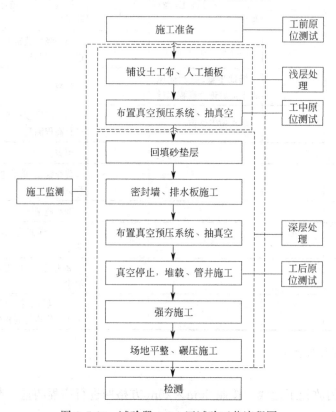

图 6.5-10 试验段 4-2-1 区试验工艺流程图

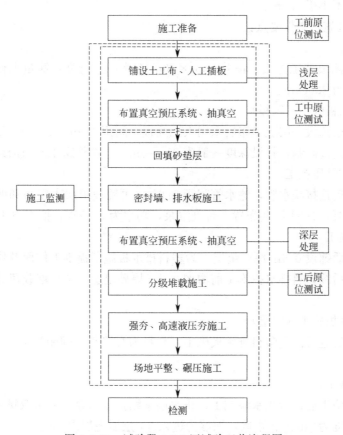

图 6.5-11　试验段 4-2-2 区试验工艺流程图

2）竹网施工

铺设土工布后进行人工铺设竹网施工，竹网间距 0.5m×0.5m，采用铁丝绑扎，然后在竹网上铺一层土工布。

3）砂垫层回填施工

竹网上层土工布铺设完成后，回填 1.1m 厚砂垫层，施工中采用轻型设备铺设。

4）塑料排水板施工

铺设砂垫层施工完成后进行塑料排水板施工，材料为 C 型塑料排水板，间距 1m×1m，平均深度为 18.5m。

5）管井施工

管井采用直径 0.5m 钻井设备成井，管井材料为直径 0.3m 的 PVC 波纹管，并开孔包滤网。

6）堆载施工

堆载施工分四级进行，堆载材料为海砂，采用自卸土方车辆进行运输。第一级堆载完成进行振动碾压施工，根据监测数据分析沉降趋于稳定、孔隙水压力消散 70% 后进行第二、三、四级堆载施工，堆载总厚度为 5.5m。

7）平整场地、振动碾压施工

卸载完成后平整场地、振动碾压。振动碾压采用 20t 振动压路机，碾压 3 遍～4 遍，碾压面搭接宽度不小于 0.5m。

试验 4-2-1 区施工操作要点：

1）施工准备

平整场地，测放施工边线，按照 20m×20m 方格网进行高程测量工作，本场地平整后地面高程平均为 3.069m。

2）塑料排水板施工（短板）

在原场地面层铺设一层土工布后采用人工插板，间距 0.8m×0.8m，受人工插板能力及表层淤泥固结情况限制，打设深度一般为 3m～5m，上端外露 1m，连接到滤水管。

3）浅层真空预压施工

排水板施工后连接滤水管，滤水管间距 1.6m，再铺设单层土工布和两层真空膜，滤水管连接至真空泵，4-2-1 区共布置 6 台真空泵，功率为 7.5kW，抽真空 43d。

4）砂垫层施工

停止抽真空后铺设 0.9m 厚砂垫层，为塑料排水板施工提供工作面及作为深层处理阶段水平砂垫层，后续塑料排水板施工前增加 0.7m 厚砂垫层，增加堆载荷载和水平排水层厚度。

5）塑料排水板施工（深层）

铺设砂垫层后进行深层塑料排水板施工，材料为 C 型板，间距为 1m×1m，深度平均约 17m。

6）止水墙施工

塑料排水板施工后进行止水墙施工，止水墙紧贴预压边界，采用双排直径为 0.7m 的搅拌桩，形成宽度为 1m 的止水墙，深度为进入②$_1$ 层淤泥层内 2m。

7）深层真空预压施工

滤管及密封沟、止水墙施工完成后铺设一层无纺土工布及两侧真空膜，再连接真空泵，真空泵功率为 7.5kW，共 5 台，抽真空共历时 119d。

8）管井降水施工

停止抽真空后堆载前进行管井施工，4-2-1 区共布设 4 口管井，管井间距 25m×20m，井身采用直径为 0.3m 的 PVC 波纹管，井深进入淤泥层 1m，高度随后续堆载逐渐加高至堆载顶面 0.3m。每口井内放置潜水泵进行 24h 持续降水，降水时间从堆载开始至满夯施工结束，增加预压荷载的同时消散超孔隙水压力。

9）堆载施工

管井施工完成后开始堆载施工，回填 1.45m 厚海砂，其中场地纵向两侧边线向内 10m 范围内分三次回填，并用真空压路机碾压。

10）强夯施工

堆载施工完成后进行动力加载，加载方式为普夯一遍、满夯一遍（其中 4-2-1 和 4-2-2 区共用密封沟处采用点夯）。

11）平整场地、振动碾压施工

强夯施工完成后，进行采用 18t～20t 振动压路机碾压施工。

试验 4-2-2 区施工操作要点：

1）施工准备、塑料排水板（短板）、浅层真空预压、砂垫层、塑料排水板（深层）、止水墙、深层真空预压、管井施工同 4-2-1 区。

2）堆载施工

堆载分两级进行，在真空预压稳定后进行第一级堆载施工，回填 0.8m 厚海砂，沉降稳定后进行第二级堆载，回填 0.95m 厚海砂。

3）强夯施工

在第二级堆载完成后第一遍普夯，形成真空超载动力联合预压，抽真空从开始至普夯完成后期共 132d。停止抽真空后开始管井降水、第二遍普夯、两遍点夯、一遍满夯施工（其中场地两侧纵向边线向内 10m 范围采用高速液压夯机进行强夯）。

4）振动碾压施工

振动碾压采用 18t～20t 振动压路机碾压 2 遍。

5. 试验段五区

（1）方案选择

试验段五区位于片区 1 纬四路东段，属于新吹填场区，表现出超软的厚层淤泥的地质特征，属于 C 类吹填场地。适合该区段地质条件的地基处理方法有"浅表层真空预压"和"填砂挤淤"，两种方法对比情况见表 6.5-15。

试验五区地基处理试验适用方案对比表   表 6.5-15

序号	处理方法	处理效果	工期	造价
1	浅表层真空预压	承载力较低；处理深度较浅	较长	较低
2	填砂挤淤	承载力较高；处理深度较大	较短	高

试验段五区属于 II 级主干路，桩号为 K1＋415～K1＋515，属于超软地基土，试验区长 100m，宽 60m，面积 6000m²。根据场地特征分析后，试验段五区为采用无砂真空预压方案进行浅表层预处理，待软土强度提高至满足人员进入后，再人工回填砂层，并在场地四周布设土袋围堰以防止外侧淤泥涌入试验区内。

（2）参数设计及工艺流程

主要设计参数见表 6.5-16。工艺流程如图 6.5-12 所示。

试验段五区主要设计参数   表 6.5-16

项目	设计参数
浅层真空预压	采用 C 型塑料排水板，间距 0.8m×0.8m，打入浮泥以下 5m，外露 1m，连接排水波纹管，平均长度约为 6m； 排水波纹管直径 50mm，间距 1.6m，排水主管横向间距 20m，土工布为 250g/m²，真空膜厚度为 0.12mm～0.14mm； 每 700m² 一台布设 7.5kW 真空泵，共 9 台； 当实测底面沉降速率连续五次平均沉降量小于或等于 2mm/d 时，方可停泵； 抽真空稳定后，在密封膜上回填海砂，总填砂高度为 1.5m
土袋围堰	底宽为 1.5m，顶宽 0.75m，深度为 1.5m，沿场地边线修筑

试验五区施工操作要点：

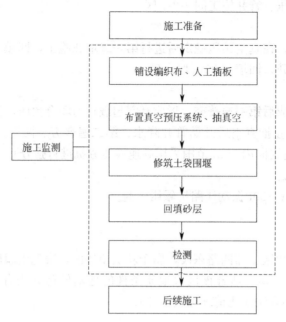

图 6.5-12　试验段五区试验工艺流程图

1）施工准备

现场加工编织布，利用已经回填海砂的区域作为施工便道，测放边线控制边桩。

2）铺设编织布施工

在真空预压区域铺设一层 $250g/m^2$ 编织布，便于插打塑料排水板并使真空预压系统与吹填淤泥层隔开。编织布铺设前需按要求清理场地上杂物，铺设时先在场地外缝好，按地基处理分区面积大小每边外扩 2m，铺设时为松铺。

3）人工插打排水板

编织布铺设完成，采用人工手持插板设备进行人工插打排水板，0.8m×0.8m 正方形布置，单根排水板总长为 6m，插入深度为 5m，预留长度 1m 连接滤水软管。在插打排水板的同时进行波纹滤管安装。

4）浅层真空预压

排水板施工后连接滤水管，滤水管间距 1.6m，再铺设单层土工布和两层真空膜，滤水管连接至真空泵，试验段五区共布置 9 台真空泵，功率为 7.5kW，为防止膜下压力增加过快撕裂真空膜，先开 4 台真空泵进行抽真空，待压力增加至 70kPa 后全部开启。

5）无纺土工布及土袋围堰施工

真空稳定后，真空膜上有一定强度可以满足人员通行要求，铺设单层 $250g/m^2$ 无纺土工布，防止人员行走或回填砂垫层时将真空膜损坏。采用人工沿场地四周修筑土袋围堰，围堰采用土袋堆积形成，顶宽 0.75m、底宽 1.5m、高 1.5m。

6）回填砂垫层

土袋围堰施工完成后，采用小型设备回填砂垫层，由于试验中止，仅回填局部区域用于进行数据采集工作。

6.6　试验段地基监测和检测结果分析

6.6.1　工后沉降计算分析

工后沉降量计算采用分层总和法、双曲线法和沉降曲线图解法（Asaoka 法）。

1. 分层总和法

根据《建筑地基基础设计规范》GB 50007—2011 中总沉降量计算公式：

$$s = \psi_s \sum_{i=1}^{n} \frac{p_0}{E_{si}} (z_i \overline{\alpha_i} - z_{i-1} \overline{\alpha_{i-1}}) \tag{6.6-1}$$

式中　　s——最终沉降量；

　　　ψ_s——沉降计算经验系数；

　　　p_0——附加压力；

　　　E_{si}——压缩模量；

z_i、z_{i-1}——软基交工面至第 i 层土、第 $i-1$ 层土底面的距离；

$\overline{\alpha_i}$、$\overline{\alpha_{i-1}}$——软基交工面至第 i 层土、第 $i-1$ 层土底面范围内平均附加应力系数，本场地为吹填形成，根据工程经验，附加应力系数取 1。

2. 双曲线法

根据《交通土建软土地基工程手册》中双曲线法最终沉降量推算公式：

$$s_t = s_0 + \frac{t}{\alpha + \beta t} \tag{6.6-2}$$

式中　　s_t——t 时刻的沉降量；

　　　s_0——起算沉降量，是荷载到达恒定值时实测沉降量；

　　　t——从计算起点起算的时间；

　　α、β——由实测过程线求得的系数。

3. 沉降曲线图解法（Asaoka 法）

根据《地基处理手册》（第三版）中沉降曲线图解法（Asaoka 法）最终沉降量推算公式：

$$s_j = \beta_0 + \beta_1 s_{j-1} \tag{6.6-3}$$

式中　　s_j——第 j 个数据沉降量；

　　　β_0——拟合曲线截距；

　　　β_1——拟合曲线斜率；

　　s_{j-1}——第 $j-1$ 个数据沉降量。

试验区平均工后沉降计算结果如表 6.6-1 所示。

平均工后沉降计算结果

表 6.6-1

计算方法	试验一区	试验二区		试验三区	试验四区			试验五区
		2-1 区	2-2 区		4-1 区	4-2-1 区	4-2-2 区	
分层总和法	151	97	95	147	138	148	142	—
双曲线法	141	74	63	126	124	75	69	—
Asaoka 法	103	79	69	122	138	78	70	—

由上表可知，试验各区采用不同的施工工艺进行处理后的工后沉降均小于 300mm，满足要求。

6.6.2　地基承载力检测分析

试验段一区布设 3 个载荷试验点，1 号、3 号位于地基处理中线上，2 号位于试验区中心处对应的海堤侧，载荷板大小为 1m×1m。p-s 曲线见图 6.6-1。

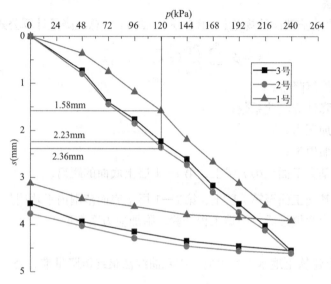

图 6.6-1　试验一区 p-s 曲线

试验段二区布设 4 个载荷试验点，每个小区各 2 个，沿场地中线布设，3 号、4 号位于 2-1 区，1 号、2 号位于 2-2 区，载荷板大小为 1m×1m。p-s 曲线见图 6.6-2。

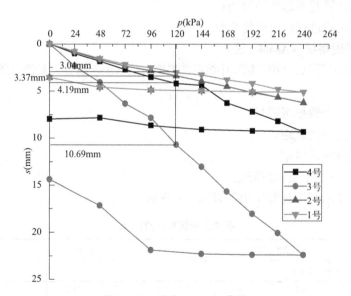

图 6.6-2　试验二区 p-s 曲线

　　试验段三区布设 3 个点平板载荷试验，其中 1 号、3 号位于试验段 3 区道路中线上，2 号位于靠海侧边线附近，载荷板面积为 1m×1m。p-s 曲线见图 6.6-3。

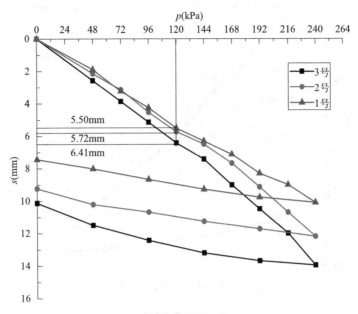

图 6.6-3　试验三区 p-s 曲线

　　试验四区进行了 6 组平板载荷试验，每个小区各 3 个，承载板 1m×1m。p-s 曲线见图 6.6-4 和图 6.6-5。

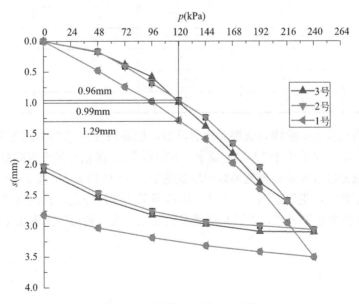

图 6.6-4　试验 4-1 区 p-s 曲线

　　试验区载荷试验成果对比如表 6.6-2 所示。

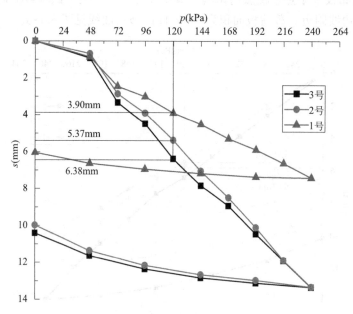

图 6.6-5　试验 4-2 区 *p-s* 曲线

载荷试验成果对比　　　　　　　　　　　　　　　　　表 6. 6-2

分区	平均最大沉降量(mm)	平均最大回弹量(mm)	平均回弹率(%)	承载力特征值(kPa)
试验段一区	4. 36	0. 87	60. 6	≥120
试验段 2-1 区	15. 845	4. 895	30. 9	≥120
试验段 2-2 区	5. 645	2. 085	36. 9	≥120
试验段三区	12. 08	3. 15	26. 03	≥120
试验段 4-1 区	3. 22	0. 91	28. 3	≥120
试验段 4-2-1 区	7. 41	1. 37	18. 5	≥120
试验段 4-2-2 区	13. 33	3. 14	23. 6	≥120

　　由以上载荷试验 *p-s* 曲线和成果对比表可知，试验段各区采用不同工艺进行处理后，承载力特征值均能满足不小于 120kPa 要求。2-2 区同 2-1 区相比最大沉降量及回弹率均较大，说明采用强夯进行表层处理效果好于堆载施工。4-1 区同 4-2-1 和 4-2-2 区相比，最大沉降量及回弹率较大，主要原因为 4-1 区采用竹网工艺进行处理，竹网具有一定的抗压能力，并且 4-1 区作为施工通道，表层长期受车辆碾压加载，表层砂层密实度较大。

第7章　山东威海某吹填场地地基处理工程

7.1　工程概述

山东威海某吹填场地软基处理工程施工场地面积 30 万 m²。场地原为浅海相地貌，后由人工吹填形成陆域，地形相对较平坦，地面标高＋4.38～＋6.16m。第四系上部为人工吹填土（吹填淤泥、粉细砂）、回填土和海相沉积软土、砂土。如图 7.1-1 所示依据场地形成的先后顺序，分为 A 区、B 区和 C 区，A 区面积 6 万 m²，B 区面积 16.7 万 m²，C 区面积 7.3 万 m²。

图 7.1-1　场地平面分区图

7.2　地基处理目的和要求

吹填场地地基处理的目的和要求为：

（1）承载力特征值 $f_{ak} \geqslant 150\text{kPa}$；

（2）工后沉降≤40cm；

（3）地基回弹模量＞40MPa。

7.3　工程地质与水文地质条件

7.3.1　场地形成

C区面积7.3万m²，由东南海岸边往西北方向延伸，东南近岸由块石及花岗岩残积土陆填形成，往西北经两次吹填形成，两次吹填管口均置于东北侧海边。第一次吹填形成A区6万m²，管口扇形区30m～50m范围以蚌壳一类生物碎屑为主，往西北回水区以粉砂及淤泥质粉土为主，吹填土厚度10.8m～13.0m。第二次吹填管口移至A区西约50m海岸边，吹填料以东北海域航道开挖清淤的粉细砂混粉质黏土为主，管口扇形堆积物为中细砂混细粒生物碎屑，往西、西北逐渐过渡为中细粉砂—粉土—淤泥质粉土—淤泥质粉质黏土，西南边界与陆填的块石类风化砂土相接，面积16.7万m²（B区）。

7.3.2　地层分布特征

（1）人工填土（Q_4^{ml}）

①$_1$吹填土：灰色，以粉细砂为主，饱和，松散—稍密，混黏性土，含贝壳碎片，变化大，分布无规律。

①$_2$吹填土（A区）：灰色、黄褐色，软塑—可塑状态，以黏性土为主，混粉细砂，含贝壳碎片。（B区）：灰色，流塑状态，以淤泥质土为主，含少量粉细砂，含贝壳碎片。厚度变化大，分布无规律。

（2）全新统海相沼泽化层（Q_4^m）

②淤泥质粉质黏土：灰色，流塑—软塑状态，含生物碎屑及少量砂粒。该层分布无规律。

②$_2$粉质黏土：灰黑色，可塑状态，含贝壳碎片，塑性较高。该层不连续，仅在K12、K16、K17、K18、K19、K20号孔见。

③细中砂：灰色，松散—稍密，局部中密，饱和，颗粒不均匀，含少量黏性土，偶见生物碎屑。该层在K1、K2、K3、K4、K5、K6、K7、K8、K10号孔见。

（3）上更新统晚期陆相洪冲积层（Q_3^{al+pl}）

④粉质黏土：黄褐色，可塑状态，局部夹砂层，含砾石及铁锰质结核。该层场地普遍分布。K1、K8号孔该层未揭穿。

⑤$_2$中粗砂：黄色、黄褐色，中密—密实，饱和，局部含黏性土，该层场地普遍分布。K16、K17、K19、K20号孔该层未揭穿。

（4）基岩风化层（$\gamma 53^{(2)}$）

⑥强风化花岗岩：黄褐色、灰白色，斑状结构，块状构造，主要矿物成分为石英、长石、云母，岩芯较破碎、呈碎块状，裂隙较发育，锤击易碎，岩石基本质量等级为Ⅴ级，为软岩。该层未揭穿。

吹填场地A、B区地质剖面图如图7.3-1所示。

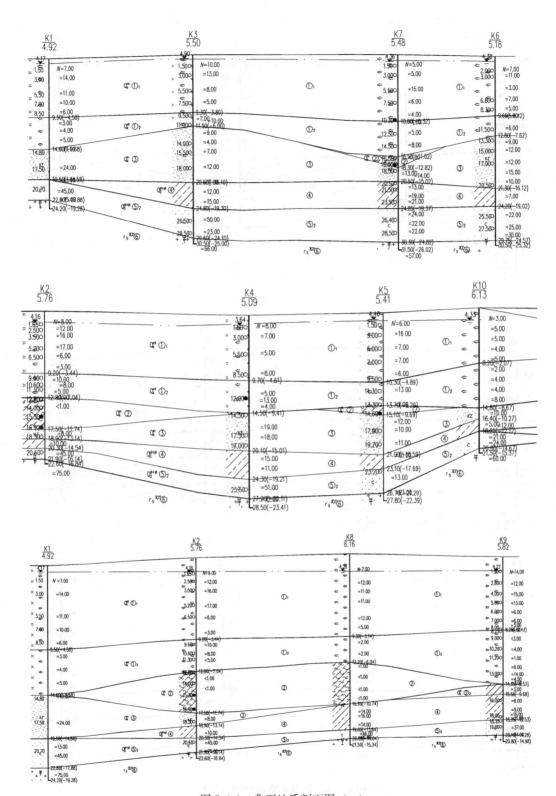

图 7.3-1　典型地质剖面图（一）

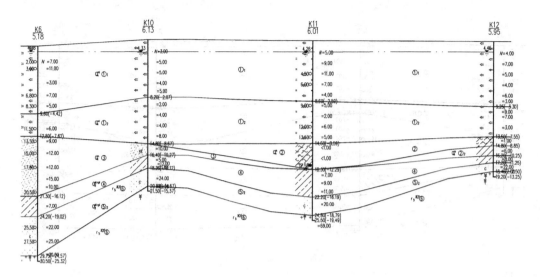

(a) A区

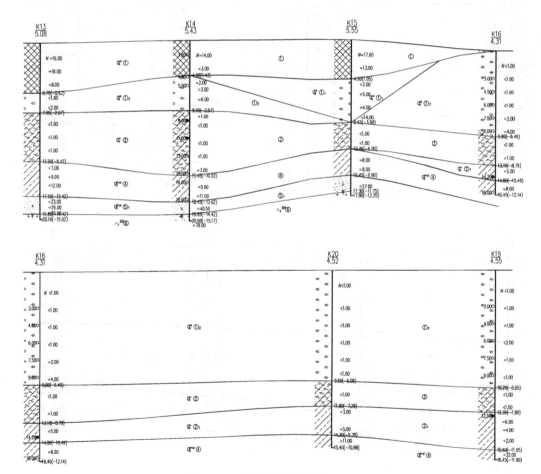

图 7.3-1　典型地质剖面图（二）

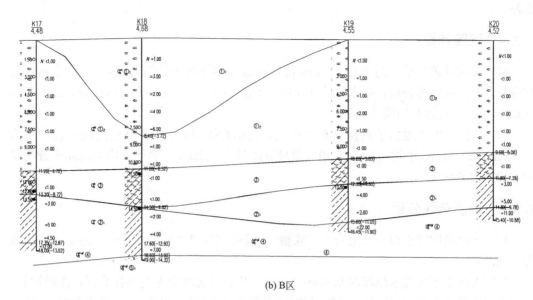

(b) B区

图 7.3-1　典型地质剖面图（三）

吹填场地拟处理地层及土层物理力学参数见表 7.3-1。

土层物理力学参数　　　　　　　　　　　　表 7.3-1

土名	厚度（m）	w（%）	e	I_P	I_L	E_{s1-2}（MPa）	c（kPa）	φ（°）	f_{ak}（kPa）
①₁ 吹填土,粉细砂为主	4.0～10.8	—	—	—	—	—	—	—	80～120
①₂ 吹填土,粉质黏土为主	2.20～11.20	33.5	1.076	12.4	1.18	4.63	—	—	50～100
②淤泥质粉质黏土	1.15～7.45	38.8	0.933	15.5	1.02	3.86	20.7	10.1	50
②₂ 粉质黏土	1.4～4.15	29.7	0.836	14.9	0.79	2.88	10.3	14.8	80
③中细砂	1.4～9.1	—	—	—	—	—	—	—	150
④粉质黏土	0.65～4.35	23.8	—	13.8	0.34	—	—	—	150
⑤₂ 粗砂	0.4～5.57	—	—	—	—	—	—	—	220
⑥强风化花岗岩	0.5～3.20	—	—	—	—	—	—	—	500

吹填场地东侧为货运铁路、南侧为客运中心、西侧为客运、货运码头，北侧为海水养殖场和货运码头。该场地北部（A 区）人工填土多为粉细砂南部（B 区）人工填土主要为粉质黏土。场地地基土不均匀，性质变化较大，无不良地质作用和对工程有影响的地质构造。

7.3.3　水文地质特征

场地吹填完成后的地下水位埋深 0～1.90m，其中 A、C 区水位埋深大于 1.0m，B 区埋深 0～1.0m，回水区西北及有地表水覆盖。地下水为孔隙潜水，水位随外侧潮水位而变化，受海水影响明显。以中粗、细砂及生物碎屑地层为主要含水层，渗透性能良好。

7.3.4 沉降计算

（1）A 区吹填场地软弱土在 150kPa 使用荷载作用下的固结沉降量：依 12 个钻孔及相应静力触探孔资料分析，排水固结沉降量为 152mm～620mm，平均 386mm，最大差异沉降 468mm，场地非均质性明显。

（2）B 区吹填场地由于勘探点布置较疏，根据勘探资料，8 个钻孔的固结沉降量为 351mm～1163mm，平均 608mm，最大差异沉降量为 812mm，属于不均匀沉降十分明显的非均质吹填场地。

7.3.5 地质条件分析

（1）A 区的吹填土以黏性土为主，软塑—可塑状态，2.20m～6.10m，地基容许承载力 100kPa。

（2）A 区地下水静水位埋深 0.6m～1.9m，以 1 层吹填砂为主要含水层，渗透性好，主要受海水及大气降水补给，水位受潮汐现象影响明显，地下水位变化幅度一般为 2.00m 左右；B 区的吹填土以淤泥质粉质黏土为主，流塑状态，厚度 2.25m～11.2m，地基容许承载力 50kPa，该层厚度变化大，分布无规律，压缩性高，稳定性差。

（3）本场地的 A、B、C 三区岩性与地下水赋存状态明显不同，为极不均匀的人工填土条件。

7.4 方案设计

由于本场地的吹填土为明显的非均质松软土，根据第 5 章非均质吹填场地软土地基处理设计中精细化分区的方法和场地地质情况，分析 A 区为泥砂互混吹填场地，采用先回填再管井降水强夯法进行处理；B 区为大厚度淤泥与砂互层或互夹的吹填场地，采用不同插排水板深度和不同预压时间的"短程超载真空预压动力排水固结法"进行处理；C 区采用降水强夯处理（此区为陆填场地，处理方案不涉及）。

7.4.1 A 区方案设计

（1）堆载填土设计

场地内回填 100cm～130cm 厚碎石土或风化砂。

（2）明沟排水设计

排水明沟沟深 2m，沟距 150m，南北方向开挖。

（3）管井降水设计

降水管井井径 300mm，井长 10m～12m，下端 1m 为死管，其上 8m～10m 为包网花管，上端为死管，井管高出地面 0.3m，按 28m×28m 正方形布设。为防止北侧海水的渗透补给，在距抛石海堤内侧 5m～10m 按间距 10m 布设拦截水井，井深 10m～12m；如东南西三侧场地不同时施工，则应按 15m 间距布截水井，井深 8m～10m。

强夯实施期间，应每天测量并控制场地水位，预计本场地降水预压时间为 60d～65d。

（4）动力固结设计

强夯是与降水预压相结合的施工过程，通过动力击密加大降水预压荷载，同时达到加大下伏淤泥质土、黏土的固结沉降量和吹填砂层成为超固结硬壳层而满足 150kPa 以上承载力要求。动力固结采用三遍点夯、一遍满夯，如图 7.4-1 所示。点夯夯能采用由轻到重的变能夯击方法。点夯参数通过现场试验确定。

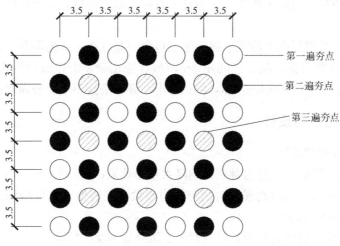

图 7.4-1　强夯夯点平面布置图

第一遍点夯：在降水水位下降至 4m 埋深时进行，单击能 1200kN·m～1500kN·m，每点 5 击～6 击，夯点间距 7m×7m 正方形布点。夯击完成后进行 10d 动力降水预压。

第二遍点夯：在第一遍点夯完成 10d 后进行，单击能 2000kN·m～2200kN·m，每点 6 击～7 击，夯点间距 7m×7m，在第一遍夯点间跳打。夯击完成后进行 10d 动力降水预压。

第三遍点夯：在第二遍点夯完成 10d 后进行，单击能 2500kN·m～2800kN·m，每点 6 击～8 击，夯点间距 7m×7m，在第一、二遍夯点间梅花形跳打。在三遍点夯期间，管井维持连续降水，最终水位保持在 8m 以下。

满夯：单击能 1000kN·m～1200kN·m，每点 2 击，1/3 锤印搭接，同时把降水管井用碎石土填塞夯实。

7.4.2　B 区方案设计

B 区按排水板长度及真空预压参数，填土厚度分为 B1、B2、B3、B4 等 4 个分区进行处理。

（1）真空预压设计

土工布为 2 层 300g/m²，荆笆 3 层，回填中粗砂 50cm。塑料排水板为 B 型，正方形布置，间距 1m×1m，平均打设深度为 12m～16m。止水墙采用泥浆搅拌方式成墙，双排布置，宽度 1.2m，平均深度为 14m。射流泵形成真空压力不小于 96kPa，按 800m²/台布设。滤管为 PVC 单壁扩孔波纹滤管，直径 63mm，间距按 35（37.5）m×6.5m 布置。

真空密封系统施工，包括单面压膜防水编织布铺设、真空密封膜铺设、压膜沟施工、膜上土工布铺设等。排水系统布置完成后，在滤管面铺设一层厚度为 230g/m² 单面压膜防水编织布，以防真空膜被下端物体破坏；在编织布面上铺设三层聚氯乙烯薄膜，以做真空膜密封，单层薄膜厚度 0.12mm～0.14mm；压膜沟采用黏土制作，沟底宽 1.0m～1.5m；在密封膜上铺设一层厚度为 450g/m² 的土工布，以保护真空膜不被破坏。

当膜下真空压力达 85kPa 以后开始计时，预计抽真空 150d 左右。当实测沉降曲线推算的固结度不小于 85％；实测地面沉降速率连续 10d 平均沉降量不大于 2mm/d 时停止抽真空。

（2）填土设计

真空预压结束后进行填土施工，采用开山石料为填土土料，填土厚度 0.8m～1.0m。

（3）强夯设计

填土施工完成后进行强夯施工。强夯施工包含两遍点夯、一遍满夯。点夯单击能量为 2000kN·m，正方形布置，跳夯，间距 4m，每点夯击≥8 击，最后两击平均夯沉量≤50mm；满夯单击能量为 1000kN·m，每点两击，夯印搭接不小于夯锤底面积的 1/4。

7.4.3 处理过程控制设计

（1）A 区过程控制设计

1）采用工前、工后同点静力触探控制降水强夯效果；

2）采用地下水位监测控制强夯时间与动力参数，使得地下水位降深达 8m 以下，使预压荷载达到 150kPa 以上；

3）通过前、中、后的高程测量，控制施工沉降量和交工标高。

（2）B 区过程控制设计

1）采用工前、工后同点静力触探控制真空预压的处理效果；

2）采用地表沉降监测控制不同小区的沉降过程与预压沉降量；

3）采用真空预压前、后地面高程测量控制后期填土厚度；

4）依据各分区的地表沉降观测资料与填土厚度修正强夯参数。

7.4.4 工艺流程设计

A 区的管井降水强夯法施工工艺流程和 B 区的短程超载真空预压动力排水固结法施工工艺流程如图 7.4-2 和图 7.4-3 所示。

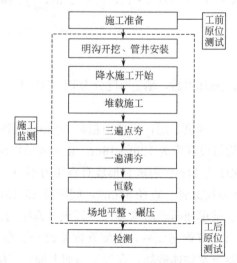

图 7.4-2　A 区施工工艺流程

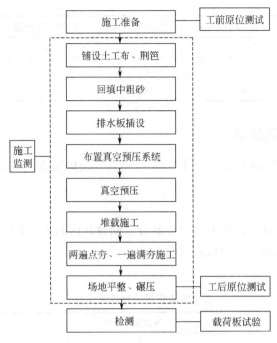

图 7.4-3　B 区施工工艺流程

7.5　施工监测控制效果

7.5.1　A 区静力触探监测检测结果

A 区在施工前与施工后布设 4 个静力触探点进行同点检测，其结果见表 7.5-1。由表可见，本场地的吹填土极不均一，p_s 值在平面和剖面上均变化大。经降水强夯处理后，吹填土的强度有大的提高，提升幅度为 35.1%～147.3%，平均增大 67.7%。表明处理效果明显。

静力触探点检测结果　　　　　　　　　　　　　　　　　　表 7.5-1

静探点号	深度(m)	工前平均 p_s 值(MPa)	工后平均 p_s 值(MPa)	工后值/工前值	备注
1	0～1.8	1.806	3.470	1.921	工前静探在降水强夯之前,工后静探在强夯完成后 7d 进行
	1.9～5.1	7.500	11.600	1.547	
	5.2～7.0	5.404	7.300	1.351	
2	0～2.0	3.495	5.501	1.574	
	2.1～4.4	11.069	15.753	1.423	
	4.5～7.0	5.000	7.102	1.420	
3	0～1.8	1.169	2.891	2.473	
	1.9～4.1	7.219	11.253	1.559	
	4.2～7.0	3.781	5.750	1.521	

续表

静探点号	深度(m)	工前平均p_s值(MPa)	工后平均p_s值(MPa)	工后值/工前值	备注
4	0～2.2	2.278	3.650	1.602	工前静探在降水强夯之前,工后静探在强夯完成后7d进行
	2.3～4.4	2.942	6.020	2.046	
	4.5～7.0	5.174	8.665	1.675	

7.5.2 B区监测检测结果

B区在真空预压期间进行了4个小区共38个表层沉降监测,填土强夯后进行了10个点的载荷板检测。

1. 表层沉降监测

从2014年9月25日～2015年8月6日分二期对B区的4个小区进行真空预压和表层沉降监测,各小区的监测点最终沉降量见表7.5-2。

各小区表层沉降最终沉降量 表 7.5-2

分区	各监测点沉降量(m)												
	1	2	3	4	5	6	7	8	9	10	11	12	平均
B1	0.282	0.421	0.324	0.386	0.316	0.383	0.386	0.623	—	—	—	—	0.388
B2	0.195	0.306	0.485	0.732	0.320	0.209	0.245	0.271	0.283	0.234	—	—	0.288
B3	0.237	0.278	0.292	0.348	0.231	0.305	0.280	0.348	0.228	0.251	0.269	0.282	0.279
B4	0.205	0.167	0.246	0.344	0.254	0.277	0.392	0.443	—	—	—	—	0.291

各分区的沉降-时间曲线见图7.5-1～图7.5-4。

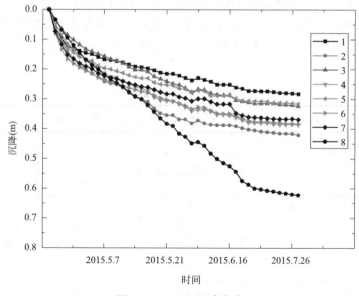

图 7.5-1　B1区沉降曲线

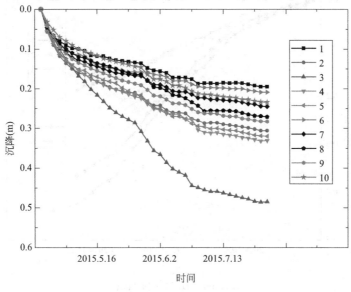

图 7.5-2　B2 区沉降曲线

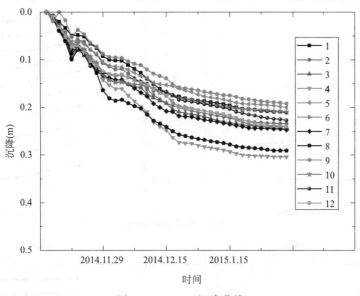

图 7.5-3　B3 区沉降曲线

2. 载荷板承载试验

载荷板承载试验在真空预压后的填土强夯后进行了 10 组平板载荷试验。试验中承载板采用 1.5m×1.5m 正方形板，最大加载 375kPa。试验结果见图 7.5-5 和图 7.5-6。10 组试验结果表明，各监测点的地基土承载力均大于 150kPa，满足设计要求。

由图可见，p-s 曲线均为缓降型，最大加载量尽管特征值已达设计承载力 150kPa 的 2.51 倍，但均未达到极限荷载，表明实际地基土的承载力特征值大于 150kPa 的设计值，说明对非均质吹填土采用精确分区的静动排水固结法处理效果甚佳。

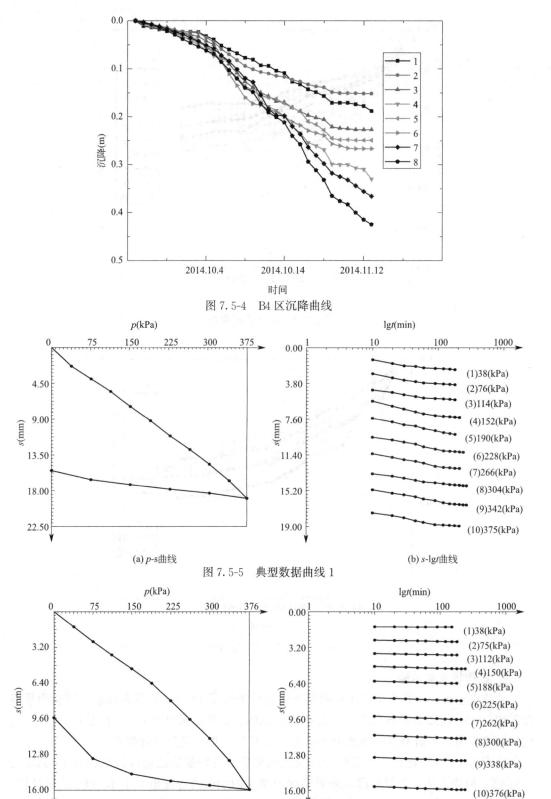

图 7.5-4 B4 区沉降曲线

(a) p-s曲线

(b) s-lg$t$曲线

图 7.5-5 典型数据曲线 1

(a) p-s曲线

(b) s-lg$t$曲线

图 7.5-6 典型数据曲线 2

第8章　山东日照港某吹填场地地基处理工程

8.1　工程概述

山东日照港某吹填场地为港区南区，焦炭堆场和焦炭扩建堆场东侧、W3W4 防波堤西侧、南防波堤北侧、港南二路南侧区域，场区由回填和吹填形成（图 8.1-1），以吹填为主。

图 8.1-1　场地地貌

场区位于南区淤泥区的北侧，面积约 17 万 m^2。该范围为回水区，目前有 2/5 面积仍为海水覆盖，水面高程为 5.30m～5.50m。受西、北、东三面填土及强夯的影响，边线呈锯齿（西北侧）、折线状（东侧）、缓变折线状（西侧）。水体区分布在中部、东北及东南侧，水深不详。其余地表为干裂状淤泥，其厚度为 0.10m～0.15m，其下为流泥。

地面标高北区为 5.533m～7.933m，高差 2.4m，因受北侧挤淤和外转淤泥填倒影响，呈现北高南低的态势。南区 5.46m～7.533m，高差 2.073m，因受西侧填土强夯挤淤影响而西高东低、北高南低。

依照场地西侧 70m 处的火车轨道相应长度的钻孔资料，吹填前的海底高程为 -2.5m～-4.58m，填土厚度为 8.5m～10.3m。按静力触探资料，拟处理范围的原海底高程为 -1.5m～-5.59m，海底标高差为 4.09m，变化较大。

8.2　地基处理目的和要求

结合场地使用功能及业主要求，本次吹填场地地基处理的目的和要求为：

（1）地基土表层承载力特征值≥80kPa；

（2）处理深度达吹填土底板；

（3）工后沉降量≤50cm；

（4）交工标高6.0m。

8.3 工程条件与水文地质条件

8.3.1 地层分布特征

本工程吹填场地由多管口吹填的高含水流泥区挤压形成，形成时间为3年，厚度10m～13m。吹填流泥的土性指标只有少数场地边缘的测孔（典型剖面如图8.3-1所示），不能满足地基处理要求。吹填流泥下为原状海底沉积物②$_1$淤泥质黏土层：流塑，饱和，平均含水率48.8%，孔隙比为1.33，厚度为1m～3m。

场地吹填1.5年后的标高为4.30m～6.06m，部分场地被地表水淹没。场地地下水为孔隙水，吹填流泥渗透性差，渗透系数约为2×10^{-7}cm/s。

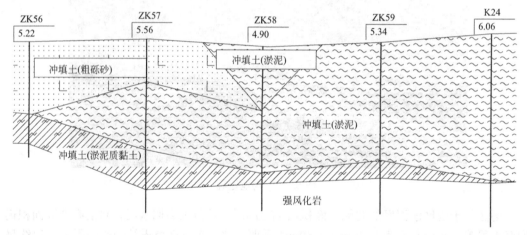

图8.3-1 典型地层分布图

在进行地基处理前按照20m×20m网格进行静力触探勘察，获得网格节点处的吹填泥的比贯入阻力随深度的变化曲线（图8.3-2）。

根据上述静力触探资料和西侧火车轨道相对应勘察钻孔资料，对该吹填场地进一步划分见图8.3-3。吹填淤泥区的地层从上往下划分为：

吹填淤泥区边界内侧：

①$_0$淤泥硬壳层：p_s值为0.5MPa～1.0MPa，厚度为0.1m～1.5m；

①$_1$吹填流泥：流动状态，饱和，γ为14.0kN/m³，w_0为85%～116.7%，平均值为95.9%，I_P为20.7，I_L为3.68，p_s为0MPa～0.10MPa，$c_u \leqslant 5$kPa，厚度为2.0m～11.70m；

①$_3$淤泥混砂：p_s值为0.5MPa～1.8MPa，厚度为0.5m～4.5m；

①原状淤泥—淤泥质土：厚度为1.0m～3.0m；

④强风化花岗岩。

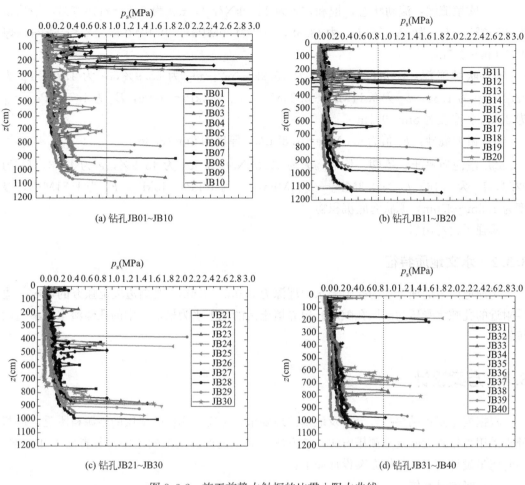

(a) 钻孔 JB01~JB10

(b) 钻孔 JB11~JB20

(c) 钻孔 JB21~JB30

(d) 钻孔 JB31~JB40

图 8.3-2　施工前静力触探的比贯入阻力曲线

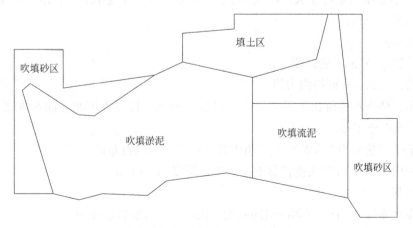

图 8.3-3　整个场地总平面分布图

吹填淤泥区场地中心：

①₀ 淤泥硬壳层：p_s 值为 0.5MPa～1.0MPa，厚度为 0.1m～0.2m；

①₁ 吹填流泥：流动状态，饱和，γ 为 14.0kN/m³，w_0 为 85%～116.7%，平均值为 95.9%，I_P 为 20.7，I_L 为 3.68，p_s 为 0MPa～0.10MPa，$c_u \leqslant 5kPa$，厚度 2.0m～8.7m。

①₂ 吹填淤泥：流塑，饱和，γ 为 15.9kN/m³，w_0 为 65.9%，e 为 1.79，I_P 为 22.4，I_L 为 1.85，p_s 为 0.11MPa～0.25MPa，c_u 为 3kPa～5kPa，E_s 为 1.76MPa，f_{ak} 为 30kPa。厚度为 8m～9.1m。

①₃ 淤泥混砂：p_s 值为 0.5MPa～1.8MPa，厚度为 0m～3.8m；

②₁ 淤泥质黏土：流塑，饱和，γ 为 17.3kN/m³，w_0 为 48.8%，e 为 1.33，I_P 为 22.3，I_L 为 1.16，p_s 为 0.3MPa～0.45MPa，c_u 为 10kPa～15kPa，E_s 为 1.71MPa，厚度为 1.5m～3.0m，原状海底沉积物。

④强风化花岗岩。

8.3.2 水文地质特征

场地地面下的地下水为孔隙潜水，埋深为 0.0m～2.5m。受周边填土强夯的影响，边界附近的孔隙水受压为高压孔隙水。边界填土区的地下水为松散土中的孔隙潜水，渗透性较好。

8.4 方案设计

根据岩土工程勘察报告分析及地基处理要求，考虑可用作砂垫层的砂源料匮乏，地基处理采用直排式无砂真空预压方法，该方法可减少铺设砂垫层的工序，节省成本和工期，同时满足设计要求。具体方案设计如下：

（1）竖向排水体

采用 SPB-B 型原生料排水板，1m×1m 正方形布置，长度 12m～15m。插板施工采用轻型水上快速插板机。

（2）真空预压

真空滤管 ϕ30mm，管间距 1m。

真空膜：0.14mm 两层强力膜。

土工布：插排水板前在淤泥面上铺一层 250mg/m² 针织土工布，滤水管之上铺一层 250mg/m² 无纺土工布。

真空泵采用功率为 13kW 水气分离中泵，按 5000m²/台布设。

外围采用 ϕ700mm 双头搅拌黏土止水墙，深度 8m～12m。

（3）监测

设沉降观测标 29 个，观测时间间隔为 1 次/2d，观测时间 116d。

真空排水量观测箱 14 个，每 1d 测量 1 次。

南侧设侧向变形观测点 4 个，每 7d 测量 1 次。

真空预压卸压要求：最后 10d 的平均沉降量不大于 1mm。

8.5　关键工序施工

8.5.1　止水墙施工

止水墙采用双轴搅拌桩机进行施工（图 8.5-1），结构形式采用连续搅拌桩搭接成墙方式，采用"二喷二搅"法施工工艺。单桩形式呈"8"字形，长半径 1200mm，短半径 700mm，每根搅拌桩搭接长度 200mm；泥浆搅拌桩的淤泥掺入量不低于 20%，泥浆相对密度为 1.2～1.3。

图 8.5-1　双轴搅拌桩机施工

8.5.2　排水板施工

排水板施工采用武汉二航路桥特种工程公司的实用新型专利技术"轻快型快速插板机（ZL 201820869257.4）"。如图 8.5-2 所示，该类插板机由双层轨道、主体机架、插板机械及其他辅助设施组成，插板机械部分作用于主体支架上，其向主体支架传导荷载，荷载通过主体支架传导于竖向轨道上，最终由下铺的枕木扩散至铺有编织土工布的吹填流泥地基，极大地减小了插板机作用于淤泥上的接地压力。

图 8.5-2　轻型轨道式插板机组装及施工

轻快型快速插板机的重量轻，接地压力小，可在含水率大（＞80％）、承载力低（＜15kPa）的深厚吹填流泥上面工作，同时，这种插板机由双轨道控制，方便施工过程中调整插板位置，提高插板效率。该类轻快型快速插板机一次性可插至深度 8m～12m，弥补了深厚吹填流泥地基先表层预处理形成硬壳层，再进行机械插板二次处理的缺点。

排水板施工前先进行探摸，以确定排水板实际打设深度，排水板深度布置按 30m×30m 方格网放线，局部区域进行适当调整。

8.5.3 真空滤管施工

如图 8.5-3 所示，真空滤管施工时，首先采用 GPS 放出各小区角点桩位，根据位置和设计间距先将真空滤管摆设并连接好，滤管按设计间距呈方格形布置，各滤管间采用胶管连接，胶管套入滤管 10cm，用铅丝绑紧，铅丝接头严禁朝上，以免扎破滤膜，滤管相交处采用二通、三通、四通连接。

图 8.5-3　真空滤管施工

8.5.4 密封膜施工

如图 8.5-4 和图 8.5-5 所示，在加工时，密封膜的大小要考虑埋入压膜沟部分，各区实际长度每边各增加 3m，并根据实际情况预留足够的地基不均匀沉降变形富余量，防止密封膜拉裂。

铺膜过程中，随铺随用砂袋进行压膜，防止起风将铺好的膜卷走和撕裂，密封膜铺设完成后，应沿出膜弯管口把膜剪开，然后放上橡胶垫圈及上压盘，期间抹匀黄油，最后将螺母拧紧，橡胶圈与膜间不得有砂料。然后，安装少量的抽真空泵抽气将膜吸住。

图 8.5-4　现场人工铺设密封膜

图 8.5-5　现场密封膜铺设完成

8.5.5　压膜沟施工

如图 8.5-6 所示，采用挖机辅以人工挖沟，开挖时保证断面尺寸，切断透水层。把压膜沟区的砂、粉土全部清理干净，并运到加固区外存放。挖沟时如有塑料排水板，应沿沟边向上插入砂垫层中，不能剪断，插入量应大于 0.2m。

为确保密封效果，需将密封膜踩入密封沟中，先踩第一层膜，踩入深度不小于 1m，踩完第一层膜后开始踩第二层膜。在踩膜过程中，密封膜粘合处先踩入，再踩其他部分，主要防止踩膜过程中撕裂密封膜。密封膜踩入沟完成后，用黏土（软土）及时回填压实。

分区压膜沟连接膜的处理，采用搭接膜法，将两区的膜边压入压膜沟内，并将留出的膜用土覆盖，待连接下一个区的膜。

图 8.5-6　现场压膜沟密封膜铺设

8.5.6　真空预压施工

如图 8.5-7 和图 8.5-8 所示真空预压施工区各项工作就绪后，进行抽真空，当膜下真空压力达到 50kPa～60kPa 以上时，检查区内有无泄漏，当膜下真空压力达到 85kPa 后开始计算预压时间；真空预压时，真空泵应能形成不小于 96kPa 的压力，膜下真空压力要达到 85kPa 以上。

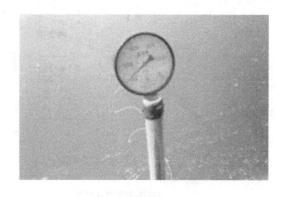

图 8.5-7　现场抽真空　　　　　　　　图 8.5-8　现场真空度观测

8.6 监测结果分析

为了确定性评价本地基处理项目在 $80kPa$ 荷载下的吹填泥的固结沉降量，分别采用场地标高的分次测定、插排水板产生的扰动沉降测定，真空预压沉降观测；根据真空预压 s-t 曲线分别采用双曲线法、三点法和指数曲线法进行预测真空预压产生的沉降量；采用基于比贯入阻力确定压缩模量的分层总和法计算固结沉降量；实测沉降量是插排水板以前和真空预压卸压后以 $20m×20m$ 网格测量的地表高差量。

1. 扰动沉降量

插排水板引起的扰动沉降量由插排水板与真空预压前的地表高程测量得出，测试结果见表 8.6-1。

各测点插排水板引起的扰动沉降量 s_r 表 8.6-1

测点	s_r(mm)	测点	s_r(mm)	测点	s_r(mm)	测点	s_r(mm)	测点	s_r(mm)
01	540	07	470	13	530	19	300	25	370
02	650	08	740	14	700	20	470	26	380
03	440	09	690	15	450	21	200	27	430
04	320	10	820	16	440	22	350	28	480
05	200	11	630	17	490	23	300	29	460
06	540	12	720	18	650	24	540		

2. 沉降预测

常用的沉降预测方法有双曲线法、三点法、指数曲线法。图 8.6-1 为真空预压过程沉降观测点 J1～J30 的 s-t 曲线。

真空预压过程沉降观测 1 号～30 号点 s-t 曲线按指数增加，有：

$$s=A_1\exp\left(\frac{t}{t_1}\right)+s_0 \qquad s_0=\lim_{t\to\infty}s \qquad (8.6\text{-}1)$$

按上式拟合结果见图 8.6-1。表 8.6-2 为 J1～J30 测点的拟合参数，相关系数的平方 (R^2) 大于 0.93。

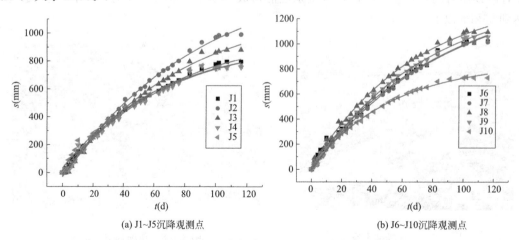

(a) J1~J5沉降观测点   (b) J6~J10沉降观测点

图 8.6-1 J01～J30 沉降监测点的 s-t 曲线（一）

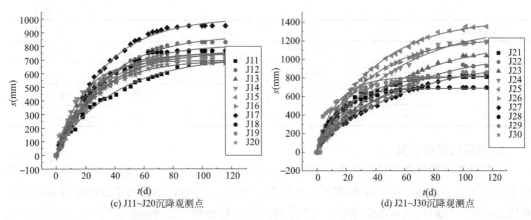

(c) J11~J20沉降观测点　　　　　　　　　　(d) J21~J30沉降观测点

图 8.6-1　J01~J30 沉降监测点的 *s-t* 曲线（二）

J1~J30 测点的拟合参数　　　　　　　　　　表 8.6-2

拟合参数	J1	J2	J3	J4	J5
s_0	1224.577	953.0003	943.5188	1012.779	1466.858
A_1	−1254.25	−963.694	−911.379	−1001.68	−1496.32
t_1	−81.8414	−65.8939	−65.564	−71.8927	−93.1332
R^2	0.99618	0.98999	0.9898	0.99864	0.99766
拟合参数	J6	J7	J8	J9	J10
s_0	1482.964	1458.862	1392.444	1409.639	852.0306
A_1	−1445.4	−1464.06	−1375.25	−1425.64	−843.461
t_1	−92.2936	−88.1713	−68.4151	−75.8985	−52.3166
R^2	0.99288	0.99493	0.99705	0.99759	0.99792
拟合参数	J11	J12	J13	J14	J15
s_0	725.852	881.1551	754.9	695.689	765.2611
A_1	−683.927	−884.679	−741.353	−702.636	−765.33
t_1	−41.8222	−33.2928	−24.4217	−17.3065	−28.6413
R^2	0.99102	0.99558	0.99517	0.99421	0.99599
拟合参数	J16	J17	J18	J19	J20
s_0	758.9895	1006.422	810.758	759.8226	697.5218
A_1	−752.513	−1043.36	−808.354	−764.137	−627.728
t_1	−30.4693	−31.0172	−29.6701	−30.8202	−28.74
R^2	0.99514	0.99649	0.99056	0.99473	0.98938
拟合参数	J21	J22	J23	J24	J25
s_0	826.1179	1109.556	1244.145	1393.476	1438.441
A_1	−786.343	−1033.39	−1186.5	−1361.39	−1383.36
t_1	−24.2088	−62.0198	−60.7988	−53.6672	−39.7883
R^2	0.99394	0.99177	0.99652	0.99603	0.99818

拟合参数	J26	J27	J28	J29	J30
s_0	1240.548	994.2732	688.9407	811.8185	911.982
A_1	-1192.29	-945.529	-677.655	-752.053	-884.02
t_1	-36.2564	-59.5262	-15.2357	-14.2912	-43.9582
R^2	0.99779	0.99667	0.9816	0.93468	0.98936

3. 规范法沉降计算

沉降计算经验修正系数的选取对于吹填土的沉降计算尤为关键。现行国家规范中仅提及对于正常固结的地基，而新近吹填软土地基实际应用时，通过监测的沉降数据反算验证的经验修正系数往往超出规范取值范围，尤其是吹填淤泥层在地基处理初期多处于沉积阶段，其经验修正系数远远超过规范中相关规定。对现行的分层总和法沉降公式进行修正得到：

$$s_c = \sum \varphi_{si} \frac{p_0 + p}{E_{si}} h_i \tag{8.6-2}$$

式中 p_0——使用荷载（kPa）；

p——填土附加荷载（kPa）

E_{si}——第 i 层土压缩模量（MPa）；

h_i——第 i 层土的厚度（m）；

φ_{si}——第 i 层土沉降计算经验修正系数。

式（8.6-2）与现行规范不同在于沉降计算经验修正系数。沉降修正系数应根据各层软土物理参数分别选取不同的沉降系数，以计算各层沉降量。针对吹填超软土，提出与含水率、孔隙比、压缩模量相关联的沉降计算经验修正系数选用方法，如表 8.6-3 所示。

吹填土沉降计算经验修正系数 φ_s 表 8.6-3

含水率 $w(\%)$	孔隙比 e	压缩模量 E_s（MPa）	修正系数
>120	>3.0	0.9~1.1	>2.2
80~120	1.9~3.0	1.1~1.4	1.8~2.2
54~80	1.5~1.9	1.4~2.4	1.45~1.8

4. 吹填泥的压缩模量

图 8.6-2 为《工程地质手册》（第四版）给出不同地区软土的压缩模量 E_s 与比贯入阻力之间的线性关系。由图可知，TJ 21—77、交通部一航局设计院、四川综合勘察院和无锡市建筑设计院的经验公式相差不大；原北京市勘察处和天津市建筑设计院的经验公式在 $p_s < 3.0$ MPa 时相差不大。图中经验公式与土的组成有很大关系，公式中的 p_s 在 0.21MPa~5.0MPa，而日照吹填淤泥的 p_s 在 0MPa~0.5MPa，因此经验计算公式对吹填淤泥适用。

吴名江、丁继辉等对广东、日照等地的吹填淤泥进行统计分析，得到：

$$E_s = 1.2217 + 2.1604 p_s \quad R^2 = 0.96058 \quad (0.12\text{MPa} < p_s < 0.8\text{MPa}) \tag{8.6-3}$$

实际上，吹填泥的压缩模量不仅和比贯入阻力有关，且与含水率有关，吴名江、丁继辉等对多项工程场地的吹填淤泥的含水率（$>40\%$）、比贯入阻力 p_s 和 E_s 进行统计，采

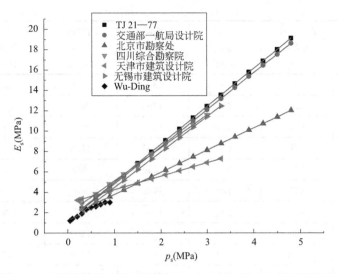

图 8.6-2　不同地区软土的压缩模量 E_s 与比贯入阻力之间的线性关系

用麦夸特法（Levenberg-Marquardt）＋通用全局优化，按双线性函数拟合得到如下公式：

当含水率 $w > 40\%$，$0.05\text{MPa} < p_s < 0.9\text{MPa}$ 时，有：

$$E_s / p_s = C_1 w p_s + C_2 w + C_3 p_s + C_4 \tag{8.6-4}$$

式中　$C_1 \sim C_4$——拟合系数。

$C_1 = 0.0419$，$C_2 = 1.0412$，$C_3 = 36.1211$，$C_4 = -72.4554$。相关系数的平方为 0.9841。

各沉降观测点固结沉降量计算、实测与 $s\text{-}t$ 曲线推算结果　　表 8.6-4

观测点号	分层总和法计算 (mm)	真空预压沉降量 (mm)	扰动沉降量 (mm)	实际沉降量 (mm)	双曲线法推算 (mm)	三点法推算 (mm)	指数法推算 (mm)
01	1510	795	540	1475	1087	785	1224.6
02	1910	990	650	1755	1136	985	953.0
03	1600	880	440	1475	976	980	943.5
04	1330	755	320	1275	824	745	1012.8
05	1420	765	200	1315	830	690	1466.9
06	1950	1020	540	1755	1039	1015	1483.0
07	1960	1015	470	1725	893	988	1458.9
08	2060	1095	740	1955	1789	1005	1392.4
09	2210	1055	690	1975	1385	1003	1409.6
10	1780	730	820	1545	1442	643	852.0
11	1790	680	630	1655	833	796	725.9
12	1920	830	720	1715	1026	775	881.2
13	1620	745	530	1460	853	718	754.9
14	1680	700	700	1530	836	645	695.7

续表

观测点号	分层总和法计算 (mm)	真空预压沉降量 (mm)	扰动沉降量 (mm)	实际沉降量 (mm)	双曲线法推算 (mm)	三点法推算 (mm)	指数法推算 (mm)
15	1450	730	450	1335	743	725	765.3
16	1550	720	440	1395	800	693	759.0
17	1700	950	490	1670	1096	900	1006.4
18	1750	767	650	1565	1565	672	810.8
19	1580	720	300	1540	800	693	759.8
20	1560	675	470	1465	861	620	697.5
21	1460	810	200	1405	917	783	826.1
22	1510	930	350	1360	1200	1000	1109.6
23	1860	1040	300	1640	1933	975	1244.1
24	2150	1195	540	2140	1246	1220	1393.5
25	2150	1355	370	2030	1458	1383	1438.4
26	2100	1185	380	1920	1382	1106	1240.5
27	1830	840	430	1570	1330	630	994.3
28	1640	700	480	1580			688.9
29	1810	860	460	1780			811.8

注：1. 扰动沉降量由插排水板与真空预压前的地表高程测量得出。

2. 分层总和法中的①$_1$层按不同含水率和不同p_s值确定的压缩量，①$_2$层的m_s为1.5，对于$p_s<0.10$MPa按不同p_s值确定压缩量。

3. 实际沉降量是插排水板以前和真空预压卸压后以20m×20m网格测量的地表高差量。

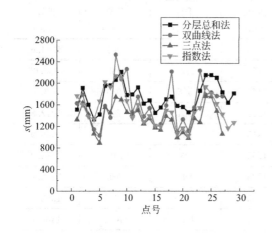

图 8.6-3　J1～J30 观测点沉降对比

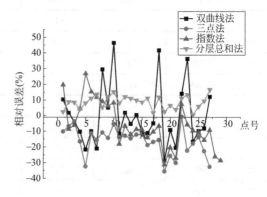

图 8.6-4　J1～J30 观测点沉降相对误差

表 8.6-4 为各沉降观测点固结沉降计算结果。图 8.6-3 为 J1～J30 测点的双曲线法、三点法、指数曲线法推测的沉降量和分层总和法计算的沉降量，图 8.6-4 为不同方法得到的沉降量与实测沉降的相对误差。计算和实测结果表明：

（1）吹填后较短时间的大厚度吹填泥场地，其固结沉降量除前期完成了部分自重固结沉降外，插板产生的扰动沉降量很大，占实际沉降量的 14.2%～53.1%，平均为 30%。因此吹填土的插板扰动沉降是固结沉降的重要组成部分，在吹填场地处理时需要考虑。在 80kPa 预压荷载抽真空 116d 的沉降量占实际沉降量的 41.1%～68.4%，平均为 54.26%。

（2）根据真空预压的 s-t 曲线采用双曲线法、三点法和指数法的预测结果与实测沉降相比，双曲线法相对误差最大，为 $-28.6\%～46.4\%$；三点法各点沉降均小于实测沉降，相对误差为 $-35.5\%～-0.7\%$；指数法的相对误差整体上小于双曲线法，相对误差为 $-31.2\%～26.8\%$。

（3）采用基于 p_s 确定压缩模量的分层总和法的计算结果与实测沉降量误差最小，分层总和法计算的各点沉降均大于实测沉降，相对误差为 0.47%～15.56%。实测沉降量为计算沉降量的 85.8%～99.5%，平均为 92.53%。

参 考 文 献

[1] Kjellman W. Consolidation of clay by mean of atmospheric pressure, Conference on soil stabilization, MIT, 1952.

[2] Halton, 等 . 费城国际机场跑道的软基加固 [J]. 邱基骆, 译 . 港口工程, 1982, (1).

[3] 中崛和英 . 软土地基处理 [M]. 张文全, 译 . 北京: 人民交通出版社, 1983.

[4] 小原幸一, 吉田真信 . 超软土地基的加固工程 [J]. 游越华, 译 . 港工译丛, 1980, 10 (2).

[5] 三立正人, 大西关雄 . 大阪南港用降低地下水位的方法加固地基 [J]. 汪兆京, 译 . 水利水运科技情报, 1985 (2).

[6] 李正中 . 真空联合堆载预压加固软基技术 [R]. 2010.

[7] 张建龙 . 真空-堆载联合预压加固软基地基的应用研究及数值模拟 [R]. 2009.

[8] 赵令炜, 沈珠江 . 排水砂井预压法的理论与实践 [R]. 南京水利科学研究院研究报告, 1962.

[9] 黄文熙 . 十年来中国水利科学的成就 [J]. 科学通报, 1959, (2): 686-689.

[10] 戴一鸣, 等 . 袋装砂井—真空预压法加固建筑物软土地基的可行性研究 [R]. 福建省建筑设计院研究报告, 1987.

[11] 娄炎 . 真空排水预压法加固软基技术 [J]. 水利水运科学研究, 1988, (2): 97-104.

[12] 刘云成, 陈双华 . 真空联合堆载预压技术在高速公路软土路基处理工程中的应用 [A] //第四届塑料排水法加固软基技术研讨会论文集 [C]. 南京: 河海大学出版社, 1999.

[13] 白冰, 等 . 静动结合排水固结法处理软基若干问题研究 [J]. 四川建筑科学研究院, 2000, 26 (1): 39-42.

[14] 谢定义, 等 . 周期荷载下饱和砂土瞬态孔隙水压力的变化机理和计算模型 [J]. 土木工程学报, 1990, 23 (2): 51-60.

[15] 于伟 . 真空管井降水的室内实验研究 [D]. 北京: 中国地质大学 (北京), 2008.

[16] Menard L, Broise Y. Theoretocal and Practical Aspects of Dynamic Compaction [J]. Journal of Geotechnical Engineering, 1975, 25 (1): 3-18.

[17] 魏亚星 . 白洋淀疏浚底泥电渗排水固结试验研究 [D]. 河北大学, 2018.

[18] 高志义, 张美燕 . 真空预压联合电渗法室内模型试验研究 [J]. 中国港湾建设, 2000, (5): 58-61.

[19] 孙召花, 余湘娟, 高明军, 吴坤 . 真空 - 电渗联合加固技术的固结试验研究 [J]. 岩土工程学报, 2017, 39 (2): 250-258.

[20] 王军, 张乐 . 真空预压 - 电渗法联合加固软黏土地基试验研究 [J]. 岩石力学与工程学报 . 2014, 33 (Z2): 4182-4192.

[21] 储旭, 陈波, 周建芜, 陆取 . 真空电渗降水及动力挤密脱水加固淤泥技术 [J]. 水利水电科技进展, 2008, 28 (5): 78-79, 85.

[22] Chien S-C, Ou C-Y, Wang M-K. Injection of saline solutions to improve the electro-osmotic pressure and consolidation of foundation soil [J]. Applied clay science, 2009, 44 (3): 218-224.

[23] Casagrande L. Electro-osmosis and related Phenomena. Harvard Soil Mechanics Series. No 66, Cambridge, Mass, 1962.

[24] Churchill R V. Fourier Series and Boundary Value Problems (1st ed.). New York: McGraw-Hill Book Co. Inc, 1941.

[25] Dawsom R F & McDonald R W. Some Effects of Electric Current on the consolidation Characteristics of a Soil. Proceedings of the International Conference on Soil Mechanics and Foundation Engineering,

Vol. 5，1948，pp 51-57.

[26] Fetzer C A. Electro-osmotic stabilization of west Branch dam [J]. Journal of the Soil Mechanics and Foundation Division，ASCE，1967，93（4）：85-106.

[27] Wittle J K，Zanko L M，Doering F，Harrison J. Enhanced stabilization of dikes and levees using direct current technology [J]. Geosustainability and Geohazard Mitigation，Proceedings of session of Geo-Congress 2008，ASCE，2008，200：686-693.

[28] Campanella R G & Weemes I. Development and use of an electrical resitivity cone for groundwater contamination studies. Can Geotech J，1990，27：557-567.

[29] Kalinski R J & Kelly W E. Electrical-resistivity measurement for evaluating compacted-soil liners. Journal Geotechnical Engineering，1994，120（2）：451-457.

[30] Naggar M H，Routledge S A. Effect of electro-osmotic treatment on piles [J]. Proceedings of the ICE-Ground Improvement，2004' 8（1）：17-31.

[31] Alshawabkeh AN，Sheahan TC Wu X. Coupling of electrochemical and mechanics processes in soils under DC fields [J]. Mechanics of Material，2004，36（5-6）：453-465.

[32] 王桂林，刘东燕，汪东云，等. 重庆市地区固体废物填埋现状及岩土环境问题 [J]. 地下空间，2001，21（1）：18-22.

[33] 王发国，丘建金，张大中. 动力排水固结法浅析 [J]. 土工基础，1997，11（1）：21-24.

[34] 陈凡. 冲击荷载作用下饱和土的动力特性 [D]. 中科院武汉岩土力学研究所，1983.

[35] 本书编委会. 第二届工程勘察学术交流会议论文选集 [C]. 北京：中国建筑工业出版社，1984.

[36] 刘祖德. 关于动力排水固结法及其在深圳宝安新城道路淤泥地基处理中的应用的咨询意见 [J]. 武汉水利电力大学学报，1995，（3）：134-150.

[37] 丘建金，等. 动力排水固结法在软基加固工程中的应用 [J]. 工程勘察，1995，（6）：7-10.

[38] 徐金明，等. 强夯法加固软土地基的现场对比试验研究 [J]. 工程勘察，1996，（2）：19-22.

[39] 徐金明，陈文财，张剑峰. 强夯法加固软土地基的现场对比试验研究 [J]. 工程勘察，1996，2：19-22.

[40] 何伟东. 强夯法与塑料排水板堆载预压法的研究分析与比较 [J]. 建筑施工，2001，23（4）：223-225.

[41] 王发国，等. 动力排水固结法浅析 [J]. 土工基础，1997，（1）：21-24.

[42] 李彰明，冯遗兴. 软基处理中孔隙水压力变化规律与分析 [J]. 岩土工程学报，1997，19（6）：97-102.

[43] 郑颖人，等. 软黏土地基的强夯机理及其工艺研究 [J]. 岩石力学与工程学报，1998，17（5）：571-580.

[44] 叶为民，等. 强夯法加固饱和软土地基效果研究 [J]. 岩土力学，1998，19（3）：72-76.

[45] 朱爱民，等. 软土地基强夯加固效果初探 [J]. 土工基础，1999，13（1）：11-14.

[46] 高有斌，刘汉龙，等. 吹填土高真空击密法与常规强夯法对比试验 [J]. 华中科技大学学报（自然科学版），2009，37（10）：100-104.

[47] 张季超. 动力排水固结法处理软土地基的关键技术研究 [J]. 施工技术，2012，41（379）：42-45.

[48] 王旭. 基于拟静力的强夯作用加固效果研究 [J]. 铁道科学与工程学报，2013，10（1）.

[49] 林高杰，万忠刚，邓雷飞. 降水联合强夯加固吹填粉土地基现场试验研究 [J]. 水道港口，2018，39（6）：730-734.

[50] 徐士龙，楼晓明，等. 高真空击密法加固吹填粉煤灰地基的实例 [J]. 应用技术，2004，（6）：19-21.

[51] 徐士龙，楼晓明，等．高真空击密法加固堆场地基的试验研究［A］//中国土木工程学会第九届土力学及岩土工程学术会议论文集［C］．北京：中国土木工程学会第九届年会论文集，2000：736-739.

[52] 孙国亮，蒲晓芳，等．高真空击密联合深井降水消除深厚地基的液化性［J］．岩土工程学报，2013，35（S2）：914-918.

[53] 陆天．高真空击密法软基处理施工工艺研究［D］．武汉：湖北工业大学，2017.

[54] 陆豪杰，等．高真空击密法在北仑港区四期工程软基加固中的应用［J］．水运工程，2007，（8）：108-116.

[55] 龚晓南．地基处理手册（第三版）［M］．北京：中国建筑工业出版社，2008.

[56] 钟建敏，黄茂松，周健．某赛场真空降水-强夯地基加固方案与试验研究［J］．工程勘察，2003，（5）：14-18.

[57] 徐士龙，等．快速"填水预压、动力压差排水"软地基固结方法［P］．CN200610085544.8，2006.

[58] 包国建．"短程超载真空预压-动力排水固结联合法"软土地基处理工法［P］．CN20060097704.0，2006.

[59] 吴价城，吴名江，林佳栋．吹填堆载降水预压强夯联合软土地基处理工法［P］．CN200710029977.6，2007.

[60] 包国建．立体式低位真空组合预压软地基处理方法［P］．CN200710020238.0，2007.

[61] 刘汉龙，徐士龙．浅层振夯击密与深层爆炸挤密联合高真空井点降水地基处理方法［P］．CN200710024872.1，2007.

[62] 武亚军，吴价城，包国建．振动增压快速固结软地基处理的方法［P］．CN200710020236.1，2007.

[63] 董志良，张功新，邱青长，等．降水预压联合动力固结深层加固法［P］．CN200810026767.6，2008.

[64] 聂庆科，胡建敏，等．预排水动力固结加固软土地基的方法［P］．CN200810055390.7，2008.

[65] 陈杰德，吴名江，吴价城，武亚军．快速增压预压法软地基处理方法［P］．CN200910040105.9，2009.

[66] 吴名江，吴价城．三向排水动力预压固结软土地基处理方法［P］．CN201010163362.4，2010.

[67] 朱允伟，朱香芬．降水联合强夯加固吹填土地基试验研究［J］．工程勘察，2010，（1）：9-14.

[68] 刘嘉，张功新，董志良，等．井点降水联合强夯法对周围环境的影响［J］．水运工程，2010，（10）：68-72.

[69] 刘嘉，罗彦，张功新，等．井点降水联合强夯法加固淤泥质地基的试验研究［J］．岩石力学与工程学报，2009，28（11）：2222-2227.

[70] 李军，谭锦荣．井点降水联合强夯法在某工程软基处理试验区的应用［J］．水运工程，2010，（8）：119-124.

[71] 林佑高，林国强，等．井点降水联合低能量强夯法在某码头工程中的应用［J］．中国港湾建设，2011，（5）：35-39.

[72] 汪文彬．截排水深层预压动力固结软地基处理法［P］．CN201110462236.3，2011.

[73] 叶凝雯．软土地基轻井塑排叠加真空预压法［P］．CN201210016601.2，2012.

[74] 刘广萍．管井降水联合强夯法在饱和软土地基的应用研究［D］．2012.

[75] 吴价城，吴名江，孟宪鹏，等．非均质场地软土地基立体式组合动力排水固结系统和方法［P］，CN201320174481.9，2013.

[76] 周顺万，周跃龙，等．轻型井点降水联合强夯法在港口吹填砂场地的应用［J］．公路，2013，

（1）：196-199.

[77] 王宗文，尤苏南，刘晓岚，等．降水联合强夯法在处理吹填土地基中的应用［J］．建筑技术，2014，45（7）：634-637.

[78] 王志良，禾永，李伟，等．降水联合强夯法不同降水工艺条件下试夯研究［J］．工程建设与设计，78-80＋83.

[79] 乐绍林，吴名江，陈进，等．吹填场地条带状路基的握裹式预压排水固结系统［P］，CN201520188103.5，2015.

[80] 汤连生．一种新型排水固结系统及方法［P］，CN 201710419978.5，2017.

[81] 吴价城，林佳栋．国内软土地基处理技术现状与发展趋势［J］．工程地质学报，2008，16（S）：617-621.

[82] Terzaghin K. Erdbaumechanik auf Bodenphysikalischer Grundlage，Lpz. Deutiche，1925.

[83] 龚晓南．地基处理技术发展与展望［M］．北京：中国水利水电出版社，2004.

[84] 王发国，等．动力排水固结法浅析［J］．土工基础，1997，（1）：21-24.

[85] 韩选江．大型围海造地吹填土地基处理技术原理及其应用［M］．北京：中国建筑工业出版社，2009.

[86] 王盛源．工程实用软土力学［M］．北京：人民交通出版社，2012.

[87] 吴名江，乐绍林，等．吹填场地静动组合排水固结技术与实践［M］．北京：人民交通出版社，2018.

[88] 丁继辉，马娜，全小娟．堆载预压强夯组合排水固结法加固软土地基的室内试验研究．CS-TAM2016-P66-E0074.

[89] Ding Jihui，Duan Qingsong，Xiong Wei. Experimental Study on Dynamic Characteristics of Dynamic Drainage Consolidation in Soft Foundation Treatment. International Journal of Engineering and Technical Research（IJETR）ISSN：2321-0869（O）2454-4698（P），Volume-5，Issue-3，July 2016.

[90] Ding Ji hui，Zhao Qi，Wu Ming jiang，Meng-jia Xiang，Xing-Gao，Bing-jun Li. Study of Indoor Model Tests of Soft Soil Foundation by Dynamic Drainage Consolidation. International Journal of Engineering and Technical Research（IJETR）ISSN：2321-0869（O）2454-4698（P）Volume-7，Issue-7，July 2017.

[91] 林晓斌，周健，王仕传．振冲影响范围的理论探究［J］．安徽建筑，2001，（1）：69-70.

[92] 赵齐．振动增压排水固结法处理吹填软土地基的试验研究［D］．保定：河北大学，2018.

[93] 谢伟树．低能量强夯真空排水法孔压消散及沉降计算研究［D］．福州：福建农林大学，2017.

[94] 谢志伟．增压式真空预压法加固吹填淤泥试验研究［D］．温州：温州大学，2017.

[95] 朱常志．软土地基堆载预压联合强夯的固结变形与承载性状研究［D］．北京：中国矿业大学（北京），2018.

[96] 张先伟，杨爱武，孔令伟，等．天津滨海吹填泥浆的自重沉降固结特性研究［J］．岩土工程学报，2016，38（5）：769-777.

[97] 徐桂中，吉锋，等．高含水率吹填淤泥自然沉降规律［J］．土木工程与管理学报，2012，29（3）：22-28.

[98] 张楠，朱伟，等．吹填泥浆中土颗粒沉降-固结规律研究［J］．岩土力学．2013，34（6）：1681-1687.

[99] 张明，刘国楠，赵有明，等．吹填淤泥自重固结性状研究［J］．中国铁道科学．2013，34（5）：15-20.

[100] 詹良通，童军，徐洁，等．吹填土自重沉积固结特性试验研究［J］．水利学报．2008，39（2）：

201-205.

[101] 吴正友. 连云港吹填泥浆沉积和固结性质的现场观测与分析 [J]. 水运工程. 1990.

[102] GB 50021—2001（2009 年版）岩土工程勘察规范 [S]. 北京：中国建筑工业出版社，2009.

[103] 何洪涛，朱伟，张春雷，等. 分层抽取法在泥沙沉积过程中的应用研究 [J]. 岩土力学，2011（08）：2371-2378.

[104] 王亮，朱伟，茅加峰，等. 使用改进的分层抽取法研究淤泥沉积过程中的强度变化 [J]. 岩土工程学报，2013（05）：916-921.

[105] 乐绍林，柏巍，吴名江，等. 泥砂互混吹填土自重沉积及颗粒分布规律 [J]. 岩土力学，2017，38（s1）：1-7.

[106] 丘建金. 深圳海积软土地基加固技术与工程实践 [M]. 北京：中国建筑工业出版社，2017：23-23.

[107] CONROY，FAHEY，etc. CONTROL OF SECONDARY CREEP IN SOFT ALLUVIUM SOIL USING SURCHARGE LOADING.

[108] 杨曦，乐绍林，吴名江，等. 考虑超载比和预估接荷载的吹填软土次固结特性试验研究 [J]. 勘察科学技术，2019（2）：1-4.

[109] 李彰明. 软土地基加固与质量监控 [M]. 北京：中国建筑工业出版社，2001.

[110] 武亚军，包国建. 快速消除不均匀沉降的软地基处理工法 [P]，CN 2006 1 0097705. 5，2009.

[111] GB/T 51064—2015 吹填土地基处理技术规范 [S]. 北京：中国计划出版社，2015.

[112] 张金柱，宋忠平. 竹筋铺网状土工织物加固软土地基 [J]. 路基工程，（3）：57-59.

[113] 朱诗鳌. 土工织物应用与计算 [M]. 武汉：中国地质大学出版社，1989.

[114] 株式会社汉城港湾技术团. 利用竹网处理松软地基表层的工法 [P]. 专利号：ZL 200810167265. 5.

[115] GB 50007—2011 建筑地基基础设计规范 [S]. 北京：中国建筑工业出版社，2012.

[116] JGJ 79—2012 建筑地基处理技术规范 [S]. 北京：中国建筑工业出版社，2013.

[117] 吴名江，乐绍林，孟宪鹏，等. 吹填场地静动组合排水固结技术与实践 [M]. 北京：人民交通出版社股份有限公司，2017.

[118] 乐绍林，吴名江，全小娟，等. 吹填场地精细化动静耦合排水固结技术与应用 [J]. 中国交建论文集，2016.

[119] 刘松玉，吴燕开. 论我国静力触探技术（CPT）现状与发展 [J]. 岩土工程学报，2004，26（4）：553－556.

[120] 童立元，涂启柱，杜广印，等. 应用孔压静力触探（CPTU）确定软土压缩模量的试验研究 [J]. 岩土工程学报. 2013，35（2）：569-572.

[121] 童立元，涂启柱，刘松玉，等. 基于孔压静力触探测试的改进分层总和法在软基沉降预测中的应用研究 [J]. 岩石力学. 2011，32（2）：679-682.

[122] Liu Song yu，Jing Fei. Settlement prediction of embankments with stage construction on soft ground [J]. Chinese Jounal of Geotechnical Engineering，2003，25（2）：228－232.

[123] Sridharam A，Murthy N S & Prskask. Rectangula hyperbola method of consolidation analysis. Geotechnique，Vol. 37，No. 3，1987，pp：1723-1737.

[124] 李国维，杨涛，宋江波. 公路软基沉降双曲线预测法的进一步探讨 [J]. 公路交通科技. 2003，20（1）：18-20.

[125] 聂庆科，李华伟，胡建敏，白冰. 新近吹填土地基处理新技术及工程实践 [M]. 北京：中国建筑工业出版社，2012.

[126] 闫猛. 汕头吹填软土非线性流变模型试验研究 [D]. 保定：河北大学，2020.

［127］ Hong Z S，Yin J，Cui Y J. Compression behaviour of reconstituted soils at high initial water contents［J］. Geotechnique，2010，60（4）：691-700.

［128］ 葛苗苗. 基于一维固结试验的压实黄土蠕变模型.［J］. 岩土力学，2015，36（11）：3164-3170.

［129］ Jiang M J，Liu J D，Yin Z Y. Consolidation and creep behaviors of two typical marine clays in China［J］. China Ocean Engineering，2014，28（5）：629-644.

［130］ 夏冰，夏明耀. 上海地区饱和软土的流变特性研究及基坑工程的流变时效分析［J］. 地下工程与隧道，1997，（3）：11-18.

［131］ 施小清，薛禹群，吴吉春，等. 饱和砂性土流变模型的试验研究［J］. 工程地质学报，2007，15（2）：212-216.

［132］ 王常明，黄超，张浩，等. 营口软土的固结不排水剪切蠕变特性［J］. 吉林大学学报（地球科学版），2009，39（4）：728-733.

［133］ Singh A，Mitchell J K. General Stress-strain-time Function for Soils［J］. Journal of Soil Mechanics and Foundation Division，ASCE，1968，94（1）：21-46.

［134］ 冯志刚，朱俊高，冯豪杰. 常规次固结沉降计算方法的改进研究［J］. 岩土力学，2010，31（5）：1475-1480.

［135］ 马娜. 强夯法处理软土地基的室内实验研究［D］. 保定：河北大学，2014.

后　记

　　《非均质吹填场地地基处理排水固结理论与工程实践》专著的完成是武汉二航路桥特种工程有限责任公司自 2007 年以来在软土地基处理方面进行研究和实践的总结，是公司集体智慧的结晶。武汉二航路桥特种工程有限责任公司成立于 2003 年 11 月，是中国交通建设股份有限公司旗下的中交基础设施养护集团有限公司和中交第二航务工程局有限公司共同组建而成的专业化工程公司。

　　公司以桥梁加固养护、岩土与环保两大板块业务为核心，在桥梁检测、加固、拆除、索安装与更换、高速公路桥梁养护方面形成优势产业链，在软土地基排水固结、泥资源综合利用和水环境治理方面占据行业技术高点。公司拥有地基与基础工程专业承包一级资质、桥梁工程专业承包一级资质、特种专业工程专业承包资质、交通行业公路养护工程施工从业资质，并获得质量、环境、职业健康安全管理体系认证。公司自 2011 年起连续被认定为"高新技术企业"，参与组建国家发改委"桥梁结构安全技术国家工程实验室"，是国家级技术中心——中交二航局技术中心"桥梁改造与加固技术分中心""软基处理技术分中心"和"水环境与海绵城市综合研发中心"，2015 年牵头组建中国疏浚协会泥资源综合利用专业委员会，2018 年获评为湖北省企业技术中心，2019 年获批"湖北省桥梁智能养护工程技术研究中心"，同年获批"中交养护集团桥梁养护技术研发中心"，2020 年经武昌区科学技术协会批准成立武汉二航路桥特种工程有限责任公司科学技术协会。

　　公司自成立以来始终秉承中国交建"固基修道，履方致远"的使命，坚持"专业致力于创新、专业服务于社会"的企业精神，承担了福建鼎信固溶厂区、威海港新港区 1 号和 2 号围堰、余姚经济开发区滨海新城路网、瓯江口新区西片污水处理厂、汕头市东部城市经济带市政基础设施建设项目软基处理试验段、汕头东部新城市政道路滨海大道、珠海横琴新区市政技术设施非示范段主次干路市政道路、广州南沙新区明珠湾区起步区、巴基斯坦瓜达尔东部新城等地基处理工程，公司在行业内取得了良好的信誉，得到了业主的充分肯定和好评。

　　近十余年来，在软基处理方面取得吹填堆载降水预压强夯联合法、短程超载真空预压-动力排水固结联合法、快速消除不均匀沉降的软土地基处理方法、控制次固结沉降的软土地基处理方法、立体式组合动力排水固结法等十余项发明专利，参编行业规范 3 项，出版专著 2 部，上述科技研发成果源于生产又指导了生产，支撑公司取得了较好的经济社会效益，为形成公司核心竞争力、实现科技强企踏出了坚实的一步。

　　特别感谢广东汕头、山东威海、山东日照等项目的现场技术人员以及上海同赫力岩土工程技术事务所、河北大学、南京农业大学等单位相关研究人员的大力支持。